新形态教·学·练
一体化系列丛书
21世纪

Windows Server 2019
网络管理项目教程

微课视频版

◎ 崔升广 编著

清华大学出版社

北京

内 容 简 介

本书由浅入深、全面系统地讲解了 Windows Server 2019 网络管理的基础知识和各种网络服务配置。全书共 10 章,内容包括认识网络操作系统、活动目录配置与管理、用户账户和组管理、文件系统与磁盘配置管理、DNS 服务器配置管理、DHCP 服务器配置管理、Web 与 FTP 服务器配置管理、VPN 服务器配置管理、NAT 服务器配置管理和证书服务器配置管理。为了让读者能够更好地巩固所学知识,及时检查学习效果,每章都配备了丰富的技能实践和课后习题。

本书可作为高等院校计算机网络技术专业课程的教材,也可作为计算机网络培训教材和计算机网络爱好者的自学参考书。

图书在版编目(CIP)数据

Windows Server 2019 网络管理项目教程:微课视频版/崔升广编著. —北京:清华大学出版社,2023.8
(21 世纪新形态教·学·练一体化系列丛书)
ISBN 978-7-302-62805-7

Ⅰ. ①W… Ⅱ. ①崔… Ⅲ. ①Windows 操作系统—网络服务器—教材 Ⅳ. ①TP316.86

中国国家版本馆 CIP 数据核字(2023)第 032187 号

责任编辑: 闫红梅
封面设计: 刘　建
责任校对: 郝美丽
责任印制: 沈　露

出版发行: 清华大学出版社
　　　　网　　　址:http://www.tup.com.cn,http://www.wqbook.com
　　　　地　　　址:北京清华大学学研大厦 A 座　　　　邮　　编:100084
　　　　社 总 机:010-83470000　　　　邮　　购:010-62786544
　　　　投稿与读者服务:010-62776969,c-service@tup.tsinghua.edu.cn
　　　　质量反馈:010-62772015,zhiliang@tup.tsinghua.edu.cn
　　　　课件下载:http://www.tup.com.cn,010-83470236
印 装 者: 三河市东方印刷有限公司
经　　销: 全国新华书店
开　　本: 203mm×260mm　　　**印　张:** 23.5　　　**字　数:** 605 千字
版　　次: 2023 年 8 月第 1 版　　　**印　次:** 2023 年 8 月第 1 次印刷
印　　数: 1～1500
定　　价: 69.00 元

产品编号:098757-01

PREFACE
前 言

随着计算机网络技术的不断发展，计算机网络已经成为人们生活、工作的一个重要组成部分，以网络为核心的工作方式成为未来的发展趋势，培养大批熟练掌握网络技术的人才是当前社会发展的迫切需求。党的二十大报告强调"必须坚持科技是第一生产力、人才是第一资源、创新是第一动力，深入实施科教兴国战略、人才强国战略、创新驱动发展战略，开辟发展新领域新赛道，不断塑造发展新动能新优势。"随着 Internet 的飞速发展，人们越来越重视网络操作系统服务器的配置与管理，作为一门重要专业课程的教材，本书可以让读者学到前沿和实用的技术，为参加工作储备知识。

本书使用 Windows Server 2019 网络操作系统搭建网络实训环境，在介绍相关理论与技术原理的同时，还提供了大量的项目配置案例，以达到理论与实践相结合的目的。全书在内容安排上力求做到深浅适度、详略得当，从网络操作系统基础知识起步，用大量的案例、插图讲解网络操作系统相关知识。编者精心选取教材的内容，对教学方法与教学内容进行整体规划与设计，使得本书在叙述上简明扼要、通俗易懂，既方便教师讲授，又方便学生学习、理解与掌握。

本书融入了编者丰富的教学经验，从面向网络操作系统初学者的视角出发，采用"教、学、练"一体化的教学方法，为培养应用型人才提供适合的教材。读者在学习本书的过程中，不仅可以快速入门，而且能够进行实际项目的开发与实现。

本书主要特点如下。

(1) 内容丰富，技术新颖，图文并茂，通俗易懂。

(2) 本书按照由浅入深的顺序，在逐渐丰富系统功能的同时，引入相关技术与知识，实现技术讲解与训练合二为一，有助于"教、学、练"一体化教学的实施。

(3) 内容实用，实际项目开发与理论教学紧密结合。

为了使读者能够快速掌握相关技术并按实际项目开发要求熟练运用，本书各章根据实际项目设计了相关的技能实践，读者可通过技能实践实现项目功能，完成详细配置过程。

由于编者水平有限，书中不妥之处在所难免，殷切希望广大读者批评指正。

编 者
2023 年 3 月

CONTENTS

目 录

第1章

认识网络操作系统

学习目标

- 了解网络操作系统的基本概念。
- 掌握网络操作系统的选用原则。
- 了解常见的网络操作系统特点。
- 掌握 Windows Server 2019 的新特性。
- 掌握虚拟机安装以及 Windows Server 2019 的安装方法。
- 掌握系统克隆与快照管理方法。
- 掌握系统基本配置与管理方法。

1.1 网络操作系统的基本概念

网络操作系统是一种能代替操作系统的软件程序,是网络的心脏和灵魂,是向网络计算机提供服务的特殊的操作系统。网络操作系统借由网络互相传递数据与各种消息,可分为服务器(Server)和客户端(Client)。服务器的主要功能是管理网络上的各种资源和网络设备的共用,对其加以统合并控管流量,避免瘫痪的可能性;客户端的主要功能是能接收服务器所传递的数据并加以运用,好让客户端可以清楚地搜索所需的资源。

1.1.1 网络操作系统简介

V1-1

操作系统(Operating System,OS)是管理计算机硬件与软件资源的计算机程序。操作系统需要处理如管理与配置内存、决定系统资源供需的优先次序、控制输入设备与输出设备、操作网络与管理文件系统等基本事务,操作系统也提供一个让用户与系统交互的操作界面。在计算机中,操作系统是其最基本也是最为重要的基础性系统软件。从计算机用户的角度来说,计算机操作系统体现为其提供的各项服务；从程序员的角度来说，其主要是指用户登录的界面或者接口；从设计人员的角度来说，就是指各式各样模块和单元之间的联系。事实上，全新操作系统的设计和改良的关键工作就是对体系结构的设计。经过几十年的发展，计算机操作系统已经由一开始的简单控制循环体发展成为较为复杂的分布式操作系统，再加上计算机用户需求的愈发多样化，计算机操作系统已经成为既复杂而又庞大的计算机软件系统之一。

操作系统是计算机软件系统中的重要组成部分，它是计算机与用户之间的接口。单机的操作系统主要有以下基本特点。

（1）由程序模块组成，管理和控制计算机系统中的硬件及软件资源。

（2）合理地组织计算机的工作流程，以便有效地利用这些资源为用户提供一个功能强、使用方便的工作环境。

（3）只为本地用户服务，不能满足网络环境的要求。

为了实现上述功能，程序设计员需要在操作系统中建立各种进程，编制不同的功能模块，按层次结构将功能模块有机地组织起来，以完成处理器管理、作业管理、存储管理、文件管理和设备管理等功能。单机操作只能为本地用户使用本机资源提供服务，不能满足开放网络环境的要求。如果用户的计算机已经连接到一个局域网，但是没有安装网络操作系统，那么这台计算机也不能提供任何网络服务功能。对于联网的计算机系统，不仅要为使用本地资源和网络资源的用户提供服务，还要为远程网络用户提供资源服务。因此，网络操作系统的基本任务是屏蔽本地资源的差异性，为用户提供各种基本网络服务功能，完成网络共享系统资源的管理，并提供网络操作系统的服务等。

1. 网络操作系统的定义

网络操作系统（Network Operating System，NOS）是使网络上的计算机能够方便有效地共享网络资源，并为网络用户提供共享资源管理服务和其他网络服务的各种软件与协议的集合。网络操作系统除了能实现单机操作系统的全部功能外，还可以向网络计算机提供服务。通常，计算机的操作系统上会安装很多网络软件，包括网络协议软件、网络通信软件和网络操作系统等。网络协议软件主要是指物理和链路层的一些接口的约定；网络通信软件管理各计算机之间的信息传输。

网络操作系统与单机操作系统的不同在于提供的服务有差别。网络操作系统偏重于将"与网络活动相关的特性"加以优化，即通过网络来管理诸如共享数据文件、软件应用和外部设备之类的资源。单机操作系统则偏重于优化用户与系统的接口，以及在其上面运行的各种应用程序。因此，网络操作系统实质上是管理整个网络资源的一种程序。网络操作系统管理的资源有工作站访问的文件系统、在网络操作系统上运行的各种共享应用程序、共享网络设备的输入输出信息、网络操作系统进程间的服务调度等。

2. 网络操作系统的特点

网络操作系统除了具有一般操作系统的特性外，通常还具有复杂性、并行性、高效性和安全性等特点。一个典型的网络操作系统具有如下特点。

（1）支持多任务多用户管理。要求网络操作系统在同一时间能够处理多个应用程序，每个应用程序在不同的内存空间运行。网络操作系统应能同时支持多个用户对网络的访问。在多用户环境下，网络操作系统应给应用程序以及数据文件提供足够的、标准化的保护。网络操作系统能够支持多用户共享网络资源,包括磁盘处理、打印机处理、网络通信处理等面向用户的处理程序和多用户的系统核心调和程序。

(2)支持大内存。要求网络操作系统支持较大的物理内存,以便应用程序能够更好地运行。

(3)支持对称多处理。要求网络操作系统支持多个 CPU 减少事务处理时间,提高操作系统性能。

(4)支持网络负载平衡。要求网络操作系统能够与其他计算机构成一个虚拟系统,满足多用户访问的需要。

(5)支持远程网络管理。要求网络操作系统能够支持用户通过 Internet 远程管理和维护,例如 Windows Server 2022 操作系统的终端服务。支持网络应用程序及其管理功能,如系统备份、安全管理、容错和性能控制等。

(6)与硬件系统无关性。网络操作系统可以在不同的网络硬件上运行。以网络中最常用的联网设备网卡来说,一般的网络操作系统都支持多种类型的网络接口卡,如 D-Link、Intel、3Com 以及其他厂家的以太网卡或令牌环网卡等。不同的硬件设备可以构成不同的拓扑结构,如总线型结构、环状结构、网状结构,网络操作系统应独立于网络的拓扑结构。

(7)安全和存取控制。对用户资源进行控制,并提供控制用户对网络的访问方式。

(8)图形化用户界面。网络操作系统给用户提供丰富的界面功能,具有多种网络控制方式。

(9)互操作性。这是网络工业的一种潮流,允许多种操作系统厂商的产品共享网络电缆系统,并且彼此可以连通访问。

(10)目录服务。这是一种以单一逻辑的方式访问可能位于全球范围内的所有网络服务和资源的技术。无论用户身在何处,只需要通过一次登录就可以访问网络服务和资源。

(11)高可靠性。网络操作系统是运行在网络核心设备(如服务器)上的管理网络并提供服务的关键软件,它必须能够保证系统全天 24 小时不间断地工作。如果由于某些情况导致系统崩溃或服务停止,用户是无法忍受的。因此,网络操作系统必须具有良好的稳定性。

(12)安全性。为了保证系统与系统资源的安全性和可用性,网络操作系统集成了用户权限管理、资源管理等功能。例如,为每种资源定义存取控制表,定义各个用户对某个资源的存取权限,且使用用户安全标识符进行唯一性区别。

(13)容错性。网络操作系统能提供多级系统容错能力,包括日志式的容错特征列表、可恢复文件系统、磁盘镜像、磁盘扇区备用以及对不间断电源(Uninterruptible Power System,UPS)的支持。强大的容错性是网络操作系统可靠运行的保障。

(14)可移植性和伸缩性。网络操作系统一般都支持广泛的硬件产品,不仅支持 Intel 系列处理器,而且可运行在精简指令集计算机芯片上。网络操作系统还支持多处理器技术,如支持处理器个数从 1 到 32 个不等或者更多。这使得网络操作系统具有很好的伸缩性。

(15)支持 Internet 与开放性。Internet 已经成为网络的总称,网络的范围与专用性越来越模糊,专用网络与 Internet 网络标准日趋统一。因此,各品牌网络操作系统都集成了许多标准化应用,如 Web 服务、FTP 服务等。各种类型的网络几乎都连接了 Internet,对内、对外均按 Internet 标准提供服务。只有保证系统的开放性和标准性,使系统具有良好的兼容性、迁移性、可维护性等,才能保证厂家在激烈的市场竞争中生存,并最大限度地保障用户的利益。

1.1.2 网络操作系统的基本功能

操作系统的功能通常包括处理器管理、存储器管理、设备管理、文件管理,以及为方便用户使

V1-2

用操作系统而向用户提供的接口。除了提供上述资源管理功能和用户接口外，网络操作系统还提供网络环境下的通信、网络资源管理、网络应用等特定功能。它能够协调网络中各种设备的动作，向客户提供尽可能多的网络资源，包括文件和打印机、传真机等外围设备，并确保网络中数据和设备的安全性。网络操作系统具有如下几方面的功能。

1．共享资源管理

网络操作系统能够对网络中的共享资源（硬件和软件）实施有效的管理，协调用户对共享资源的使用，并保证共享数据的安全性和一致性。

2．网络通信

网络通信是网络最基本的形式，其任务是在源主机和目的主机之间实现无差错的数据传输。为此，网络操作系统采用标准的网络通信协议实现以下功能。

（1）建立和拆除通信链路。这是为通信双方建立的一条暂时性的通信链路。

（2）传输控制。对传输过程中的数据进行必要的控制。

（3）路由选择。为所传输的数据选择一条适合的传输路径。

（4）流量控制。控制传输过程中的数据流量。

（5）差错控制。对传输过程中的数据进行差错检测和纠正。

网络操作系统提供的通信服务主要有工作站与工作站之间的对等通信、工作站与主机之间的通信服务等功能。

3．网络服务

网络操作系统在前两个功能的基础上为用户提供了多种有效的网络服务，如 Web 服务、电子邮件服务、文件传输服务、共享磁盘服务和共享打印服务。

4．网络管理

网络管理最主要的任务是安全管理，一般通过存取控制来确保存取数据的安全性，以及通过容错技术来保证系统发生故障时数据能够安全恢复。此外，网络操作系统提供了丰富的网络管理服务工具，可以提供网络性能分析、网络状态监控、存储管理等多种管理服务，并对使用情况进行统计，以便为提高网络性能，进行网络维护和计费等提供必要的信息。

5．互操作能力

在客户端/服务器模式的局域网环境下的互操作，是指连接在服务器上的多种客户端不仅能与服务器通信，还能以透明的方式访问服务器上的文件系统；在互联网环境下的互操作，是指不同网络的客户端不仅能通信，还能以透明的方式访问其他网络的文件服务器。

6．文件服务

文件服务是网络操作系统提供的最重要、最基本的网络服务之一。文件服务器以集中的方式管理共享文件，为网络提供完整的数据、文件、目录服务。用户可以根据规定的权限对文件进行建立、打开、删除、读写等操作。

7．打印服务

打印服务也是网络操作系统提供的基本网络服务功能。共享打印服务可以通过设置专门的打印服务器来实现，打印服务器也可以由文件服务器或工作站兼任。局域网中可以设置一台或多台共享打印机,向网络用户提供远程共享打印服务。打印服务主要实现对用户打印请求的接收、打印格式的说明、打印机的数量、打印队列的管理等功能。

8. 分布式服务

网络操作系统的分布式服务功能将处于不同地理位置的网络中的资源组织在一个全局性、可复制的分布式数据库中,网络中的多个服务器均有该数据库的副本。用户在一个工作站注册便可与多个服务器进行连接。服务器资源的存放位置对于用户来说是透明的,用户可以通过简单的操作访问大型局域网中的所有资源。

1.2　认识典型的网络操作系统

网络操作系统是用于网络管理的核心软件,目前已经得到了广泛的应用。纵观几十年来的发展,网络操作系统经历了由对等结构向非对等结构演变的过程。

1.2.1　网络操作系统的发展

网络操作系统的发展经历了以下几个阶段。

1. 对等结构网络操作系统

对等结构网络操作系统具有以下特点。

V1-3

网络上的计算机平等地进行通信,联网计算机上的资源可相互共享。每一台计算机都负责提供自己的资源(文件、目录、应用程序、打印机等),供网络上的其他计算机使用。每一台计算机负责维护自己资源的安全性。对等结构的网络操作系统可以提供磁盘共享、打印机共享、CPU 共享、屏幕共享以及电子邮件共享等。

对等结构网络操作系统的优点是结构简单,网络中任意两个节点均可直接通信。缺点是每台联网计算机既是服务器又是工作站,节点承担较重的通信管理、网络资源管理和网络服务管理等工作。对于早期资源较少、处理能力有限的微型计算机来说,要同时承担多项管理任务,势必会降低网络的整体性能。因此,对等结构网络操作系统支持的网络系统一般规模较小。

2. 非对等结构网络操作系统

网络结点分为服务器和工作站两类。服务器采用高配置、高性能的计算机,为网络工作站提供服务;工作站一般为配置较低的 PC,为本地用户和网络用户提供资源服务。

网络操作系统的软件分为两部分:一部分运行在服务器上;另一部分运行在工作站上。运行在服务器上的软件,是网络操作系统的核心部分,其性能直接决定网络服务功能的强弱。

3. 以共享硬盘为服务的网络操作系统

早期的非对等结构网络操作系统以共享硬盘服务器为基础,向工作站用户提供共享硬盘、共享打印机、电子邮件、通信等基本服务。其效率较低、安全性也很差。

4. 以共享文件服务为基础的系统

网络操作系统由文件服务器软件和工作站软件两部分组成。文件服务器具有分时系统文件管理的全部功能,并可向网络用户提供完善的数据、文件和目录服务。

初期开发的基于文件服务器的网络操作系统属于变形级系统。变形级系统是在单机操作系统的基础上，通过增加网络服务功能而构成的。

后期开发的网络操作系统属于基础级系统。基础级系统是以计算机硬件为基础，根据网络服务的特殊要求，直接利用计算机硬件与少量软件资源专门设计的网络操作系统。基础级系统具有优越的网络性能，能提供很强的网络服务功能，目前大多数局域网系统都采用这类系统。

1.2.2　网络操作系统的选用原则

网络操作系统对于网络的应用、性能有着至关重要的影响。选择一个合适的网络操作系统，既能实现建设网络的目标，又能省钱、省力，提高系统的效率。

网络操作系统的选择要从网络应用出发，分析所设计的网络需要提供什么服务，然后分析各种网络操作系统提供这些服务的性能与特点，最后确定使用何种网络操作系统。网络操作系统的选择一般遵循以下原则。

V1-4

1. 标准化

网络操作系统的设计及其提供的服务应符合国际标准，尽量减少使用企业专用标准，这有利于系统的升级和应用的迁移，最大限度、最长时间地保障用户的投资。采用符合国际标准开发的网络操作系统可以保证异构网络的兼容性，即在一个网络中存在多个操作系统时，能够充分实现资源的共享和服务的互容。

2. 可靠性

网络操作系统是保护网络核心设备服务器正常运行、提供关键任务服务的软件系统。它应具有健壮、可靠、容错性高等特点，能提供全天 24 小时不间断的服务。因此，选择技术先进、产品成熟、应用广泛的网络操作系统，可以保证其具有良好的可靠性。

3. 安全性

网络环境更加易于计算机病毒的传播和黑客的攻击，为保证网络操作系统不易受到侵扰，应选择强大的、能提供各种级别安全管理的网络操作系统。各个网络操作系统都自带安全服务，例如，UNIX、Linux 网络操作系统提供了用户账号、文件系统权限和系统日志文件；NetWare 提供了4 级安全系统，即登录安全、权限安全、属性安全和服务安全；Windows Server 2012/2016/2019 提供用户账号管理、文件系统权限、Registry 保护、审核、性能监视等基本安全机制。

4. 网络应用服务的支持

网络操作系统应能提供全面的网络应用服务，如 Web 服务、FTP 服务、电子邮件服务等，并能良好地支持第三方应用系统，从而保证提供完整的网络应用。

5. 易用性

用户应选择易管理、易操作的网络操作系统，提高管理效率，降低管理复杂性。计算机技术发展极快，谁都无法预测下个十年后，计算机网络技术会发展成什么样。因此，面对越来越热的网络市场，不要盲目追求新技术、新产品，一定要从自己的实际需求出发，建立一套既能真正适合当前实际应用需要，又能保证今后顺利升级的网络。

这几大网络操作系统具有许多共同点，又各具特色，被广泛应用于各种类型的网络环境中，并都占有一定的市场份额。网络建设者应熟悉这几种网络操作系统的特征及优缺点，并根据实际的应用情况以及网络使用者的水平层次来选择合适的网络操作系统。选择时网络操作系统最重要的是要和自己的网络环境结合起来。一般来说,中小型企业在网站建设中,多选用 Windows Server 2012/2016/2019,比较简单易用,适合技术维护力量较薄弱的网络环境;做网站服务器和邮件服务器时多选用 Linux;在工业控制、生产企业、证券系统的环境中,多选用 NetWare;在安全性要求很高的情况下,如金融、银行、军事等领域及大型企业网络则推荐选用 UNIX。总之,选择网络操作系统时要充分考虑其自身的可靠性、易用性、安全性及网络应用的需要。

1.2.3 常见的网络操作系统

随着计算机网络的飞速发展,市场上出现了多种网络操作系统。目前,较常见的网络操作系统主要包括 UNIX、NetWare、Windows Server 2012/2016/2019,还有发展势头强劲的 Linux 等。

1. UNIX 操作系统

1969 年,美国贝尔实验室用汇编语言在 PDP-7 机器上实现了 UNIX 系统。不久后,UNIX 又被用 C 语言对其进行了重写。1976 年和 1978 年分别发表了 UNIX V.6 和 UNIX V.7 的版本,并正式向美国各大学及研究机构提供了 UNIX 的源代码,以鼓励他们对 UNIX 进行改进,从而促进了 UNIX 的迅速发展。1982 年和 1983 年又先后发布 UNIX System Ⅲ 和 UNIX System Ⅴ;1984 年,推出了 UNIX System v2.0;1987 年发布了 3.0 版本,分别简称为 UNIX SVR 2 和 UNIX SVR 3;1989 年发布 UNIX SVR 4。UNIX 不是网络操作系统,但它能支持通信功能,并提供一些大型服务器的操作系统的功能,因此通常也把它作为网络操作系统来使用。

早期的 UNIX 用于小型计算机的操作系统,以替代一些专用操作系统。在这些系统中,UNIX 作为一种多用户、多任务操作系统运行,应用软件和数据集中在一起。经过不断地发展,UNIX 已成为可移植的操作系统,能运行在范围广阔的各种计算机上,包括大型主机和巨型计算机,从而大大扩大了它的应用范围。

UNIX 的出现大大推动了计算机系统及软件技术的发展。UNIX 能获得如此巨大成功,可归结为它具有以下基本特点。

(1) 多用户、多任务环境。UNIX 系统是一个多用户、多任务的操作系统。它既可以同时支持数十个乃至数百个用户,通过各自的联机终端同时使用一台计算机,而且还允许每个用户同时执行多个任务。

(2) 功能强大、实现高效。UNIX 系统的许多功能在实现上都有其独到之处,并且十分高效。其内部丰富的系统功能使用户能方便、快速地完成许多其他系统难以实现的功能。

(3) 具有很好的可移植性。UNIX 是可移植性极好的网络操作系统。它不仅能广泛地配置在微型机、中型机、大型机等各种机器上,而且还能方便地将已配置 UNIX 的机器进行联网。

(4) 丰富的网络功能。各种 UNIX 版本普遍支持 TCP/IP 协议,并且 UNIX 中还包括网络文件系统 NFS 软件,客户/服务器协议软件 LAN Manager Client/Server、IPX/SPX 软件等。通过这些产品可以实现在 UNIX 系统之间、UNIX 与 NetWare、Windows NT 等网络之间的互联。

(5) 强大的系统管理器和进程资源管理器。UNIX 的核心系统配置和管理是由系统管理器(SAM)实施的。利用 SAM 可以大大简化操作步骤,从而显著提高系统管理的效率。进程资源管理器可以让系统管理员动态地将可用的 CPU 周期和内存的最少百分比分配给指定的用户群和一些进程,从而为系统管理提供额外的灵活性。

2. NetWare 操作系统

20 世纪 80 年代初，美国著名的 Novell 公司开发了一种高性能的局域网络——Novell 网，紧接着推出 NetWare 操作系统。NetWare 不仅是 Novell 网的操作系统，也是 Novell 网的核心。

NetWare 操作系统的发展起源于 1981 年，Novell 公司首次提出了 LAN 文件服务器的概念。1983 年，基于 Motorola MC68000（操作系统为 CP/M）的网络操作系统 Novell SHARE-NET 发布。1984 年，NetWare 1.0 发布，它是以 MS-DOS 为环境的网络操作系统。1985 年，Advanced NetWare 1.X 发布，该版本增加了多任务处理功能，完善了底层协议，并支持基于不同网卡的节点互连；1986 年，Advanced NetWare 2.0 发布，该版本扩充了虚拟内存工作方式，并且内存寻址突破 640KB；1987 年，NetWare 2.1 发布，该版本在 Netware 文件服务器增加了系统容错机制（SFT），包括热修复、磁盘镜像和磁盘双工等特性；1990 年，NetWare 3.1 发布，该版本在网络整体性能、系统的可靠性、网络管理和应用开发平台等方面予以增强；1993 年，NetWare 4.0 发布，该版本在 3.11 的基础上，增加了目录服务和磁盘文件压缩功能，具有良好的可靠性、易用性、可缩放性和灵活性；2000 年，NetWare 5.0 发布，该版本更大程度地支持并加强了 Internet/Intranet 以及数据库的应用与服务。

NetWare 是以文件服务器为中心的操作系统，它主要由以下 3 部分组成。

（1）文件服务器。文件服务器实现了 NetWare 的核心协议（NCP），并提供了 NetWare 的所有核心服务。文件服务器主要负责对网络工作站网络服务请求的处理，并提供运行软件和维护网络操作系统所需要的最基本的功能。

（2）工作站软件。工作站软件是指在工作站上运行的，能把工作站与网络连接起来的程序系统，它与工作站中的操作系统一起驻留在用户工作站中，建立起用户的应用环境。工作站软件的主要任务是判断来自程序或用户的请求是工作站请求还是网络请求，并作出相应的处理。

（3）低层通信协议。服务器与工作站之间的连接是通过网络适配卡、通信软件和传输介质来实现的。NetWare 的低层通信协议包含在通信软件之中，主要为网络服务器与工作站、工作站与工作站之间建立通信连接时提供网络服务。

NetWare 的特点如下。

（1）支持多种用户类型。在 NetWare 网络中，网络用户可以分为网络管理员、组管理员、网络操作员和普通网络用户 4 类。

（2）强有力的文件系统。在一个 NetWare 网络中，有一个或一个以上的文件服务器。NetWare 文件系统通过目录文件结构组织文件。文件服务器对网络文件访问进行集中、高效的管理。

（3）先进的磁盘通道技术。NetWare 文件系统采用了多路硬盘处理技术和高速缓冲算法来加快硬盘通道的访问速度，有效地提高了多个站点访问服务器硬盘的响应速度。另外，NetWare 还采用了目录 Cache、目录 Hash、文件 Cache、后台写盘、多硬盘通道等硬盘访问机制来提高硬盘通道总的吞吐量。

（4）高安全性。NetWare 提供了 4 种安全保密措施：注册安全性、权限安全性、属性安全性和文件服务器安全性。这些安全性措施可以单独使用，也可以混合使用。

（5）开放式的系统体系结构。NetWare 使用开放性协议技术（Open Protocol Technology，OPT），允许各种协议的结合，支持多种操作系统，使各类工作站可与公共服务器通信。

3. Windows NT Server

1993 年 7 月，Windows NT 3.1 发布。该系统与 DOS 脱离，采用了很多新技术，并具有很强的联网功能，但它对硬件资源要求较高，网络功能明显不足。

1994 年 9 月，Windows NT 3.5 发布，该版本对 Windows NT 3.1 进行了改进，降低了对硬件资源的要求，增加了与 UNIX、NetWare 等的连接和集成。

1996 年 7 月，Windows NT 4.0 发布，该版本在网络性能、网络安全性、网络管理性以及支持 Internet 方面，有了质的飞跃。

Windows NT 操作系统提供了两套软件包，分别是 Windows NT Workstation 和 Windows NT Server。Windows NT Workstation 是 Windows NT 的工作站版本，它是功能非常强大的标准 32 位桌面操作系统，不仅高效、易用，而且与个人计算机兼容，可以满足用户的各种需要；Windows NT Server 则是 Windows NT 的服务器版本，它为许多重要的商务应用程序提供了必要的服务，包括高效可靠的数据库、消息和系统管理服务等。

Windows NT Server 是一套功能强大、可靠性高并可进行扩充的网络操作系统，同时还结合了 Windows 的许多优点。总体来看，它的主要特点如下。

（1）内置的网络功能。通常的网络操作系统是在传统的操作系统之上附加网络软件；Windows NT Server 则把网络功能设计在系统中，并将其作为输入输出系统的一部分。

（2）内置的管理。网络管理员可以通过使用 Windows NT Server 内部的安全保密机制，来完成对每个文件设置不同的访问权限，以及规定用户对服务器的操作权限等任务。

（3）良好的用户界面。Windows NT Server 采用全图形化的用户界面，用户可以方便地通过鼠标进行操作。

（4）组网简单、管理方便。利用 Windows NT Server 组建和管理局域网非常简单，基本不需要学习太多的网络知识，很适合普通用户使用。

（5）开放的体系结构，支持多处理器。

4. Linux 操作系统

回顾 Linux 的历史，可以说它是"踩着巨人的肩膀"逐步发展起来的。Linux 在很大程度上借鉴了 UNIX 操作系统的成功经验，继承并发展了 UNIX 的优良传统。由于 Linux 具有开源的特性，因此一经推出便得到了广大操作系统开发爱好者的积极响应和支持，这也是 Linux 得以迅速发展的关键因素之一。

（1）Linux 简介。Linux 是一种类 UNIX 的操作系统。UNIX 是一种主流经典的操作系统，Linux 来源于 UNIX，是 UNIX 在计算机上的完整实现。UNIX 是 1969 年由肯·汤普森（K. Thompson）工程师在美国贝尔实验室开发的一种操作系统。1972 年，其与丹尼斯·里奇（D. Ritchie）工程师用 C 语言重写了 UNIX 操作系统，大幅增加了其可移植性。由于 UNIX 具有良好而稳定的性能，因此在计算机领域得到了广泛应用。

由于美国电话电报公司的政策改变，在 UNIX Version 7 推出之后，其发布了新的使用条款，将 UNIX 源代码私有化，在大学中不能再使用 UNIX 源代码。1987 年，荷兰阿姆斯特丹自由大学计算机科学系的安德鲁·塔能鲍姆（A. Tanenbaum）教授为了能在课堂上教授学生操作系统运作的实务细节，决定在不使用任何美国电话电报公司的源代码的前提下，自行开发与 UNIX 兼容的操作系统，以避免版权上的争议。他以小型 UNIX（mini-UNIX）之意将此操作系统命名为 MINIX。

MINIX 是一种基于微内核架构的类 UNIX 计算机操作系统，除了启动的部分用汇编语言编写以外，其他大部分是用 C 语言编写的，其内核系统分为内核、内存管理和文件管理 3 部分。

MINIX 最有名的学生用户是芬兰人李纳斯·托沃兹(L. Torvalds)，他在芬兰的赫尔辛基技术大学用 MINIX 操作系统搭建了一个新的内核与 MINIX 兼容的操作系统，1991 年 10 月 5 日，他在一台 FTP 服务器上发布了这个消息，并将此操作系统命名为 Linux，这标志着 Linux 操作系统的诞生。在设计哲学上，Linux 和 MINIX 大相径庭，MINIX 在内核设计上采用了微内核的原则；但 Linux 和原始的 UNIX 相同，都采用了宏内核的设计。

Linux 增加了很多功能，被完善并发布到互联网，所有人都可以免费下载，使用它的源代码。Linux 的早期版本并没有考虑用户的使用，只提供了最核心的框架，使得 Linux 编程人员可以享受编制内核的乐趣，这也促成了 Linux 内核的强大与稳定。随着互联网的兴起与发展，Linux 迅速发展，许多优秀的程序员加入了 Linux 的编写行列。随着编程人员的扩充和完整的操作系统基本软件的出现，Linux 开发人员认识到 Linux 已经逐渐变成一个成熟的操作系统平台，1994 年 3 月，其内核 1.0 的推出，标志着 Linux 第一个版本的诞生。

Linux 一开始要求所有的源码必须公开，且任何人均不得从 Linux 交易中获利。然而，这种纯粹的自由软件的理想对于 Linux 的普及和发展是不利的，于是 Linux 开始转向通用公共许可证(General Public License，GPL)项目，成为 GNU(GNU's Not UNIX)阵营中的主要一员。GNU 项目是由理查德·斯托曼(R. Stallman)于 1984 年提出的，他建立了自由软件基金会，并提出 GNU 项目的目的是开发一种完全自由的、与 UNIX 类似但功能更强大的操作系统，以便为所有计算机用户提供一种功能齐全、性能良好的基本系统。

Linux 诞生之后，发展迅速，一些机构和公司将 Linux 内核、源码以及相关应用软件集成为一个完整的操作系统，便于用户安装和使用，从而形成 Linux 的发行版本。这些发行版本不仅包括完整的 Linux 系统，还包括文本编辑器、高级语言编译器等应用软件，以及 X-Windows 图形用户界面。Linux 在桌面应用、服务器平台、嵌入式应用等领域得到了良好发展，并形成了自己的产业环境，包括芯片制造商、硬件厂商、软件提供商等。Linux 具有完善的网络功能和较高的安全性，继承了 UNIX 系统卓越的稳定性，在全球各地的服务器平台上市场份额不断增加。在高性能集群计算中，Linux 处于无可争议的霸主地位，在全球排名前 500 名的高性能计算机系统中，Linux 占了 90% 以上的份额。

云计算、大数据作为一个基于开源软件的平台，Linux 占据了核心优势。Linux 基金会的研究结果表明，85% 以上的企业已经在使用 Linux 进行云计算、大数据平台的构建。在物联网、嵌入式系统、移动终端等市场，Linux 也占据着最大的份额。在桌面领域，虽然 Windows 仍然是霸主，但是 Ubuntu、CentOS 等注重于桌面体验的发行版本的不断进步，使得 Linux 在桌面领域的市场份额也正在逐步提升。Linux 凭借优秀的设计、不凡的性能，加上 IBM、Intel、CA、Core、Oracle 等国际知名企业的大力支持，市场份额逐步扩大，逐渐成为主流操作系统之一。

(2) Linux 的体系结构。Windows 系列操作系统采用微内核结构，模块化设计，将对象分为用户模式层和内核模式层。用户模式层由一组件(子系统)构成，将与内核模式组件有关的必要信息与其最终用户和应用程序隔离开来。内核模式层有权访问系统数据和硬件，能直接访问内存，并在被保护的内存区域中执行。

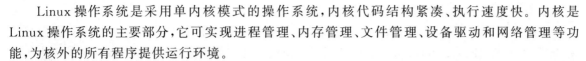

Linux 操作系统是采用单内核模式的操作系统,内核代码结构紧凑、执行速度快。内核是 Linux 操作系统的主要部分,它可实现进程管理、内存管理、文件管理、设备驱动和网络管理等功能,为核外的所有程序提供运行环境。

Linux 采用分层设计,分层结构如图 1.1 所示,它包括 4 个层次。每层只能与相邻的层通信,层次间具有从上到下的依赖关系。上层依赖下层,但下层并不依赖上层。各层系统的功能如下。

① 用户应用程序。位于整个系统的最顶层,是 Linux 系统上运行的应用程序的集合。常见的用户应用程序有多媒体处理应用程序、文字处理应用程序、网络应用程序等。

② 操作系统服务。位于用户应用程序与 Linux 内核之间,主要是指为用户提供服务且执行操作系统部分功能的程序,为应用程序提供系统内核的调用接口。窗口系统、Shell 命令解释系统、内核编程接口等属于操作系统服务子系统,这一部分也称为系统程序。

③ Linux 内核。靠近硬件的内核,即 Linux 操作系统常驻内存部分。Linux 内核是整个操作系统的核心,由它实现对硬件的抽象和访问调度。它为上层调用提供了一个统一的虚拟机器接口,在编写上层程序时不需要考虑计算机使用何种类型的硬件,也不需要考虑临界资源问题。每个上层进程执行时就如同它是计算机上的唯一进程,独占系统的所有内存和其他硬件资源。实际上,系统可以同时运行多个进程,由 Linux 内核保证各进程对临界资源的安全使用。所有运行在内核之上的程序可分为系统程序和用户程序两大类,但它们统统运行在用户模式之下。内核之外的所有程序必须通过系统调用才能进行操作系统的内核。

④ 硬件系统。包含 Linux 所有使用的所有物理设备,如 CPU、内存、硬盘和网络设备等。

(3) Linux 的版本。Linux 操作系统的标志是一只可爱的小企鹅,如图 1.2 所示。它寓意着开放和自由,这也是 Linux 操作系统的精髓。

图 1.1　Linux 操作系统的层次	图 1.2　Linux 操作系统的标志

Linux 是一种诞生于网络、成长于网络且成熟于网络的操作系统,Linux 操作系统具有开源的特性,是基于 Copyleft(无版权)的软件模式进行发布的。Copyleft 是与 Copyright(版权所有)相对立的新名称,这造就了 Linux 操作系统发行版本多样的格局。目前,Linux 操作系统已经有超过 300 个发行版本被开发出来,被普遍使用的有以下几个。

① RedHat Linux。

红帽 Linux(RedHat Linux)是现在著名的 Linux 版本,其不但创造了自己的品牌,而且有越来越多的用户。2022 年 5 月 18 日,IBM 收购的红帽公司宣布推出红帽企业 Linux 9(RHEL 9),这是世界领先的企业 Linux 平台的新版本。RHEL 9 为支持混合云创新提供了更灵活、更稳定的基础平台,并为跨物理、虚拟、私有云、公共云、边缘部署、部署应用程序和关键工作负载提供了更快、更一致的体验。

② CentOS。

社区企业操作系统(Community Enterprise Operating System,CentOS)是 Linux 发行版之一，它是基于 RedHat Enterprise Linux 依照开放源代码规定释出的源代码所编译而成的。由于出自同样的源代码，因此有些要求稳定性强的服务器以 CentOS 代替 RedHat Enterprise Linux 使用。两者的不同之处在于，CentOS 并不包含封闭源代码软件。

CentOS 完全免费，不存在 RedHat Enterprise Linux 需要序列号的问题；CentOS 独有的 yum 命令支持在线升级，可以即时更新系统，不像 RedHat Enterprise Linux 那样需要购买支持服务；CentOS 修正了许多 RedHat Enterprise Linux 的漏洞；CentOS 在大规模的系统下也能够发挥很好的性能，能够提供可靠稳定的运行环境。

③ Fedora。

Fedora 是由社区支持的 Fedora 项目开发并由 RedHat 赞助的 Linux 发行版。Fedora 包含在各种免费和开源许可下分发的软件。Fedora 是 RedHat Enterprise Linux 发行版的上游源。Fedora 作为开放的、创新的、具有前瞻性的操作系统和平台，允许任何人自由使用、修改和重新发布。它由一个强大的社群开发，无论是现在还是将来，Fedora 社群的成员都将以自己的不懈努力，提供并维护自由、开放源码的软件和开放的标准。

④ Mandrake。

Mandrake 于 1998 年由一个推崇 Linux 的小组创立，它的目标是尽量让工作变得更简单。Mandrake 提供了一个优秀的图形安装界面，它的最新版本包含了许多 Linux 软件包。

作为 RedHat Linux 的一个分支，Mandrake 的定位是桌面市场的最佳 Linux 版本。但其也支持服务器上的安装，且成绩还不错。Mandrake 的安装简单明了，为初级用户设置了简单的安装选项，还为磁盘分区制作了一个适合各类用户的简单图形用户界面。软件包的选择非常标准，还有对软件组和单个工具包的选项。安装完毕后，用户只需要重启系统并登录即可。

⑤ Debian。

Debian 诞生于 1993 年 8 月 13 日，它的目标是提供一个稳定容错的 Linux 版本。支持 Debian 的不是某家公司，而是许多在其改进过程中投入了大量时间的开发人员，这种改进吸取了早期 Linux 的经验。

Debian 以其稳定性著称，具有良好的稳定性和系统安全性，更快、更容易的内存管理，大多数的硬件驱动程序是 GNU/Linux 或 GNU/FreeBSD 用户所写的，而非厂商，这意味着对某些硬件的支持从无到有的过程会存在一些延迟。不过，在厂商停止生产或更新以后却仍可以对硬件提供长时间的支持。经验显示，开放源码的驱动程序通常比封闭式的要好得多。

Debian 的安装完全是基于文本的，对于其本身来说这不是一件坏事，但对于初级用户来说却并非好事。因为它仅仅使用 fdisk 作为分区工具而没有自动分区功能，所以它的磁盘分区过程对于初级用户来说非常复杂。磁盘设置完毕后，软件工具包的选择通过一个名为 dselect 的工具实现，但它不向用户提供安装基本工具组(如开发工具)的简易设置步骤。最后，其需要使用 anXious 工具配置 Windows，这个过程与其他版本的 Windows 配置过程类似，完成这些配置后，方可使用 Debian。

⑥ Ubuntu。

Ubuntu 是一个以桌面应用为主的 Linux 操作系统，基于 Debian 发行版和 Unity 桌面环境。Ubuntu 与 Debian 的不同之处在于，其每 6 个月会发布一个新版本。Ubuntu 的目标是为一般用户提供一个最新的、稳定的、主要由自由软件构建而成的操作系统。Ubuntu 具有庞大的社区力量,用户可以方便地从社区获得帮助。随着云计算的流行,Ubuntu 推出了一个云计算环境搭建的解决方案。用户可以在其官方网站找到相关信息。

1.2.4　Windows Server 2019 操作系统简介

Windows Server 2019 是由微软(Microsoft)公司于 2018 年 11 月 13 日官方推出的服务器版操作系统。该系统基于 Windows Server 2016 开发而来,是对 Windows NT Server 的进一步拓展和延伸。Windows Server 2019 与 Windows 10 同宗同源,提供了图形用户界面(Graphical User Interface,GUI),包含了大量服务器相关新特性,也是微软提供长达 10 年技术支持的新一代产品,向企业和服务提供商提供最先进可靠的服务。Windows Server 2019 主要用于虚拟专用服务器(Virtual Private Server,VPS)或服务器上,可用于架设网站或者提供各类网络服务。它提供了四大重点新特性:混合云、安全、应用程序平台和超融合基础架构。该版操作系统将会作为下个长期支持版本(Long-Term Servicing Channel,LTSC)为企业提供服务,同时新版将继续提高安全性并提供比以往更强大的性能。

Windows Server 2019 的特点如下。

(1) 超越虚拟化。Windows Server 2019 完全超越了虚拟化的概念,提供了一系列新增加和改进的技术,将云计算的潜能发挥到了最大的限度,其中最大的亮点就是私有云的创建。在 Windows Server 2019 的开发过程中,对 Hyper-V 的功能与特性进行了大幅的改进,从而能为企业组织提供动态的多租户基础架构,企业组织可在灵活的 IT 环境中部署私有云,并能动态响应不断变化的业务需求。

(2) 功能强大、管理简单。Windows Server 2019 可帮助 IT 专业人员在针对云进行优化的同时,提供高度可用、易于管理的多服务器平台,更快捷、更高效地满足业务需求,并且可以通过基于软件的策略控制技术更好地管理系统,从而获得各类收益。

(3) 跨越云端的应用体验。Windows Server 2019 是一套全面、可扩展,并且适应性强的 Web 与应用程序平台,能为用户提供足够的灵活性,供用户在内部、在云端、在混合式环境中构建部署应用程序,并能使用一致性的开放式工具。

(4) 现代化的工作方式。Windows Server 2019 在设计上可以支持现代化工作风格的需求,帮助管理员使用智能并且高效的方法提升企业环境中的用户生产力,尤其是涉及集中化桌面的场景。

1. Windows Server 2019 的版本

根据组织规模以及虚拟化和数据中心要求,微软将 Windows Server 2019 分为 3 个版本,即 Windows Server 2019 Datacenter(数据中心版)、Windows Server 2019 Essentials(精华版)和 Windows Server 2019 Standard(标准版)。

(1) Windows Server 2019 Datacenter(数据中心版)用于特大型企业。该版本专为高度虚拟化的基础架构设计,包括私有云和混合云环境。它提供 Windows Server 2019 网络操作系统可用的所有角色和功能。该版本为在相同硬件上运行的虚拟机提供了无限的基于虚拟机的许可证,还包括新功能,如受防护的虚拟机的改进、软件定义的网络(SDN)的安全性、Windows Defender 高级威胁防护等。

（2）Windows Server 2019 Essentials(精华版)用于小微企业(最多50台设备)。该版本支持两个处理器内核和高达64GB的随机存取存储器，但不支持 Windows Server 2019 的许多功能，如虚拟化等。

（3）Windows Server 2019 Standard(标准版)用于一般企业。该版本提供了 Windows Server 2019 网络操作系统可用的许多角色和功能。它包括最多两个虚拟机的许可证，并且支持 Nano 服务器安装。

2. Windows Server 2019 的新特性

Windows Server 2019 的四大新特性如下。

（1）Hybrid 混合云部署。

Windows Server 2019 和 Windows Admin Center 让用户可以更加容易地将现有的本地环境连接到 Microsoft Azure。使用 Windows Server 2019 的用户可以更加容易地使用 Azure 云服务（如 Azure Backup、Azure Site Recovery 等），而且随着时间的推移，微软将添加/支持更多新服务。

（2）Security 安全加强。

安全性仍然是微软的首要任务。从 Windows Server 2016 开始，微软就在推进新的安全功能，而 Windows Server 2019 的安全性就建立在其强大的基础之上，并且与 Windows 10 共享了一些安全功能，如 Defender ATP for Server、Defender Exploit Guard 等。

（3）Application Platform 应用平台。

随着开发人员和运营团队逐渐意识到在新模型中运营业务的好处，容器正变得越来越流行。微软将一些新技术加入了 Windows Server 2019 中，这些新技术有 Linux Containers on Windows、Windows Subsystem for Linux(WSL)和对体量更小的 Container 映像支持。

（4）超融合基础架构。

如果想要改进物理或 Host 主机服务器基础架构，应该考虑使用超融合基础架构（Hyper Converged Infrastructure，HCI）。这种新的部署模型允许将计算、存储和网络整合到相同的节点中，从而降低基础架构成本，并且同时获得更好的性能、可伸缩性和可靠性。

1.3 技能实践

Windows Server 2019 有多种安装方式，分别适用于不同的环境，选择合适的安装方式可以提高工作效率。除了全新安装外，还有升级安装、远程安装及服务器核心安装。

（1）全新安装。全新安装利用包含 Windows Server 2019 的 U 盘来启动计算机，设置引导程序，并执行 U 盘中的安装程序。

（2）升级安装。Windows Server 2019 的任何版本都不能在 32 位计算机上进行安装或升级，遗留的 32 位服务器要想运行 Windows Server 2019，当前服务必须升级到 64 位。Windows Server 2019 的升级过程可能存在一些软件限制，在这种情况下，需要卸载干净原版本再进行安装。

（3）远程安装。如果网络中已经配置了 Windows 部署服务，则通过网络远程安装也是一种不错的选择。需要注意的是，采取这种方式必须确保计算机网卡有预启动环境（Preboot eXecution Environment，PXE）芯片，支持远程启动功能；否则，就需要使用 rbfg.exe 程序生成启动 U 盘来启动计算进行远程安装。在利用 PXE 功能启动计算机的过程中,根据提示信息按下引导键(一般为 F12 键),会显示当前计算机所使用的网卡的版本等信息,并提示用户按下键盘上的 F12 键,启动网络服务引导。

(4) 服务器核心安装。服务器核心安装是从 Windows Server 2008 版本开始推出的功能。确切地说,Windows Server 2019 的服务器核心是微软公司革命性的功能部件,是不具备图形界面的纯命令行服务器操作系统,只安装了部分应用和功能,因此会更加安全和可靠,同时还降低了管理的复杂度。

在学习 Windows Server 2019 网络操作系统的过程中,要借助虚拟机进行实验操作。本书选用 VMware Workstation 软件作为虚拟机进行安装 Windows Server 2019 网络操作系统的实验操作。

1.3.1　虚拟机安装

VMware Workstation 是一款市场占用率最高的虚拟机软件产品,相比 Oracle 公司的 Virtual Box,它的功能更强大,支持的操作系统最全面。虚拟机是指由虚拟机软件模拟出来的一台计算机,在逻辑上是一台独立的计算机。相对虚拟机而言,宿主机是物理存在的计算机。例如,在 Windows 10 操作系统的计算机上借助 VMware Workstation 虚拟机软件,配置安装一台 Windows Server 2019 操作系统,那么此计算机将是该虚拟机的宿主机。虚拟机软件很多,本书选用 VMware Workstation 软件。VMware Workstation 可以在单一桌面上同时运行不同操作,并完成开发、调试、部署等。

1. VMware 虚拟机简介

VMware 虚拟机是一款通过软件模拟的、具有完整硬件系统功能的、运行在一个完全隔离环境中的完整计算机系统。通过 VMware 虚拟机,用户可以在一台物理计算机上模拟出一台或多台虚拟的计算机,这些虚拟机完全像真正的计算机那样进行工作。VMware 虚拟机软件可以在计算机平台和终端用户之间建立一种环境,而终端用户则是基于这个软件所建立的环境来操作软件。在计算机科学中,虚拟机是指可以像真实机器一样运行程序的计算机的软件实现。

因此,当我们在虚拟机中进行软件评测时,系统可能一样会崩溃,但是,崩溃的只是虚拟机上的操作系统,而不是物理计算机上的操作系统,并且使用虚拟机的快照功能,可以马上恢复虚拟机到安装软件之前的状态。

2. VMware 虚拟机安装

VMware 虚拟机安装步骤如下。

(1) 下载 VMware-workstation-full-16.1.2-17966106 软件安装包,双击安装文件,弹出 VMware 安装主界面,如图 1.3 所示。

(2) 单击“下一步”按钮,弹出 VMware 最终用户许可协议界面,勾选“我接受许可协议中的条款”复选框,如图 1.4 所示。

(3) 单击“下一步”按钮,弹出 VMware 自定义安装界面,如图 1.5 所示。

(4) 勾选自定义安装中的复选框,单击“下一步”按钮,弹出 VMware 用户体验设置界面,如图 1.6 所示。

(5) 保留默认设置,单击“下一步”按钮,弹出 VMware 快捷方式设置界面,如图 1.7 所示。

(6) 保留默认设置,单击“下一步”按钮,弹出 VMware 准备安装界面,如图 1.8 所示。

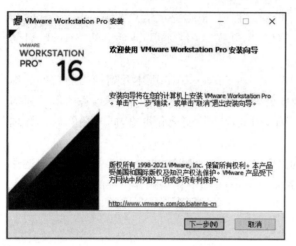

图 1.3　VMware 安装主界面

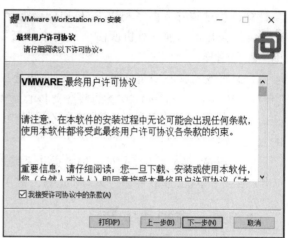

图 1.4　VMware 最终用户许可协议界面

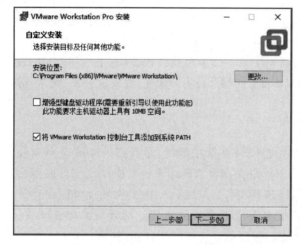

图 1.5　VMware 自定义安装界面

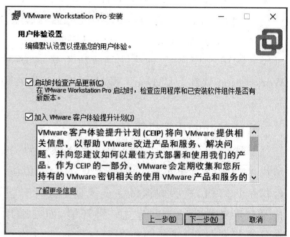

图 1.6　VMware 用户体验设置界面

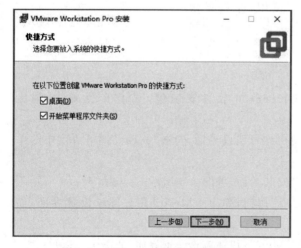

图 1.7　VMware 快捷方式设置界面

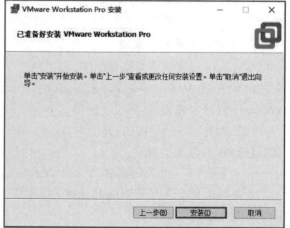

图 1.8　VMware 准备安装界面

（7）单击"安装"按钮，开始安装，弹出 VMware 正在安装界面，如图 1.9 所示。

（8）安装结束后，弹出 VMware 安装向导已完成界面，如图 1.10 所示。

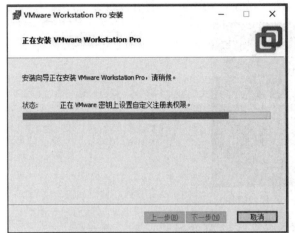

图 1.9　VMware 正在安装界面

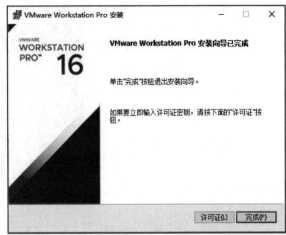

图 1.10　VMware 安装向导已完成界面

（9）在 VMware 安装向导已完成界面，单击"许可证(L)"按钮，在弹出的输入许可证密钥窗口中输入许可证密钥，进行注册认证，如图 1.11 所示。

（10）单击"输入"按钮，完成注册认证，弹出安装向导已完成界面，单击"完成"按钮，完成 VMware 安装，如图 1.12 所示。

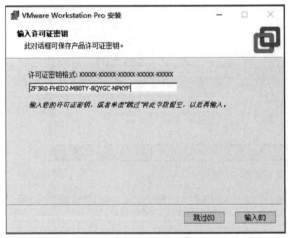

图 1.11　输入许可证密钥

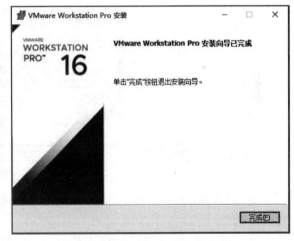

图 1.12　安装完成

1.3.2　Windows Server 2019 操作系统安装

安装网络操作系统时，计算机的 CPU 需要支持虚拟化技术（Virtualization Technology，VT），VT 指的是让单台计算机能够分割成多个独立资源区，并让每个资源区按照需要模拟出系统的一项技术，让系统资源的利用率最大化。

本书均以虚拟机 VMware 下安装 Windows Server 2019 Datacenter（数据中心版）为实验环境

平台，下载镜像文件为 datacenter_windows_server_2019_x64_dvd_c1ffb46c. iso。书中出现的各种操作，若无特别说明，均以此为实现平台，所有案例都经过编者的完整实现。

（1）双击桌面上的 VMware Workstation Pro 图标，如图 1.13 所示，打开软件。

图 1.13　VMware 软件快捷图标

（2）启动后会弹出 VMware Workstation 界面，如图 1.14 所示。

图 1.14　启动虚拟机

（3）在 VMware Workstation 界面主页，选择"创建新的虚拟机"选项，弹出"新建虚拟机向导"对话框，如图 1.15 所示。

（4）选择"典型（推荐）"选项，单击"下一步（N）"按钮，弹出"安装客户机操作系统"对话框，如图 1.16 所示。

（5）在"安装客户机操作系统"对话框中，选中"稍后安装操作系统"单选按钮，单击"下一步"按钮，弹出"选择客户机操作系统"对话框，如图 1.17 所示。

（6）在"选择客户机操作系统"对话框中，选中客户机操作系统"Microsoft Windows"单选按钮，选择版本 Windows Server 2019，单击"下一步"按钮，弹出"命名虚拟机"对话框，如图 1.18 所示。

（7）在"命名虚拟机"对话框中，输入虚拟机名称，设置安装位置，单击"下一步"按钮，弹出"指定磁盘容量"对话框，如图 1.19 所示。

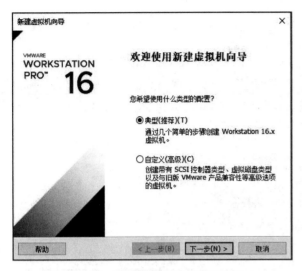

图 1.15 "新建虚拟机向导"对话框

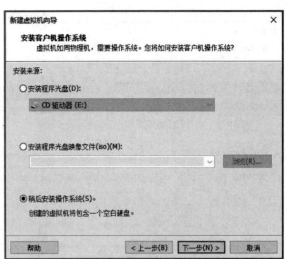

图 1.16 "安装客户机操作系统"对话框

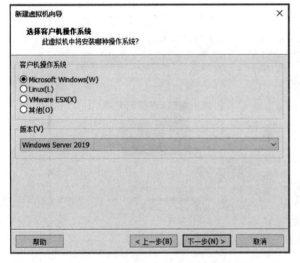

图 1.17 "选择客户机操作系统"对话框

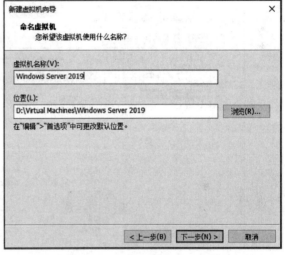

图 1.18 "命名虚拟机"对话框

（8）在"指定磁盘容量"对话框中，设置最大磁盘大小，选中"将虚拟磁盘拆分成多个文件"单选按钮，单击"下一步"按钮，弹出"已准备好创建虚拟机"对话框，如图 1.20 所示。

（9）在"已准备好创建虚拟机"对话框中，单击"完成"按钮，返回"虚拟机主界面"对话框，如图 1.21 所示。

（10）在"虚拟机主界面"对话框中，选择"编辑虚拟机设置"选项，弹出"虚拟机设置"对话框，选择"硬件"选项卡下"内存"选项，设置内存容量，如图 1.22 所示。

（11）在"虚拟机设置"对话框中，选择"硬件"选项卡下"处理器"选项，设置处理器相关参数，如图 1.23 所示。

（12）在"虚拟机设置"对话框中，选择"硬件"选项卡下"硬盘"选项，设置硬盘相关参数，如图 1.24 所示。

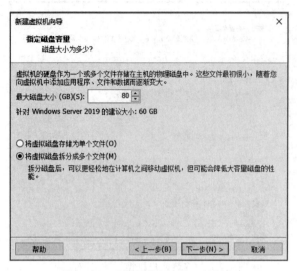

图1.19 "指定磁盘容量"对话框 图1.20 "已准备好创建虚拟机"对话框

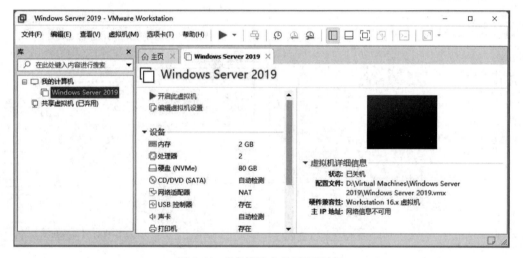

图1.21 "虚拟机主界面"对话框

（13）在"虚拟机设置"对话框中，选择"硬件"选项卡下CD/DVD(SATA)选项，设置CD/DVD(SATA)相关参数，如图1.25所示。

（14）在"虚拟机设置"对话框中，选择"硬件"选项卡下"网络适配器"选项，设置网络适配器相关参数，如图1.26所示。

（15）在"虚拟机设置"对话框中，选择"硬件"选项卡下"USB控制器"选项，设置USB控制器相关参数，如图1.27所示。

（16）在"虚拟机设置"对话框中，选择"硬件"选项卡下"声卡"选项，设置声卡相关参数，如图1.28所示。

（17）在"虚拟机设置"对话框中，选择"硬件"选项卡下"打印机"选项，设置打印机相关参数，如图1.29所示。

（18）在"虚拟机设置"对话框中，选择"硬件"选项卡下"显示器"选项，设置显示器相关参数，如图1.30所示。

图 1.22　"虚拟机设置"对话框

图 1.23　设置处理器相关参数

图 1.24　设置硬盘相关参数

图 1.25　设置 CD/DVD(SATA)相关参数

图 1.26 设置网络适配器相关参数

图 1.27 设置 USB 控制器相关参数

图 1.28　设置声卡相关参数

图 1.29　设置打印机相关参数

图1.30　设置显示器相关参数

（19）在"虚拟机设置"对话框中，选择"确定"按钮，弹出"操作系统安装"窗口，如图1.31所示。

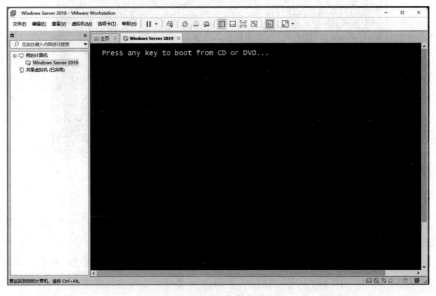

图1.31　"操作系统安装"窗口

（20）"在操作系统安装"对话框，按任意键进行安装系统，弹出"Windows安装程序"窗口，如图1.32所示。

图1.32　"Windows安装程序"窗口

（21）在"Windows安装程序"窗口，单击"下一步"按钮，弹出"现在安装"页面，如图1.33所示。

图1.33　"现在安装"页面

（22）单击"现在安装"按钮，弹出"激活Windows"对话框，如图1.34所示。

（23）在"激活Windows"对话框中，输入产品密钥，单击"下一步"按钮，弹出"选择要安装的操作系统"对话框，如图1.35所示。

（24）在"选择要安装的操作系统"对话框中，选择"Windows Server 2019 Datacenter（桌面体验）"选项，单击"下一步"按钮，弹出"适用的声明和许可条款"对话框，如图1.36所示。

（25）在"适用的声明和许可条款"对话框中，勾选"我接受许可条款"复选框，单击"下一步"按钮，弹出"你想执行哪种类型的安装？"对话框，如图1.37所示。

（26）在"你想执行哪种类型的安装？"对话框中，选择"自定义：仅安装Windows（高级）"选项，弹出"你想将Windows安装在哪里？"对话框，如图1.38所示。

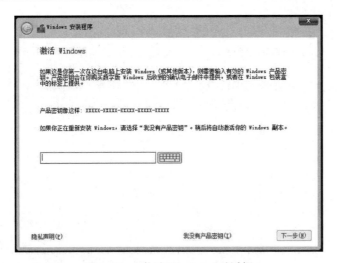

图 1.34 "激活 Windows"对话框

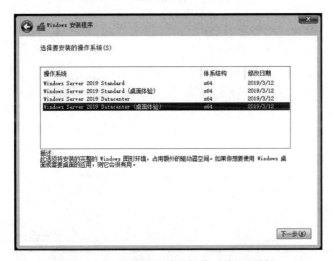

图 1.35 "选择要安装的操作系统"对话框

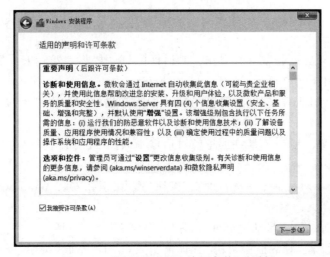

图 1.36 "适用的声明和许可条款"对话框

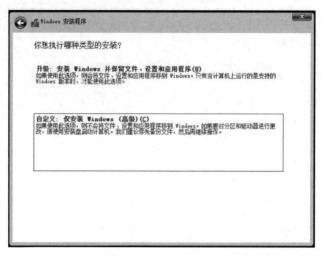

图 1.37　"你想执行哪种类型的安装？"对话框

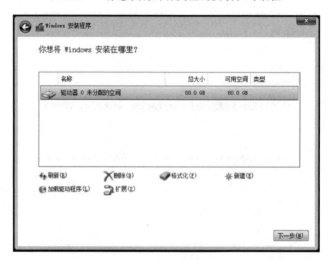

图 1.38　"你想将 Windows 安装在哪里？"对话框

（27）在"你想将 Windows 安装在哪里？"对话框中，选择"新建"选项，设置磁盘大小为 60GB（C:\），如图 1.39 所示。

（28）在"你想将 Windows 安装在哪里？"对话框中，选中"驱动器 0 未分配的空间"，继续选择"新建"选项（D:\），如图 1.40 所示。

（29）在"你想将 Windows 安装在哪里？"对话框中，单击"应用"按钮，完成磁盘分区，如图 1.41 所示。

（30）在"你想将 Windows 安装在哪里？"对话框中，将新建分区进行格式化操作，选择相应的分区，单击"格式化"按钮，弹出"格式化提示"对话框，如图 1.42 所示。

（31）在格式化提示对话框中，单击"确定"按钮，弹出"正在安装 Windows"对话框，如图 1.43 所示。

（32）系统安装完成后，会自动进行重启，弹出"自定义设置"对话框，如图 1.44 所示。

（33）在"自定义设置"对话框中，设置管理员密码，单击"完成"按钮，弹出"登录"对话框，如图 1.45 所示。

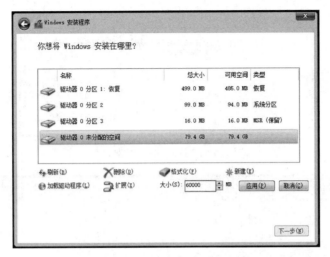

图 1.39　设置分区 4(C 盘)对话框

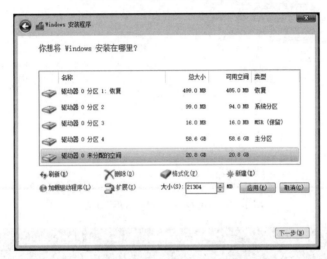

图 1.40　设置分区 5(D 盘)对话框

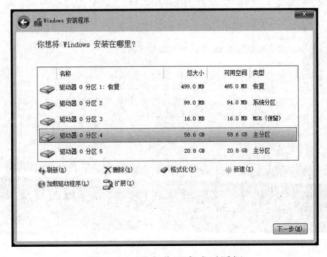

图 1.41　磁盘分区完成对话框

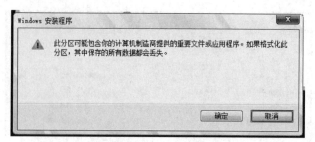

图 1.42 "格式化提示"对话框

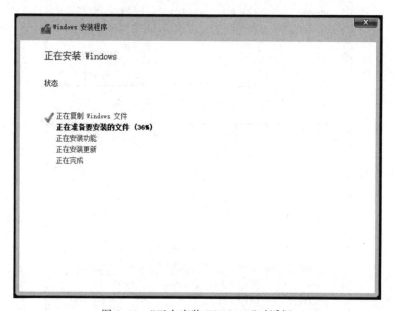

图 1.43 "正在安装 Windows"对话框

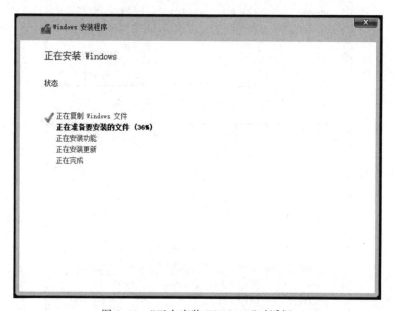

图 1.44 "自定义设置"对话框

图 1.45　"登录"对话框

（34）在"登录"对话框中，输入管理员密码，进入 Windows Server 2019 操作系统桌面，如图 1.46 所示。

图 1.46　Windows Server 2019 操作系统桌面

1.3.3　系统克隆与快照管理

V1-5

我们经常用虚拟机做各种实验，初学者免不了因误操作导致系统崩溃、无法启动，或者在做集群时，通常需要多台服务器进行测试。例如，搭建 FTP 服务器、DHCP 服务器、DNS 服务器、Web 服务器等。搭建服务器费时费力，一旦系统崩溃、无法启动，需要重新安装操作系统或是部署多台服务器时，安装操作系统将会浪费很多时间。那么将如何进行操作呢？系统克隆将会很好地解决这个问题。

1. 系统克隆

通常在虚拟机安装好原始的操作系统后进行克隆，克隆几份备用，方便日后多台机器做实验。这样，可以避免重新安装操作系统，既方便又快捷。

（1）打开 VMware 虚拟机主界面，关闭虚拟机中的系统，选择用户要克隆的系统，如图 1.47 所示，右击，在弹出的菜单栏中选择"管理"→"克隆"选项。

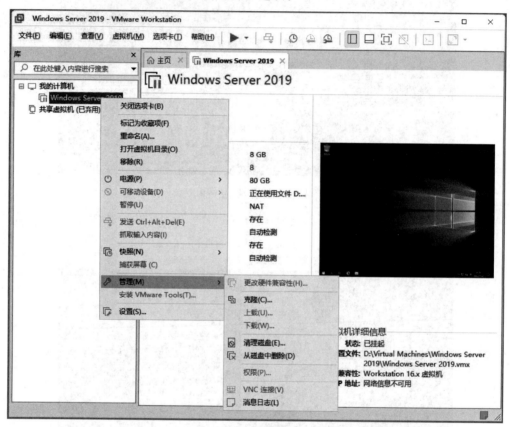

图 1.47 选择系统克隆

（2）进入克隆虚拟机向导界面，如图 1.48 所示，单击"下一步"按钮，进入"克隆源"对话框，可以选择"虚拟机中的当前状态"或是选择"现有快照（仅限关闭的虚拟机）："，如图 1.49 所示。

（3）在"克隆源"对话框中，单击"下一步"按钮，弹出"克隆类型"对话框，选中"创建完整克隆"单选按钮，如图 1.50 所示。

（4）在"克隆类型"对话框中，单击"下一步"按钮，弹出"新虚拟机名称"对话框，输入虚拟机名称，设置虚拟机安装位置，如图 1.51 所示。

（5）在"新虚拟机名称"对话框中，单击"完成"按钮，弹出"正在克隆虚拟机"对话框，如图 1.52所示。

（6）在"正在克隆虚拟机"对话框中，完成虚拟创建后，单击"关闭"按钮，返回虚拟机主窗口界面，系统克隆完成，如图 1.53 所示。

图 1.48　克隆虚拟机向导界面

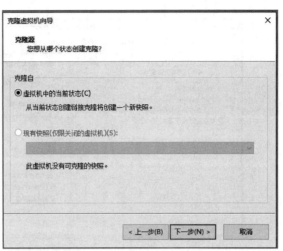

图 1.49　选择克隆源

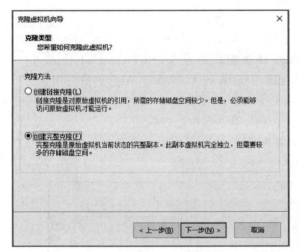

图 1.50　选择克隆类型

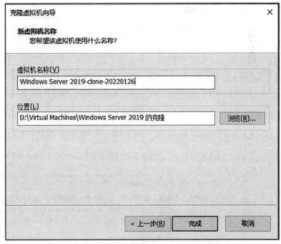

图 1.51　设置新虚拟机名称及安装位置

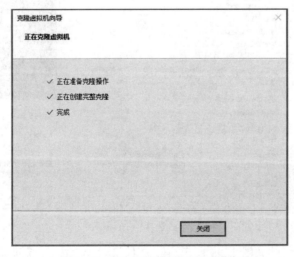

图 1.52　"正在克隆虚拟机"对话框

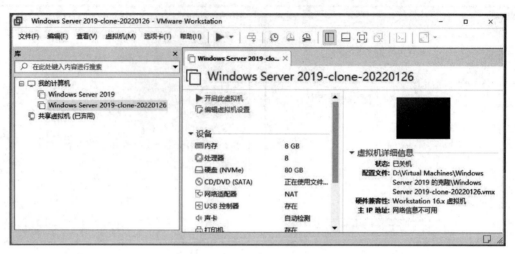

图 1.53　系统克隆完成

2. 快照管理

VMware 快照是 VMware Workstation 里的一个特色功能。当用户创建一个虚拟机快照时，它会创建一个特定的文件 delta，delta 文件是在基础虚拟机磁盘文件（Virtual Machine Disk Format，VMDK）上的变更位图，因此，它不能增长到比 VMDK 还大。VMware 为虚拟机创建每一个快照时，都会创建一个 delta 文件，当快照被删除或快照管理被恢复时，文件将自动删除。快照可以将当前的运行状态保存下来，当系统出现问题时，可以从快照中进行恢复。

（1）打开 VMware 虚拟机主界面，启动虚拟机中的系统，选择用户要快照保存备份的系统，右击，在弹出的菜单栏中选择"快照"→"拍摄快照"选项，如图 1.54 所示。

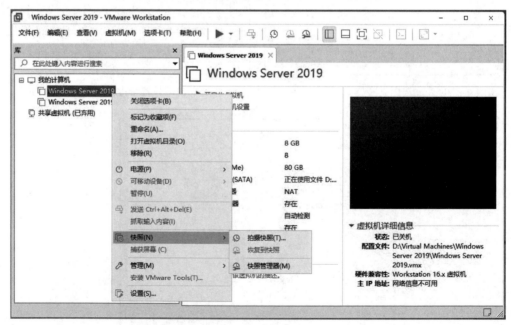

图 1.54　选择"拍摄快照"

（2）输入系统快照名称，如图 1.55 所示，单击"拍摄快照"按钮，返回虚拟机主窗口界面，系统

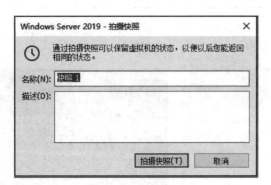

图 1.55　设置快照名称

快照完成,如图 1.56 所示。

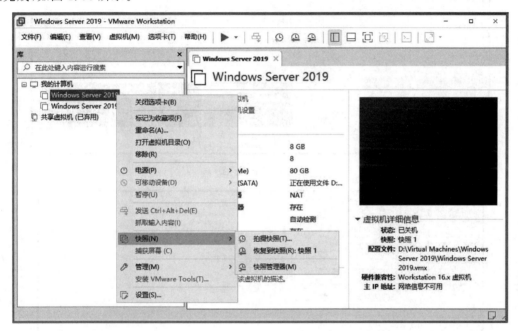

图 1.56　系统快照完成

1.3.4　系统基本配置与管理

在虚拟机 VMware 中安装 Windows Server 2019 操作系统完成时,操作系统并没有被激活,需要重新被激活。安装完成的 Windows Server 2019 操作系统也无法上网,也需要相关配置,才能提供相应的网络服务。

(1)修改服务器主机名称。

① 在操作系统桌面上,右击,弹出的快捷菜单如图 1.57 所示,选择"个性化"选项,弹出"设置"窗口,如图 1.58 所示。

② 在"设置"窗口中,选择"主题"选项,弹出"主题"窗口,如图 1.59 所示;在"相关的设置"中,选择"桌面图标设置"项,弹出"桌面图标设置"

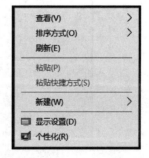

V1-6

图 1.57　右键快捷菜单(1)

图1.58 "设置"窗口

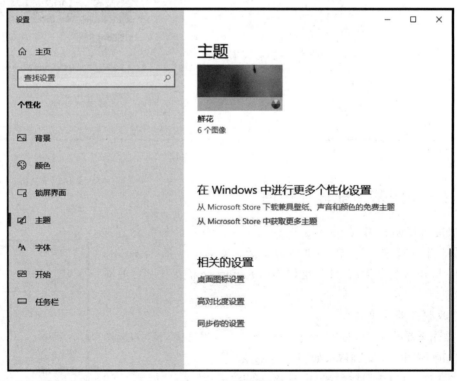

图1.59 "主题"窗口

对话框,如图 1.60 所示。

图 1.60 "桌面图标设置"对话框

③ 在"桌面图标设置"对话框中,在"桌面图标"选项卡中勾选相应的复选框,显示操作系统桌面的图标,如图 1.61 所示;在桌面上选择"此电脑"图标,右击,弹出的快捷菜单如图 1.62 所示。

图 1.61 操作系统桌面

图 1.62　右键快捷菜单(2)

④ 在快捷菜单中选择"属性"选项，弹出"系统"窗口，如图 1.63 所示；在"系统"窗口中，在"计算机名、域和工作组设置"选项中单击"更改设置"选项，弹出"系统属性"对话框，如图 1.64 所示。

图 1.63　"系统"窗口

⑤ 在"系统属性"对话框中，单击"更改"按钮，弹出"计算机名/域更改"对话框，如图 1.65 所示；完成相应的计算机名和工作组设置后，单击"确定"按钮，弹出提示"必须重新启动计算机才能应用这些更改"，如图 1.66 所示；单击"确定"按钮，重新启动计算机后，计算机的主机名称就可以修改完成。

图1.64 "系统属性"对话框

图1.65 "计算机名/域更改"对话框

（2）配置网络上网环境。

① 设置虚拟机网卡 IP 地址。在虚拟机菜单栏中选择"编辑"，如图 1.67 所示；在"编辑"菜单中选择"虚拟网络编辑器"选项，弹出如图 1.68 所示的"虚拟网络编辑器"对话框，配置 VMware1 虚拟网卡，选中"仅主机模式"单选按钮，设置 VMware1 的子网 IP：192.168.200.0，子网掩码：255.255.255.0。

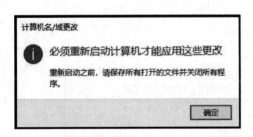

图1.66 重新启动窗口

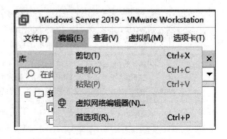

图1.67 "编辑"菜单

② 在"虚拟网络编辑器"对话框中，配置 VMware8 虚拟网卡，选择"NAT 模式"，设置 VMware8 的子网 IP：192.168.100.0，子网掩码：255.255.255.0，如图 1.69 所示；单击"NAT 设置"按钮，弹出"NAT 设置"对话框，设置网关 IP：192.168.100.2，如图 1.70 所示。

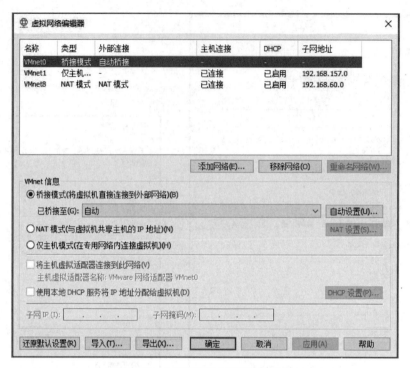

图 1.68 "虚拟网络编辑器"对话框

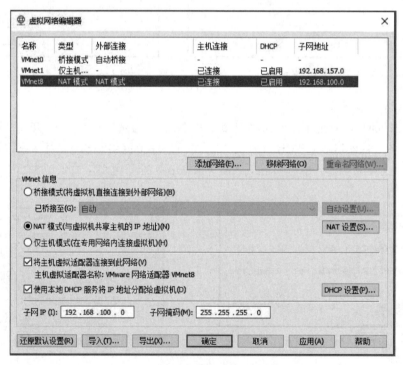

图 1.69 配置 VMware8 虚拟网卡

③ 设置 Windows Server 2019 服务器主机 IP 地址。在操作系统桌面上,选择"网络"图标,右击,弹出的快捷菜单如图 1.71 所示;在快捷菜单中,选择"属性"选项,弹出"网络和共享中心"窗

口,如图 1.72 所示。

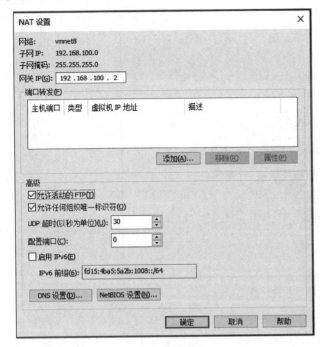

图 1.70 设置网关 IP

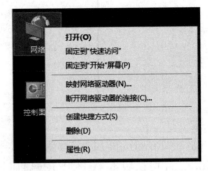

图 1.71 右键快捷菜单(3)

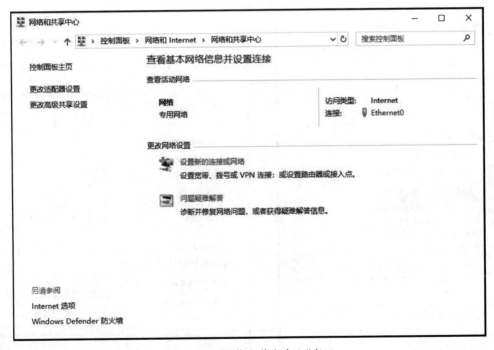

图 1.72 "网络和共享中心"窗口

④ 在"网络和共享中心"窗口中,选择"更改适配器设置"选项,弹出"网络连接"窗口,选择
Ethernet0 网卡,右击,弹出的快捷菜单如图 1.73 所示;选择"属性"选项,弹出"Ethernet0 属性"对

话框,如图 1.74 所示。

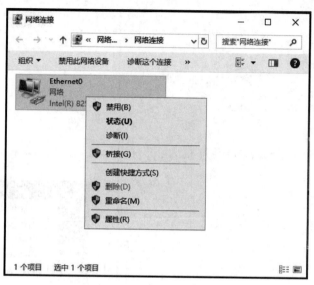

图 1.73　右键快捷菜单(4)

　　⑤ 在"Ethernet0 属性"对话框中,选择"Internet 协议版本 4(TCP/IPv4)"选项,双击鼠标,弹出"Internet 协议版本 4(TCP/IPv4)属性"对话框,如图 1.75 所示;设置相应的 IP 地址、子网掩码、默认网关以及首选 DNS 服务器地址等,单击"确定"按钮,完成网卡地址的设置;在 IE 浏览器的地址栏中,输入百度的地址,进行测试,如图 1.76 所示。

图 1.74　"Ethernet0 属性"对话框

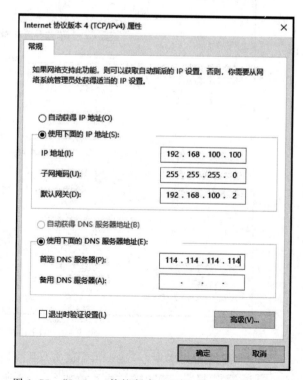

图 1.75　"Internet 协议版本 4(TCP/IPv4)属性"对话框

图 1.76　测试网站

课后习题

1. 选择题

(1) 安装 Windows Server 2019 桌面体验服务器时,最小内存大小为(　　)。

　　A. 1GB　　　　　　B. 2GB　　　　　　C. 4GB　　　　　　D. 8GB

(2) 安装 Windows Server 2019 桌面体验服务器时,最小硬盘空间为(　　)。

　　A. 8GB　　　　　　B. 16GB　　　　　　C. 32GB　　　　　　D. 64GB

(3)【多选】网络操作系统的特点有(　　)。

　　A. 支持多任务多用户管理　　　　　B. 支持远程网络管理

　　C. 支持大内存　　　　　　　　　　D. 图形化用户界面

(4)【多选】网络操作系统的基本功能是(　　)。

　　A. 共享资源管理　　　　　　　　　B. 网络通信

　　C. 网络服务　　　　　　　　　　　D. 分布式服务

(5)【多选】网络操作系统的选用原则是(　　)。

　　A. 标准化　　　　　　　　　　　　B. 可靠性

　　C. 安全性　　　　　　　　　　　　D. 易用性

(6)【多选】Windows Server 2019 的特点是(　　)。

　　A. 超越虚拟化　　　　　　　　　　B. 功能强大、管理简单

　　C. 跨越云端的应用体验　　　　　　D. 现代化的工作方式

(7)【多选】Windows Server 2019 的版本包括(　　)。

　　A. Windows Server 2019 Datacenter(数据中心版)

　　B. Windows Server 2019 Essentials(精华版)

　　C. Windows Server 2019 Standard(标准版)

　　D. 以上都不是

（8）【多选】Linux 的特性包括（　　　）。

  A．开放性　　　　　　　　　　　B．良好的可移植性

  C．可靠的安全系统　　　　　　　D．多用户

2．简答题

（1）简述网络操作系统的特点。

（2）简述网络操作系统的基本功能。

（3）简述网络操作系统发展。

（4）简述网络操作系统的选用原则。

（5）简述常见的网络操作系统特点。

（6）简述 Windows Server 2019 的特点。

（7）简述 Windows Server 2019 的最低安装需求。

（8）简述 Windows Server 2019 新增功能。

第2章

活动目录配置与管理

学习目标

- 了解活动目录的基础知识。
- 掌握活动目录的物理结构以及工作组与域模式。
- 掌握活动目录的安装、客户端加入活动目录以及创建子域等相关操作。

2.1 活动目录的基础知识

活动目录(Active Directory,AD)是面向 Windows Server 网络操作系统中非常重要的目录服务,即活动目录域服务(Active Directory Domain Services,AD DS)。目录服务有两方面的内容,即目录和与目录相关的服务。活动目录服务是 Windows Server 2019 操作系统平台的核心组件之一,为用户管理网络环境各个组成要素的标识和关系提供了一种有力的手段。

2.1.1 活动目录概述

AD 存储了有关网络对象的信息,包括用户账户、组、共享文件夹等,并把这些数据存储在目录服务数据库中,并且让管理员和用户能够轻松地查找和使用这些信息。AD 使用了一种结构化的数据存储方式,并以此作为基础对目录信息进行合乎逻辑的分层组织。AD 具有案例可扩展、可伸缩的特点,与域名系统(Domain Name System,DNS)集成在一起,可基于策略进行管理。

Windows 操作系统通过活动目录组件来实现目录服务,它将网络中的各种资源组合起来进行集中管理,以方便对网络资源的检索,使企业可以轻松地管理复杂的网络环境。

1. AD 服务提供的功能

在 Windows Server 2019 平台的 Active Directory 服务包括 Active Directory 权限管理服务

（AD RMS）、Active Directory 联合身份验证服务（AD FS）、Active Directory 轻型目录服务（AD LDS）、Active Directory 域服务（AD DS）和 Active Directory 证书服务（AD CS）。

- Active Directory 权限管理服务。帮助保护信息，防止未授权使用。AD RMS 将建立用户标记，并为授权用户提供受保护信息的许可证。
- Active Directory 联合身份验证服务。提供简单、安全的联合身份验证和 Web 单点登录（Single Sign On，SSO)功能。AD FS 提供的联合身份验证服务启用基于浏览器的单点登录。
- Active Directory 轻型目录服务。为应用程序特定的数据以及启用目录的应用程序(不需要 Active Directory 域服务基础结构)提供存储。一个服务器上可以存在多个 AD LDS 实例，并且每个实例都可以有自己的架构。
- Active Directory 域服务。存储有关网络上的对象的信息，并向用户和网络管理员提供这些信息。AD DS 使用域控制器，向网络用户授予通过单个登录进程访问网络上任意位置的允许资源的权限。
- Active Directory 证书服务。用于创建证书颁发机构和相关角色服务，从而允许用户颁发和管理各种应用程序使用的证书。

AD 服务能提供的功能如下。

（1）服务器及客户端计算机管理。管理服务器及客户端计算机账户，所有服务器及客户端计算机加入域管理并实施组策略。

（2）用户服务管理。管理用户域账户、用户信息、企业通讯录(与电子邮件系统集成)、用户组、用户身份认证、用户授权等。

（3）资源管理。管理网络中的打印机、文件共享服务等网络资源。

（4）基础网络服务支持。包括 DNS、WINS、DHCP、证书服务等。

（5）策略配置。系统管理员可以通过 AD 集中配置客户端策略，例如界面功能的限制、应用程序执行特征限制、网络连接限制、安全配置限制等。

2. AD 的基本概念

V2-1

典型的活动目录结构如图 2.1 所示。

AD 的基本概念如下。

（1）对象和属性。AD 以对象为基本单位，采用层次结构来组织管理对象。AD DS 内的资源以对象的形式存在。这些对象包括网络中的各项资源，如用户、服务器、计算机、打印机、应用程序等。对象是通过属性来描述其特征的，也就是说，对象本身是一些属性的集合。例如，要为使用者建立一个账户，需要新建一个对象类型作为用户的对象(也就是用户账户)，然后在此对象内输入相应的姓名、密码、描述信息等，其中的用户账户就是对象，而姓名、描述信息等就是该对象的属性。

（2）域(Domain)。域是 AD 的基本单位和核心单元，是 AD 的分区单位。域是在 Windows NT/2012/2016/2019 网络环境中组建客户端/服务器网络的实现方式；是由网络管理员定义的一组计算机集合。实际上它就是一个网络，在这个网络中，至少有一台称为域控制器（Domain Controller，DC)的计算机充当服务器角色。在域控制器中保存着整个网络的用户账号及目录数据库，即活动目录。管理员可以修改活动目录的配置来实现对网络的管理和控制，如管理员可以在

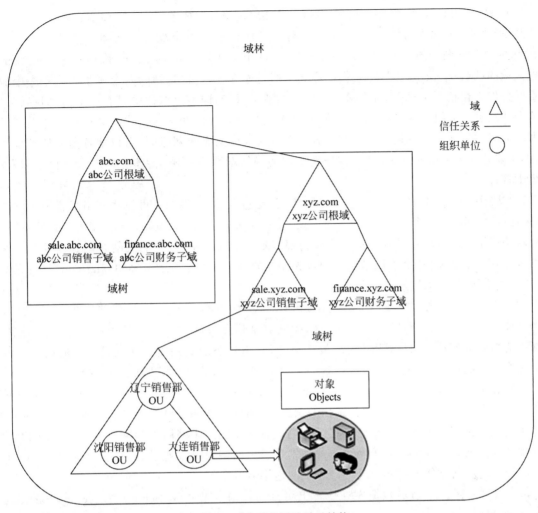

图 2.1　典型的活动目录结构

活动目录中为每个用户创建域用户账号,使他们可登录域并访问域的资源。同时,管理员也可以控制所有网络用户的行为,如控制用户能否登录、在什么时间登录、登录后能执行哪些操作等。域中的客户计算机要想访问域的资源,必须先加入域,并通过管理员为其创建的域用户账号登录域,才能访问域的资源;同时也必须接受域的控制和管理。构建域后,域可以对整个网络实施集中控制和管理。一般一个组织机构就可以构成一个域,图 2.1 中代表 xyz 公司的 xyz.com 就是一个域。

（3）组织单位。组织单位(Organization Unit,OU)将域进一步划分成多个组织单位以便于管理。组织单位是可将用户、组、计算机和其他组织单位放入其中的 Active Directory 容器。每个域的组织单位层次都是独立的,组织单位不能包括来自其他域的对象。组织单位相当于域的子域,本身也具有层次结构。图 2.1 中 sale.xyz.com 域下辖的辽宁销售部就是一个组织单位。组织单位是应用组策略和委派责任的最小单位,使用组织单位,用户可在组织单位中代表逻辑层次结构的域中创建容器,这样就可以根据组织模型来管理网络资源。可授予用户对域中某个组织单位的管理权限,组织单位的管理员不需要具有域中任何其他组织单位的管理权。

（4）域树。当要配置一个多个域的网络时，应用将网络配置成域树结构。如图 2.1 所示，xyz.com 域与其下辖的 xyz 公司销售子域、xyz 公司财务子域构成了一个域树。活动目录的域仍然采用 DNS 域的命名规则。图 2.1 的 xyz.com 域树中，两个子域名 sale.xyz.com 和 finance.xyz.com 中包含父域的域名 xyz.com，因此，它们的命名空间是连续的，这也是判断两个域是否属于一个域树的重要条件。在整个域树中，所有域共享同一个活动目录，即整个域树中只有一个活动目录，只不过这个活动目录分散地存储在不同的域中（每个域只负责存储和本域有关的数据），整体上形成一个大的分布式的活动目录数据库。在配置一个较大规模的企业网络时，可以配置为域树结构。例如，将企业总部的网络配置为根域，各分支机构的网络配置为子域，整体上形成一个目录树，以实现集中管理。

（5）域林。如果网络的规模比域树还要大，甚至包含多个域树，就可以将网络配置成域林结构（也称森林）。域林由一个或多个域树组成，图 2.1 中 xyz.com 域树以及与之建立信息关系的 abc.com 域树就构成了一个域林。域林中的每个域树都有唯一的命名空间，它们之间并不是连续的。整个域林也存在一个根域，这个根域是域林中最先安装的域。图 2.1 所示域林中，abc.com 是最先安装的，所以这个域是域林的根域。

（6）站点。站点由一个或多个 IP 子网组成，这些子网通过高速网络设备连接在一起。站点往往由企业的物理位置分布情况决定，可以依据站点结构配置活动目录的访问和复制拓扑关系，使得网络更有效地连接，并且可使得复制策略更合理、用户登录更快捷。活动目录中的站点与域是两个完全独立的概念，一个站点中可以有多个域，多个站点也可以位于同一个域中。

活动目录站点和服务可以使用站点提高大多数配置目录服务的效率，使用活动目录站点和服务来发布站点，并提供有关网络物理结构的信息，从而确定如何复制目录信息和处理服务的请求。计算机站点是根据其子网和一组已连接子网的位置指定的。子网用来为网络分组，类似于生活中使用邮政编码划分地址。划分子网可方便地发送有关网络与目录连接的物理信息，同一子网中计算机的连接情况通常优于不同网络中计算机的连接情况。

（7）目录分区。AD DS 数据库在逻辑上可分为架构目录分区（Schema Directory Partition）、配置目录分区（Configuration Directory Partition）、域目录分区（Domain Directory Partition）和应用程序目录分区（Application Directory Partition）。

- 架构目录分区。架构目录分区存储着整个域林中所有对象与属性的定义数据，也存储着如何建立新对象与属性的规则。整个域林内所有域共享一份相同的架构目录分区，它会被复制到域林中所有域的所有控制器中。

- 配置目录分区。配制目录分区存储着整个 AD DS 的结构，如有哪些域、站点、域控制器等数据。整个域林共享一份相同的配置目录分区，它会被复制到域林中所有域的控制器中。

- 域目录分区。域目录分区存储着与该域有关的对象，如用户、组与计算机等对象。每一个域各自拥有一份域目录分区，它只会被复制到该域内的所有域控制器中，而不会被复制到其他域的域控制器中。

- 应用程序目录分区。一般来说，应用程序目录分区是由应用程序建立的，其存储着与该应用程序有关的数据。例如，由 Windows Server 2019 扮演的 DNS 服务器，若建立的 DNS 区域为 Active Directory 集成区域，它就会在 AD DS 数据库内建立应用程序目录分区，以便存储该区域的数据。应用程序目录分区会被复制到林中特定的域控制器中，而不是所有的域控制器中。

2.1.2 活动目录的物理结构

V2-2

活动目录的物理结构侧重于网络的配置和优化,物理结构的 3 个重要概念是域控制器、只读域控制器和全局编录服务器。

1. 域控制器

域控制器是指安装了活动目录的 Windows Server 2019 的服务器,它保存了活动目录信息的副本。域控制器管理目录信息的变化,并把这些变化复制到同一个域中的其他域控制器上,使各域控制器上的目录信息同步。域控制器负责用户的登录过程以及其他与域有关的操作,如身份鉴定、目录信息查找等。一个域可以有多个域控制器,域控制器没有主次之分,采用主机复制模式,每一个域控制器都有一个可写入的目录副本,这为目录信息容错带来了无尽的好处。尽管在某个时刻,不同的域控制器中的目录信息可能有所不同,但一旦活动目录中的所有域控制器执行同步操作,最新的变化就会一致。

2. 只读域控制器

只读域控制器的 AD DS 数据库只可以被读取,不可以被修改,也就是说,用户或应用程序无法直接修改只读域控制器的 AD DS 数据库。只读域控制器的 AD DS 数据库的内容只能够从其他可读写的域控制器中复制过来。只读域控制器主要是设计给远程分公司的网络使用。因为远程分公司的网络规模一般比较小、用户人数比较少,网络的安全措施或许并不如总公司完备,也可能缺乏 IT 技术人员,因此采用只读域控制器可避免因其 AD DS 数据库被破坏而影响整个 AD DS 环境。

3. 全局编录服务器

尽管活动目录支持多主机复制模式,然而由于复制引起通信流量以及网络潜在的冲突,变化的传播并不一定能够顺利进行,因此有必要在域控制器中指定全局编录服务器以及操作主机。全局编录服务器是一个信息仓库,包含活动目录中所有对象的部分属性,是在查询过程中访问最为频繁的属性。利用这些信息,可以定位任何一个对象实际所在的位置。全局编录服务器是一个域控制器,它保存了全局编录的一份副本,并执行对全局编录的查询操作。全局编录服务器可以提高活动目录中大范围内对象检索的性能。例如,在域林中查询所有的打印机操作。如果没有全局编录服务器,那么必须调动域林中每一个域的查询过程。如果域中只有一个域控制器,那么它就是全局编录服务器。如果有多个域控制器,那么管理员必须把一个域控制器配置为全局编录服务器。

2.1.3 工作组与域模式

V2-3

企业网络中,计算机管理模式有两种,即工作组模式和域模式,二者的区别与联系如下。

1. 工作组模式

工作组(Work Group)模式是最常见、最简单、最普通的资源管理模式,就是将不同的计算机按功能分别列入不同的组中,以方便管理。工作组中的计算机自主管理,每台计算机的地位是对等的。

计算机加入工作组的方法很简单,以 Windows 10 操作系统为例,在桌面上选择"此电脑"图

图2.2　计算机加入工作组

标，右击，在弹出的快捷菜单中选择"属性"选项，在"计算机名、域和工作组设置"区域，单击"更改设置"选项，弹出"系统属性"窗口，在"系统属性"窗口中选择"更改"按钮，弹出"计算机名/域更改"对话框，选中"工作组"单选按钮，输入要加入的工作组名称（默认为WORKGROUP），如图2.2所示，单击"确定"按钮，按要求重新启动计算机后，就可以将其加入工作组中。

2. 域模式

域是安全边界的界定。在域模式下，至少有一台服务器负责每一台连入网络的计算机和用户的验证工作，这台服务器称为域控制器。域控制器上存储了有关网络对象的信息，这些对象包括用户、用户组、计算机、域、组织单位、文件、打印机、应用程序、服务器及安全策略等，由域控制器统一集中进行管理。当计算机连入网络时，域控制器首先要鉴别这台计算机是否属于这个域、用户使用的登录账号是否存在、密码是否匹配。如果以上信息有一项不正确，域控制器就会拒绝这个用户从这台计算机登录。不能登录，用户就不能访问服务器上有权限保护的资源，这样就在一定程度上保护了网络上的资源。如果用户能够成功登录域，域控制器就会将配置好的权限分发给用户，用户可以在合法权限范围内访问域内的资源。

在工作组模式下，计算机处于一个独立状态，使用计算机的用户登录账号和计算机的管理均须在每台计算机上创建或进行，当计算机超过20台时，计算机的管理变得越来越困难，并且要为用户创建越来越多的访问网络资源的账号，用户要记住多个访问不同资源的账号。

而在域模式下，用户只需要记住一个域账号，即可登录访问域中的资源。管理员通过组策略，可以轻松配置用户的桌面工作环境和加强计算机安全设置。域模式下所有的域账号保存在域控制器的活动目录数据库中。

活动目录AD协助中大型组织为用户提供可靠的工作环境，它提供最高层的可靠性和效能，让使用者得以尽可能有效地将其工作做好，并提供安全的环境让IT员工可以更容易工作。使用AD是因为有许多应用程序和服务之前使用不同的用户名/密码，并由每个应用程序来单独管理。例如，在Windows中的网络、邮箱、远程访问、业务系统等都有自己的用户名和密码。使用AD之后，系统管理员可以将用户加入AD域，使用同一目录进行单点登录。用户登录Windows后，其域的用户名和密码就是钥匙，将可自动解除锁定所有已启用的应用程序或服务，包括Windows融合式验证的第三方应用程序。

通过建立用户账户、邮箱和应用程序之间的连接，AD简化了新增、修改和删除用户账户的工作。当员工离职或改变姓名时，在AD中做一次变更即可变更所有应用程序和服务的用户信息。当用户在AD中变更其密码时，不必记住其他应用程序的密码。当建立像"销售组"的使用者群组时，用户发送电子邮件给该组即可传送到所有的用户。系统管理员可以根据组名允许对资源的安全存取，这只是一个简单的示例说明，AD统一管理带来的好处还有其他方面。

（1）改善员工工作效率,增加产能。IT 管理人员不必到每个客户端上进行操作,用户不必中断工作。

（2）降低 IT 系统管理的负担。IT 管理人员不需要花费时间在每台计算机上安装软件或更新,可以使用组策略批量更新。

（3）改善容量以便将停机减到最低,加强安全性管理。密码策略、软件配置、安全设置统一管理,安全性高。工作组设置相对随意,且管理复杂。

（4）单点登录使用与 AD 集成的应用的功能。

3．工作组和域的对比

工作组和域的对比,如表 2.1 所示。

表 2.1　工作组和域的对比

项　目	工　作　组	域
登录	只能本地存储用户,本地验证	本地账号、域账号均可；域用户在域控制器统一验证；可实现 AD 集成业务的单点登录
密码更改	只能在本地由本地管理员或账户本身修改	域控制器上统一更改,不必到客户端操作
权限	只负责本机权限丢失,找回步骤烦琐,有泄露风险	集中修改；以组的方式批量管理,可临时授予权限；统一密码策略,安全性高
文件共享	每个人都要使用同一账号连接或者在每台机器创建每个账号	分配到对应组即可,用户只要存在于该组,即可使用自身密码访问
文件权限	同一权限	细分(只读、修改、删除)
桌面环境	单独配置	统一配置；提升企业形象
组策略	无	可使用组策略,统一配置管理客户端设置,且用户在出问题或需要做配置变更时,管理员可在域上配置,用户不需要中断工作
软件配置	单独安装、管理	统一配置,减少故障率

2.2　技能实践

在 Windows Server 2019 操作系统平台上安装活动目录时,必须由网络管理员进行相应的设置,需要满足如下条件。

（1）必须有一个静态的 IP 地址,如 192.168.100.100/24,本书如无特殊说明均使用此地址进行相关配置。

（2）管理员账号使用强密码管理体系。

（3）已从 Windows 更新安装最新的安全更新。

（4）安装活动目录时,登录用户必须有管理员组权限(Administrators)。

（5）符合 DNS 规格的域名,如 xyz.com。

（6）有相应的 DNS 服务器的支持,用于解析域名且当前服务器的 TCP/IP 设置里的 DNS 地址需要配置成该 DNS 服务器地址。

（7）必须有足够的空闲磁盘空间,用于放置存储域公共文件服务器副本的共享文件夹。

2.2.1 活动目录的安装

安装 Windows Server 2019 服务器的活动目录,然后将其升级为域控制器并建立域,相关操作如下。

V2-4

1. Active Directory 域服务的安装

Active Directory 域服务的安装,其具体操作步骤如下。

(1) 在桌面上选择"此电脑"图标,右击,在弹出快捷菜单中选择"管理"选项,弹出"服务器管理器"窗口,如图 2.3 所示。在"服务器管理器"窗口右上角,单击"管理"菜单,选择"添加角色和功能"选项,弹出"添加角色和功能向导"窗口,如图 2.4 所示。

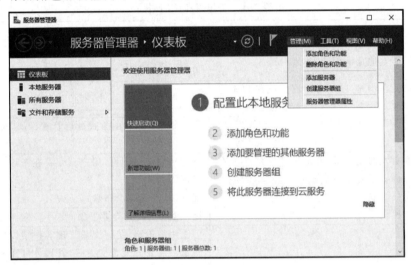

图 2.3 "服务器管理器"窗口

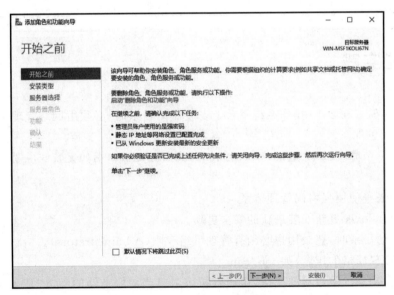

图 2.4 "添加角色和功能向导"窗口

（2）在"添加角色和功能向导"窗口中，单击"下一步"按钮，弹出"选择安装类型"窗口，如图2.5所示；选中"基于角色或基于功能的安装"单选按钮，通过添加角色、角色服务或功能来配置单个服务器，单击"下一步"按钮，弹出"选择目标服务器"窗口，如图2.6所示。

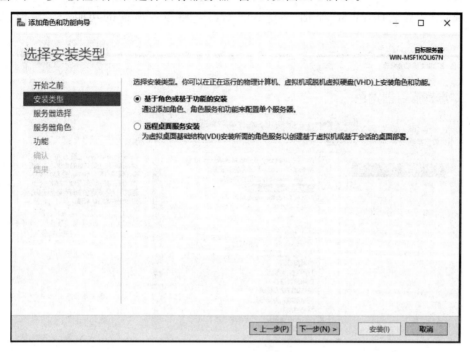

图2.5　"选择安装类型"窗口

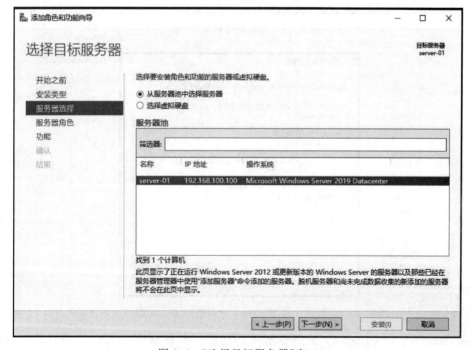

图2.6　"选择目标服务器"窗口

(3) 在"选择目标服务器"窗口中,选中"从服务器池中选择服务器"单选按钮,在服务器池中选择相应的服务器,单击"下一步"按钮,弹出"选择服务器角色"窗口,如图2.7所示;在"选择服务器角色"窗口中,选择要安装在所选服务器上的一个或多个角色,在"角色"选项中,勾选"Active Directory 域服务"复选框,弹出"添加 Active Directory 域服务所需的功能?"对话框,如图 2.8 所示。

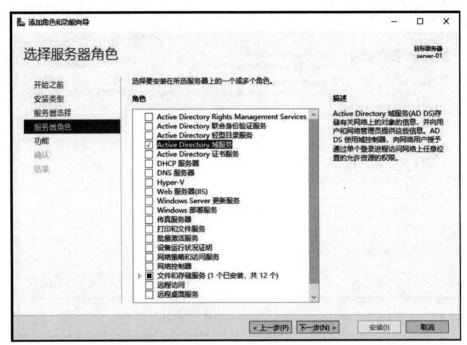

图 2.7 "选择服务器角色"窗口

图 2.8 "添加 Active Directory 域服务所需的功能?"对话框

(4) 在"添加 Active Directory 域服务所需的功能?"对话框中,勾选"包括管理工具(如果适用)"复选框,单击"添加功能"按钮,返回"选择服务器角色"窗口,单击"下一步"按钮,弹出"选择功能"窗口,如图 2.9 所示;在"选择功能"窗口中,单击"下一步"按钮,弹出"Active Directory 域服务"窗口,如图 2.10 所示。

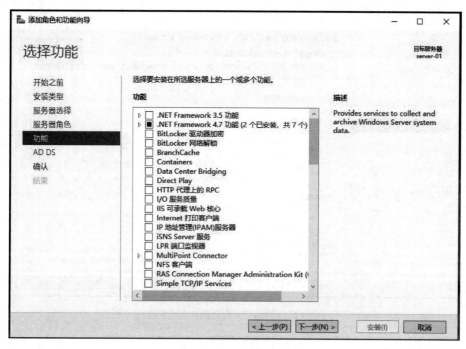

图 2.9 "选择功能"窗口

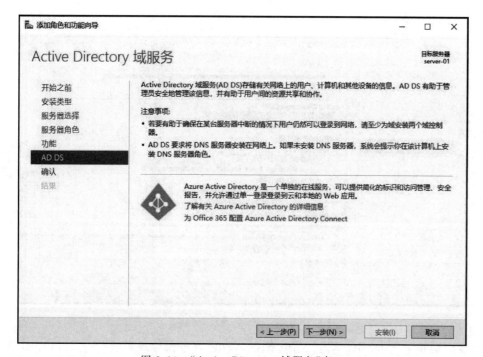

图 2.10 "Active Directory 域服务"窗口

(5) 在"Active Directory 域服务"窗口中,单击"下一步"按钮,弹出"确认安装所选内容"窗口,如图 2.11 所示;在"确认安装所选内容"窗口中,单击"安装"按钮,弹出"安装进度"窗口,如图 2.12 所示。

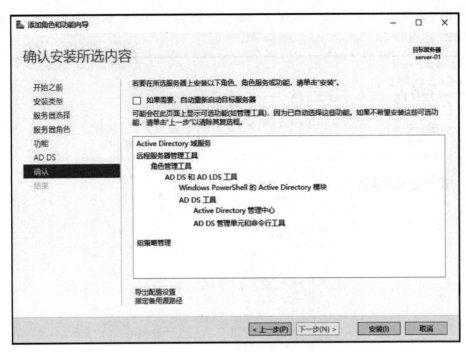

图 2.11　"确认安装所选内容"窗口

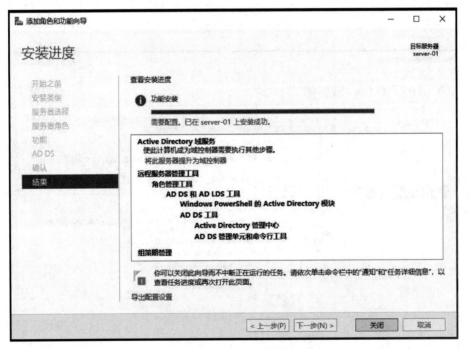

图 2.12　"安装进度"窗口

（6）在"安装进度"窗口中，单击"关闭"按钮，弹出"服务器管理器 AD DS"窗口，如图 2.13 所示；在"服务器管理器 AD DS"窗口中，选择右上角"更多"选项，弹出"所有服务器任务详细信息"窗口，如图 2.14 所示。

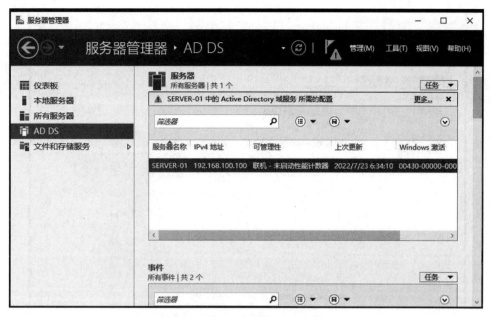

图 2.13 "服务器管理器 AD DS"窗口

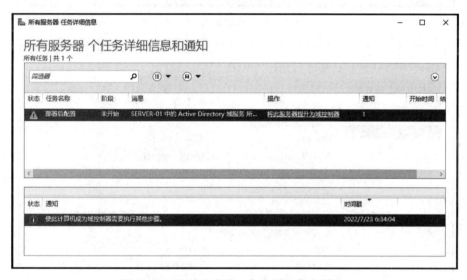

图 2.14 "所有服务器 任务详细信息"窗口

（7）在"所有服务器任务详细信息"窗口中，单击操作下的"将此服务器提升为域控制器"选项，弹出"部署配置"窗口，如图 2.15 所示；在"部署配置"窗口中，选中"添加新林"单选按钮，在指定此操作的域信息中，输入根域名（R）：abc.com，单击"下一步"按钮，弹出"域控制器选项"窗口，如图 2.16 所示。

（8）在"域控制器选项"窗口中，选择新林和根域的功能级别。设置不同的域功能级别主要是为了兼容不同平台的网络用户和子域控制器，在此只能设置为 Windows Server 2016 版本的域控制器。指定域控制器功能，输入目录服务还原模式密码，单击"下一步"按钮，弹出"DNS 选项"窗口，如图 2.17 所示；在"DNS 选项"窗口中，单击"下一步"按钮，弹出"其他选项"窗口，如图 2.18 所示。

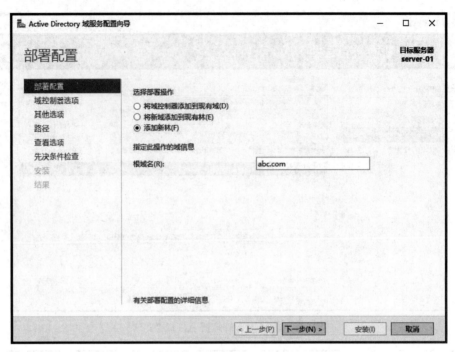

图 2.15　"部署配置"窗口

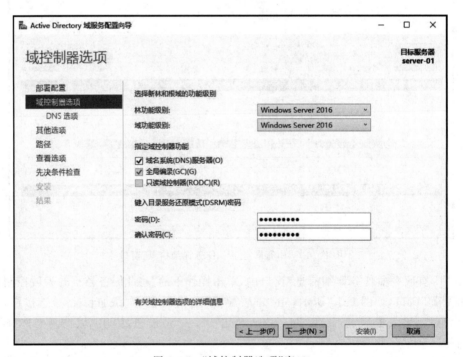

图 2.16　"域控制器选项"窗口

（9）在"其他选项"窗口中，输入 NetBIOS 域名 ABC，单击"下一步"按钮，弹出"路径"窗口，如图 2.19 所示；在"路径"窗口中，指定 AD DS 数据库、日志文件和 SYSVOL 文件夹的位置，单击"下一步"按钮，弹出"查看选项"窗口，如图 2.20 所示。

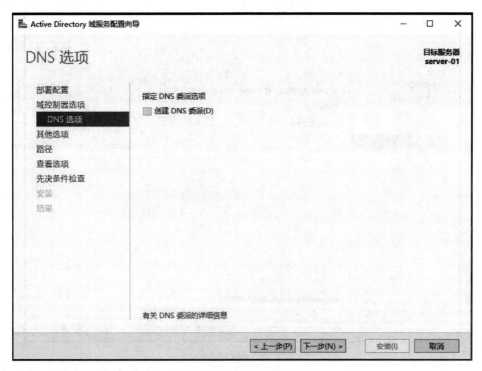

图 2.17　"DNS 选项"窗口

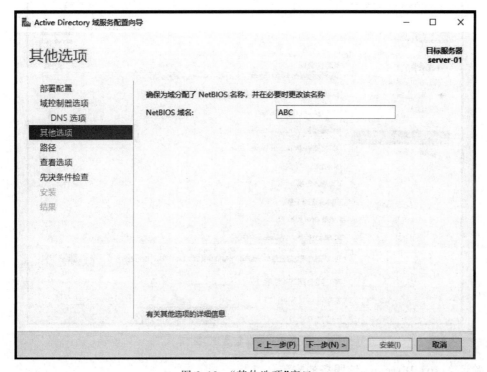

图 2.18　"其他选项"窗口

（10）在"查看选项"窗口中，可以检查用户的选择相关信息，单击"下一步"按钮，弹出"先决条件检查"窗口，如图 2.21 所示；可以查看相关结果，单击"安装"按钮，完成 Active Directory 域服务配置。

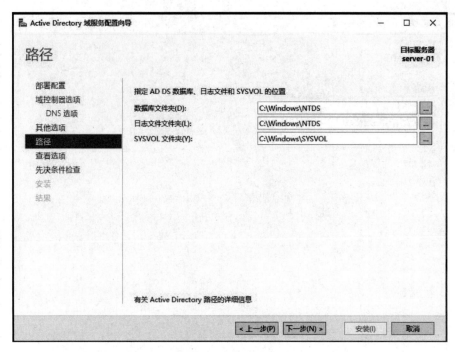

图2.19 "路径"窗口

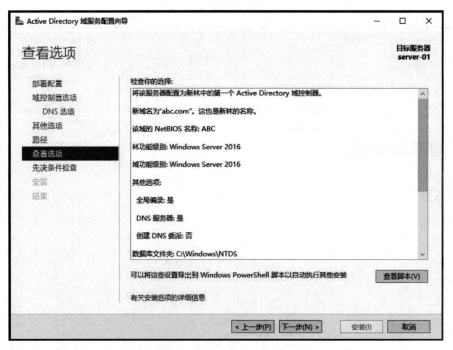

图2.20 "查看选项"窗口

2. 验证 Active Directory 域服务的安装

活动目录安装完成后,可以在域控制器 server-01 上,从以下几方面进行验证。

(1) Windows Server 2019 服务器启动时,可以看到登录界面的用户变为 ABC\Administrator,如

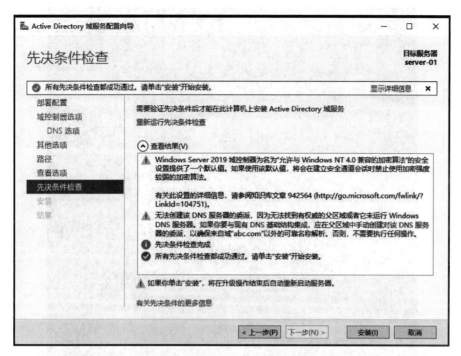

图 2.21 "先决条件检查"窗口

图 2.22 所示。

图 2.22 用户登录窗口

（2）进入操作系统桌面，单击"开始"菜单，选择"Windows 管理工具"选项，可以查看"Active Directory 管理中心""Active Directory 用户和计算机""Active Directory 域和信任关系""Active Directory 站点和服务"等，如图 2.23 所示。

（3）在操作系统桌面，选择"此电脑"图标，右击，在弹出的快捷菜单中选择"属性"选项，弹出"系统"窗口，在"计算机名、域和工作组设置"区域，可以看到计算全名为 server-01.abc.com，域为 abc.com，如图 2.24 所示。

图 2.23 "开始"菜单

图 2.24 "系统"窗口

（4）在操作系统桌面,选择"此电脑"图标,右击,在弹出的快捷菜单中选择"管理"选项,弹出"服务器管理器"窗口,选择 AD DS 选项,可以查看服务器管理 AD DS,如图 2.25 所示。

图 2.25　"服务器管理器"窗口

2.2.2　客户端加入活动目录

当网络中的第一台域控制器创建完成后,该服务器将扮演域控制器的角色,而其他主机就需要加入活动目录作为域内成员接受域控制器的集中管理。让客户端加入活动目录,可以通过在客户端计算机上手动配置或者使用脚本文件来完成。为了让活动目录对客户端计算机进行统一管理,需要配置客户端计算机处于域模式下。下面以 Windows 10 操作系统的客户端(192.168.100.10/24)加入域 abc.com(192.168.100.100/24)为例,开始实施过程。

(1) 配置 Windows 10 客户端主机的 IP 地址、子网掩码、默认网关、DNS 服务器地址等相关信息,如图 2.26 所示;测试客户端主机与域控制器的连通性,如图 2.27 所示;使用命令测试客户端上主机是否能够正常解析域名 abc.com,如图 2.28 所示。

(2) 将客户端 Windows 10 主机(win10-user01)加入域 abc.com 中。在 Windows 10 操作系统桌面上,选择"此电脑"图标,右击,在弹出的快捷菜单中选择"属性"选项,单击"更改设置"选项,弹出"计算机名/域更改"对话框,如图 2.29 所示。

(3) 在"计算机名/域更改"对话框中,在"隶属于"区域输入所要加入的域名(abc.com),单击"确定"按钮,弹出"Windows 安全中心"对话框,如图 2.30 所示;输入有权限加入该域的账户的名称和密码(Windows

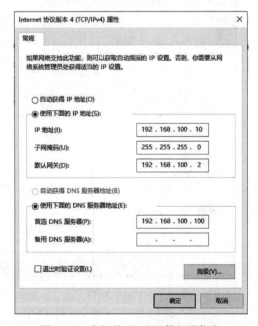

图 2.26　主机的 IP 地址等相关信息

图 2.27　测试客户端主机与域控制器的连通性

图 2.28　测试解析域名 abc.com

图 2.29　"计算机名/域更改"对话框

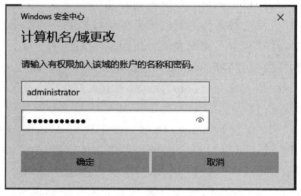

图 2.30　"Windows 安全中心"对话框

图 2.31　"欢迎加入 abc.com 域"
对话框

Server 2019 域的用户和密码），单击"确定"按钮，弹出"欢迎加入 abc.com 域"对话框，如图 2.31 所示。

（4）在"欢迎加入 abc.com 域"对话框中，单击"确定"按钮，系统需要重新启动，启动完毕后会发现系统登录界面发生变化，选择"其他用户"进行登录，如图 2.32 所示；登录系统后，再次打开"系统"窗口，可以看到本计算机已经处于域模式，如图 2.33 所示。

（5）在 Windows Server 2019 域控制器上通过"Active Directory 用户和计算机"工具的 Computers 文件夹也能查看到客户端（WIN10-USER01）已经加入域 abc.com，如图 2.34 所示。

图 2.32 域模式登录界面

图 2.33 客户端"系统"窗口

2.2.3 创建子域

创建子域之前,需要设置域中父域控制器和子域控制器的 TCP/IP 属性,手动指定 IP 地址、子网掩码、默认网关和 DNS 服务器的 IP 地址等相关信息,部署域环境,父域域名为 abc.com,子域域名为 lncc.abc.com。父域的域控制器主机名为 SERVER-01,其本身也是 DNS 服务器,IP 地址为

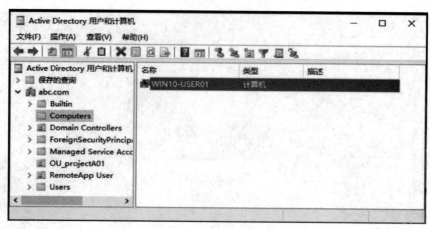

图 2.34　查看域内计算机

192.168.100.100/24。子域的域控制器主机名为 DC1，其本身也是 DNS 服务器，IP 地址为 192.168.100.101/24。

1. 创建子域 DC1

（1）在计算机 DC1 上安装 Active Directory 域服务，使其成为子域 lncc.abc.com 的域控制器，设置计算机 DC1 名称，如图 2.35 所示；设置计算机 IP 地址等相关信息，如图 2.36 所示。

图 2.35　计算机 DC1 名称

（2）在桌面上选择"此电脑"图标，右击，在弹出的快捷菜单中选择"管理"选项，弹出"服务器管理器"窗口，在"服务器管理器"窗口右上角，单击"管理"菜单，选择"添加角色和功能"选项，弹出"添加角色和功能向导"窗口，安装 Active Directory 域服务，这里不再赘述。启动 Active Directory

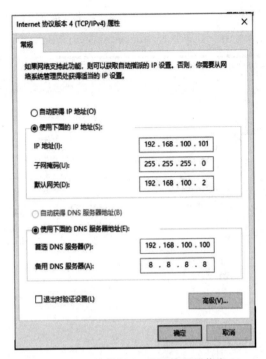

图 2.36 计算机 IP 地址等相关信息

安装向导,当显示"部署配置"窗口时,选中"将新域添加到现有林"单选按钮,单击"未提供凭据"后面的"更改"按钮,弹出"Windows 安全中心"对话框,输入有权限的用户 abc\administrator 及其密码,如图 2.37 所示。

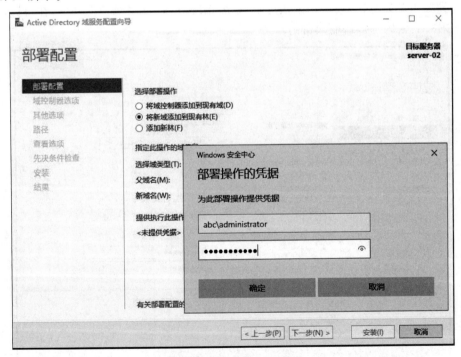

图 2.37 部署操作的凭据

(3)在"Windows 安全中心"对话框中,单击"确定"按钮,返回"部署配置"窗口,选择或输入父域名:abc,输入新域名:lncc(注意,不是 lncc.abc.com),如图 2.38 所示。

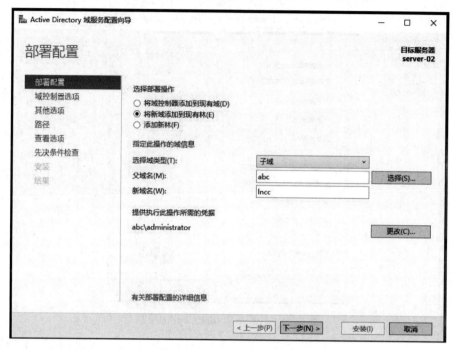

图 2.38 "部署配置"窗口

(4)在"部署配置"窗口中,单击"下一步"按钮,弹出"域控制器选项"窗口,如图 2.39 所示;在指定域控制器功能和站点信息区域,默认选中"域名系统(DNS)服务器"复选框,在"键入目录服务还原模式(DSRM)密码"区域,输入密码。

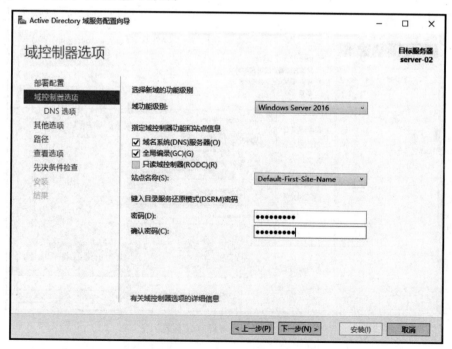

图 2.39 "域控制器选项"窗口

（5）在"域控制器选项"窗口中，单击"下一步"按钮，弹出"DNS 选项"窗口，如图 2.40 所示。

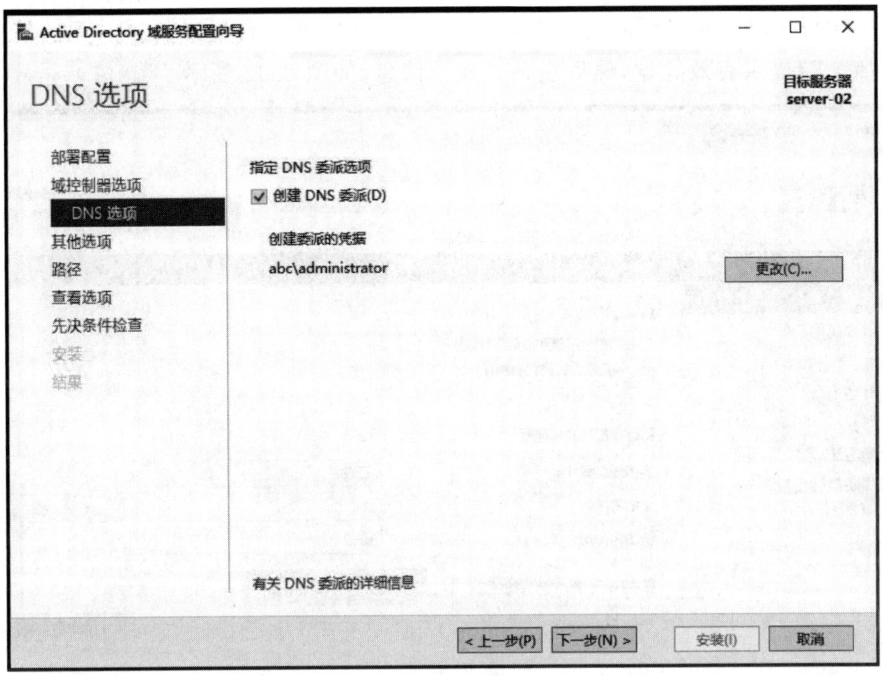

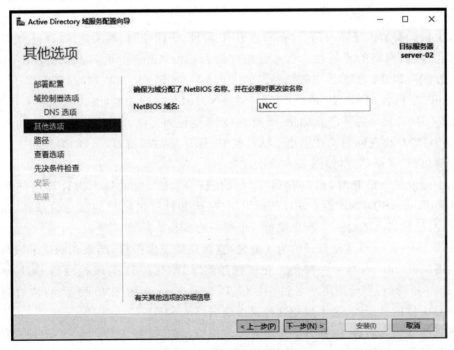

图 2.40　"DNS 选项"窗口

（6）在"DNS 选项"窗口中，单击"下一步"按钮，弹出"其他选项"窗口，设置 NetBIOS 域名为 LNCC，如图 2.41 所示；其余的安装步骤与安装 Active Directory 域服务步骤一样，这里不再赘述，安装完成后会自动重新启动计算。

图 2.41　"其他选项"窗口

2. 创建子域过程中遇到问题的解决方案

（1）"部署配置"窗口时出现问题。在创建子域过程中，部署配置时，出现"无法使用指定的凭据登录到该域。请提供有效凭据，然后重试。"提示信息，如图 2.42 所示。

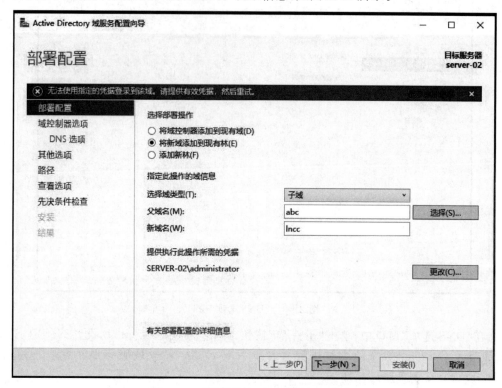

图 2.42 "部署配置"窗口错误提示信息

出现以上错误提示信息时，首先检查网络的 IP 地址、子网掩码、网关地址、DNS 地址设置相关信息，然后需要测试网络的连通性。这里父域控制器（abc.com）主机名：SERVER-01，IP 地址：192.168.100.100/24，网关地址：192.168.100.2/24，DNS 地址：114.114.114.114；子域控制器（lncc.abc.com）主机名：DC1，IP 地址：192.168.100.101/24，网关地址：192.168.100.2/24，DNS 地址：192.168.100.100(需要注意的是，子域的 DNS 地址为父域的 IP 地址)。

（2）"结果"窗口出现问题。在创建子域过程中，打开"结果"窗口，出现"尝试将此计算机配置为域控制器时出错"提示信息，如图 2.43 所示，

出现以上错误提示信息时，可以看到"指定的域已存在"，也就是因为计算机的安全标识符（Security Identifiers，SID）的问题。SID 是标识用户、组和计算机账户的唯一的号码，在第一次创建该账户时，将给网络上的每一个账户发布一个唯一的 SID。

做 Active Directory 域活动目录时为了方便，直接克隆了虚拟机，结果在创建子域时出现问题了。克隆的虚拟机，SID 当然是一样的。在域控制器 SERVER-01 与域控制器 DC1 分别使用命令：whoami /user，查看当前的用户名和 SID 信息，如图 2.44 和图 2.45 所示，可以看到两台域控制器的 SID 是一样的。所以，为了避免这种错误应当修改 SID。

修改 SID 的方法有两种，一种方法是不克隆虚拟机，直接全新安装，就不会出现这种问题；另一种方法是使用系统自带的 sysprep 工具，重新初始化一下系统。其操作过程如下。

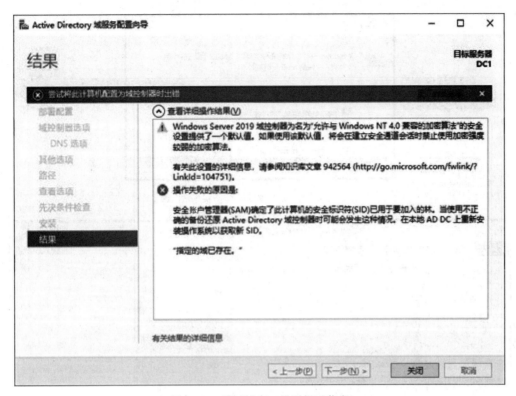

图 2.43　"结果"窗口错误提示信息

图 2.44　域控制器 SERVER-01 的用户和 SID 信息

图 2.45　域控制器 DC1 的用户和 SID 信息

在子域控制器服务器上，使用 Win＋R 组合键，打开"运行"对话框，如图 2.46 所示；输入：sysprep 命令，单击"确定"按钮，可以看到 sysprep 执行文件，如图 2.47 所示。

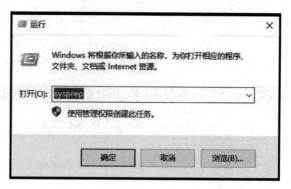

图 2.46 "运行"对话框

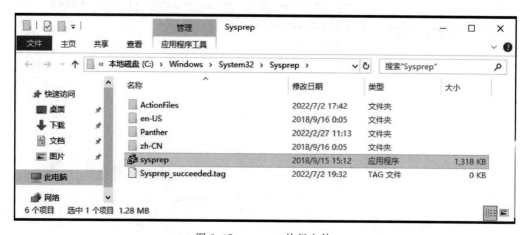

图 2.47 sysprep 执行文件

双击打开 sysprep 执行文件，弹出"系统准备工具 3.14"对话框，如图 2.48 所示；勾选"通用"复选框，设置相关选项，单击"确定"按钮，重新启动域控制器 DC1，完成安全标识符 SID 的修改；进入系统后，再次使用命令：whoami /user，查看当前的用户名和 SID 信息，可以看到当前的用户名和 SID 与以前的都不一样，已经全部修改完成，如图 2.49 所示。

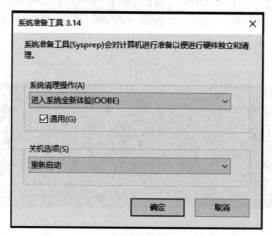

图 2.48 "系统准备工具 3.14"对话框

图 2.49　域控制器 DC1 当前的用户名和 SID

3. 验证创建子域

（1）重新启动域控制器 DC1 后，以管理员身份登录子域，在桌面上选择"此电脑"图标，右击，在弹出快捷菜单中选择"属性"选项，弹出"系统"窗口，在计算机名、域和工作组设置区域，可以看到计算机全名：DC1. lncc. abc. com，域：lncc. abc. com，如图 2.50 所示。

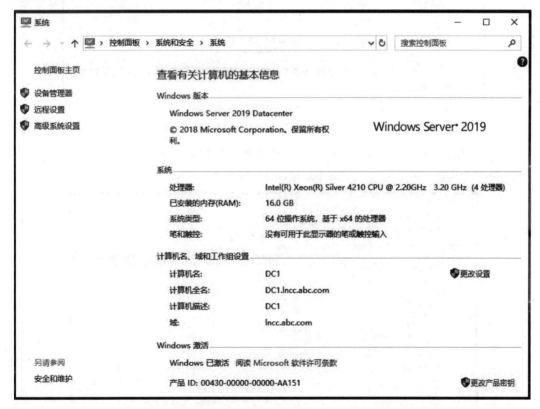

图 2.50　DC1 的"系统"窗口

（2）在域控制器 DC1 上，打开"开始"菜单，选择"Windows 管理工具"选项→"Active Directory 用户和计算机"命令，弹出"Active Directory 用户和计算机"窗口，可以看到 lncc. abc. com 子域，如图 2.51 所示。

（3）在域控制器 DC1 上，打开"开始"菜单，选择"Windows 管理工具"选项→DNS 命令，弹出"DNS 管理器"窗口，可以看到区域 lncc. abc. com，如图 2.52 所示。

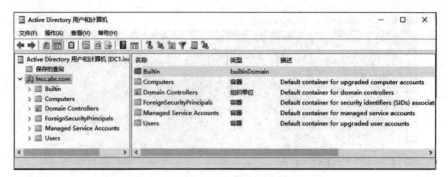

图 2.51 "Active Directory 用户和计算机"窗口

图 2.52 域控制器 DC1 的"DNS 管理器"窗口

（4）在域控制器 SERVER-01 上，打开"开始"菜单，选择"Windows 管理工具"选项→DNS 命令，弹出"DNS 管理器"窗口，可以看到区域 abc.com，如图 2.53 所示。

图 2.53 域控制器 SERVER-01 的"DNS 管理器"窗口

4. 验证父子信任关系

通过前面的任务，已经构建了 abc.com 及其子域 lncc.abc.com，而子域和父域的双向、可传递的信任关系是在安装域控制器时就自动建立的，同时由于域林中的信任关系是可传递的，因此同一域林中的所有域都显式或者隐式地相互信任。

（1）在域控制器 SERVER-01 上以域管理员身份登录，打开"开始"菜单，选择"Windows 管理工具"选项→"Active Directory 域和信任关系"命令，弹出"Active Directory 域和信任关系"窗口，可以对域之间的信息关系进行管理，如图 2.54 所示。

图 2.54　"Active Directory 域和信任关系"窗口

（2）在"Active Directory 域和信任关系"窗口中，在窗口左侧右击 abc.com 节点，在弹出的快捷菜单中选择"属性"选项，弹出"abc.com 属性"对话框，如图 2.55 所示，选择"信任"选项卡，可以看到 abc.com 和其他域的信任关系。对话框的上部列出的是 abc.com 所信任的域，表明 abc.com 信任其子域 lncc.abc.com；对话框下部列出的是信任 abc.com 的域，表明其子域 lncc.abc.com 信任父域 abc.com。也就是说，abc.com 和 lncc.abc.com 是双向信任关系。右击 lncc.abc.com 节点，在弹出的快捷菜单中选择"属性"选项，弹出"lncc.abc.com 属性"对话框，如图 2.56 所示，选择"信任"选项卡，可以查看其信任关系。

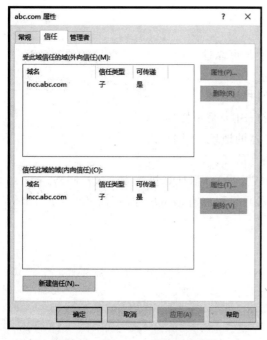

图 2.55　"abc.com 属性"对话框

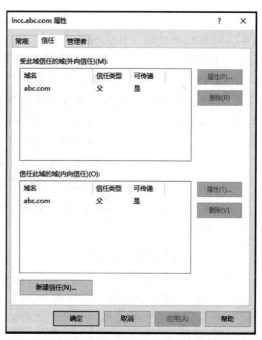

图 2.56　"lncc.abc.com 属性"对话框

5. Active Directory 站点和服务

在域控制器 SERVER-01 上以域管理员身份登录，打开"开始"菜单，选择"Windows 管理工具"选项→"Active Directory 站点和服务"命令,弹出"Active Directory 站点和服务"窗口,可以对站点和服务进行管理,如图 2.57 所示。

图 2.57 "Active Directory 站点和服务"窗口

课后习题

1. 判断题

（1）域是由网络管理员定义的一组计算机集合,它实际上就是一个网络。在这个网络中,至少有一台称为域控制器的计算机充当服务器角色。（ ）

（2）域树比域林的工作范围更大。（ ）

（3）工作组和域相比,域模式具有更高的安全性与可靠性。（ ）

（4）安装活动目录时必须有一个静态的 IP 地址。（ ）

（5）安装活动目录时域名命名规则须符合 DNS 规格。（ ）

（6）直接克隆的虚拟机,两台主机的安全标识符(SID)是一样的。（ ）

（7）创建子域时,需要正确设置首选 DNS 服务器的地址,否则加入。（ ）

（8）同一域林中的所有域都显示或者隐式地相互信任。（ ）

（9）在一台 Windows Server 2019 操作系统上安装 AD 后,计算机就成了域控制器。（ ）

（10）在一个域中,至少有一个域控制器(服务器),也可以有多个域控制器。（ ）

2. 简答题

（1）简述 AD 服务提供的功能。

（2）简述 AD 的基本概念。

（3）简述工作组与域模式。

第3章

用户账户和组管理

- 了解用户账户和组基础知识。
- 掌握安全策略服务管理。
- 掌握配置用户账户与组方法。

3.1 用户账户和组基础知识

在一个网络中,用户账户和计算机都是网络的主体,两者缺一不可。拥有用户账户是用户登录网络并使用网络资源的基础,因此用户账户和计算机管理是 Windows 网络管理中最必要且最经常的工作。

域系统管理员需要为每一个域用户分别建立一个用户账户,让他们可以利用这个账户登录域、访问网络上的资源。域系统管理员同时需要了解如何有效利用组,以便高效地管理资源的访问。域系统管理员可以利用"Active Directory 管理中心"或"Active Directory 用户和计算机"控制台来建立与管理域用户账户。当用户利用域账户登录域后,便可以直接连接域内的所有成员计算机,访问有权访问的资源。换句话说,域用户在一台域成员计算机上成功登录后,要连接域内的其他成员计算机时,并不需要再登录被访问的计算机,这个功能称为单点登录。本地用户账户并不具备单点登录的功能,也就是说,利用本地用户账户登录后,连接其他计算机时,需要再次登录被访问的计算机。

在服务器升级为域控制器之前,位于其本地安全数据库内的本地账户,会在服务器升级为域控制器之后被转移到 AD DS 数据库内,并且被放置到 Users 容器内。可以通过"Active Directory 用户和计算机"窗口查看本地账户的变化情况,如图 3.1 所示;也可以通过"Active Directory 管理中心"窗口查看本地账户的变化情况,如图 3.2 所示。

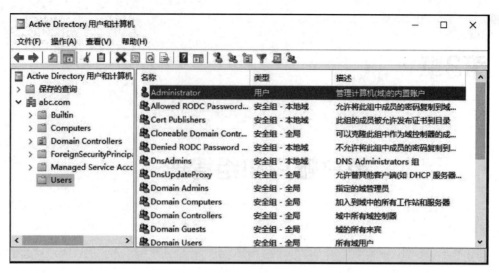

图 3.1 "Active Directory 用户和计算机"窗口

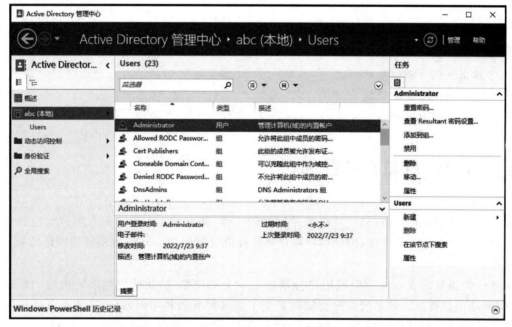

图 3.2 "Active Directory 管理中心"窗口

只有在建立域内的第一台域控制器时,该服务器原来的本地账户才会被转移到 AD DS 数据库内,其他域控制器内的本地账户并不会被转移到 AD DS 数据库内,而是被删除。

3.1.1 本地用户账户管理

Windows Server 2019 支持两种用户账户:本地账户和域账户。本地账户只能登录一台特定的计算机,并访问其资源;域账户可以登录域,并获得访问该网络的权限资源。

本地用户账户仅允许用户登录并访问创建该账户的计算机。当创建本地用户账户时, Windows Server 2019 仅在％systemroot％\system32\config 文件夹下的安全账户管理器(Security

Account Manager,SAM)数据库中创建该账户,如 C:\Windows\System32\config\SAM。

Windows Server 2019 默认有 Administrator 和 Guest 两个账户。Administrator 账户可以执行计算机管理的所有操作;Guest 账户是为临时访问用户设置的,默认是禁用的。

用户账户用来记录用户的用户名和口令、隶属的组、可以访问的网络资源,以及用户的个人文件和设置等相关信息。Windows Server 2019 为每个账户提供了名称,如 Administrator、Guest 等,这些名称是为了方便用户记忆、输入和使用的。本地计算机中的用户账户是不允许相同的,系统内部则使用安全标识符(Security Identifiers,SID)识别用户身份,每个用户账户对应一个唯一的安全标识符,这个安全标识符在用户创建时由系统自动产生。系统指派权利、授予资源访问权限等都需要使用安全标识符。

Windows NT 是微软发布的桌面端操作系统,于 1993 年 7 月 27 日发布,Windows NT 支持多处理器系统。在 Windows NT 的安全子系统中,安全标识符起什么作用呢? 假设某公司有一个用户 admin 离开了公司,注销了该用户,又来了一个同名的员工,他的用户名、密码与离开公司的那名员工相同,操作系统能把二者区分开吗? 二者的权限是否一样?

每当创建一个账户或一个组时,系统会分配给该账户或组一个唯一的 SID,Windows NT 中的内部进程将引用账户的 SID。换句话说,Windows NT 对登录的用户指派权限时,表面上是看用户名,实际上是根据 SID 进行的。如果创建账户后,再删除该账户,然后使用相同的用户名创建另一个账户,则新账户将不具有授权前账户的权利或权限,原因是即使账户被删除,它的 SID 仍然被保留;如果在计算机中再次添加一个相同名称的账户,它将被分配一个新的 SID,该账户具有不同的 SID,在域中利用账户的 SID 来决定用户的权限。

一个完整的 SID 包括用户和组的安全描述、48bit 的 ID authority、修订版本、可变的验证值 (Variable Sub-Authority Values)。可以使用 Windows 内置的命令: whoami 查看账户的 SID 等相关信息,如图 3.3 所示。

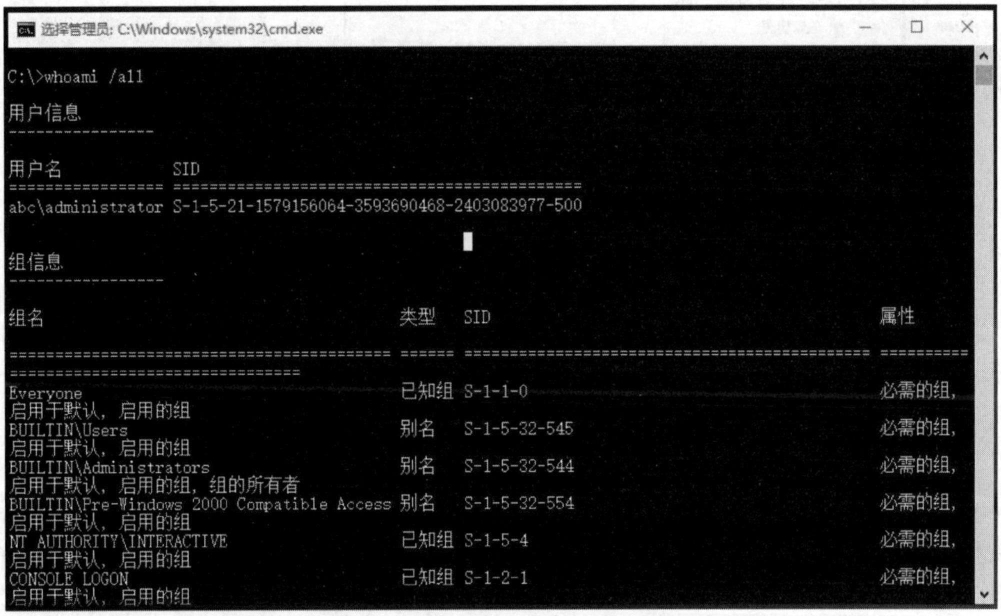

图 3.3 账户的 SID 号

在 SID 列的属性值中，第 1 项 S 表示该字符串是 SID；第 2 项是 SID 的版本号，对于 Windows NT 来说，版本号是 1；第 3 项是标识符的颁发机构（Identifier Authority），对于 Windows NT 内的账户来说，颁发机构就是 NT，值是 5；第 4 项表示一系列的子颁发机构代码，这里的值为 21；前 4 项是标志域的，中间的 30 位数据，由计算机名、当前时间、当前用户线程的 CPU 耗费时间的总和这 3 个参数决定，以保证 SID 的唯一性；最后一个标志着域内的账户和组，称为相对标识符（Relative Identifiers，RID），RID 为 500 的 SID 是系统内置 Administrator 账户，即使重命名，其 RID 保持为 500 不变，许多黑客也是通过 RID 找到真正的系统内置 Administrator 账户。RID 为 501 的 SID 是 Guest 账户。在域中从 1000 开始的 RID 代表用户账户，例如，RID 为 1010 是该域创建的第 10 个用户。

在 Windows Server 2019 操作系统桌面，选择"此电脑"图标，右击，在弹出的快捷菜单中选择"管理"选项，弹出"服务器管理器"窗口，选择"工具"→"计算机管理"→"本地用户和组"→"用户"选项，查看默认用户账户情况，如图 3.4 所示。

图 3.4　本地默认用户

（1）Administrator。管理计算机（域）的内置账户。

（2）DefaultAccount。系统管理的用户账户。

（3）Guest。供来宾访问计算机或访问域的内置账户。

（4）WDAGUtilityAccount。系统为 Windows Defender 应用程序防护方案管理和使用的用户账户。

3.1.2　本地组管理

对用户账户进行分组管理可以更加有效并且灵活地分配设置权限，以方便管理员对 Windows Server 2019 进行具体的管理。如果 Windows Server 2019 计算机被安装为成员服务器（而不是域控制器），将自动创建一些本地组。如果将特定角色添加到计算机中，还将创建额外的组，用户可以执行与该组角色相对应的任务。例如，如果计算机被配置成为 FTP 服务器，将创建管理和使用 FTP 服务的本地组。

在 Windows Server 2019 操作系统桌面,选择"此电脑"图标,右击,在弹出的快捷菜单中选择"管理"选项,弹出"服务器管理器"窗口,选择"工具"→"计算机管理"→"本地用户和组"→"组"查看默认组情况,如图 3.5 所示。

图 3.5　本地默认组

3.1.3　域用户账户管理

在 Windows Server 2019 操作系统中,选择"开始"菜单→"Windows 管理工具"→"Active Directory 用户和计算机"选项,可以进行相关的域用户账户管理操作。

Builtin 容器里面包含的是工作组模式下的所有本地组,给文件赋予权限时可能会用到,如图 3.6 所示。

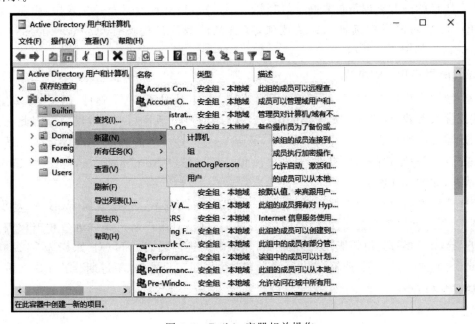

图 3.6　Builtin 容器相关操作

Users 是默认的可以放置活动目录对象的容器。除了自建的组织单位（Organization Unit，OU）之外，这个容器中的用户和组都是用得最广泛的，包括域管理员账户、域管理员组、企业管理员组等，如图 3.7 所示。

图 3.7　Users 容器相关操作

1. 域用户账户的一般管理

域用户账户的一般管理是指复制、添加到组、禁止账户、重置密码、移动、剪切、删除、重命名等相关操作。在左侧窗口中选择 Users 选项，在右侧区域窗口中选择想要管理的用户账户（如Administrator），如图 3.8 所示。

2. 设置域用户账户的属性

每一个域用户账户内都有一些相关的属性信息，如电话号码、电子邮件、网页等，域用户可以通过这些属性来查找 AD DS 数据库内的用户。例如，通过电话号码来查找用户。因此，为了更容易地找到所需要的用户账户，这些属性信息应该越完整越好。下面通过"Active Directory 用户和计算机"来介绍用户账户的部分属性，双击要设置的用户账户 Administrator，弹出"Administrator属性"对话框，如图 3.9 所示。

用户账户属性窗口中，包含常规、地址、账户、配置文件、电话、组织、隶属于、拨入、环境、会话、远程控制、远程桌面服务配置文件、COM＋等选项卡，可以对用户账户属性进行相关设置。例如，选择"账户"选项卡，勾选"解锁账户"复选框，可以对账户进行解锁；可以对"账户选项"区域进行设置，如勾选"密码永不过期"复选框；在"账户过期"区域，可以选择"永不过期"或"在这之后"单选按钮等，如图 3.10 所示。

图 3.8　指定用户相关操作

图 3.9　"Administrator 属性"对话框

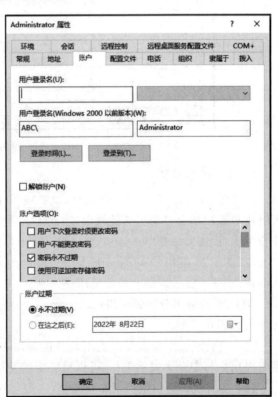

图 3.10　"账户"选项卡

3.1.4　域组管理

在 Windows Server 2019 操作系统中,选择"开始"菜单→"Windows 管理工具"→"Active Directory 用户和计算机"选项,打开"Active Directory 用户和计算机"窗口,在左侧窗口中选择 Users 选项,在右侧区域窗口中选择想要管理的组(如 Domain Admins),可以进行相关的域组管理操作,如图 3.11 所示。

图 3.11　域组管理相关操作

1. 域内的组类型

使用组(Group)来管理用户账户,能够减轻许多网络管理的负担。针对组设置权限后,组内的所有用户账户都会自动拥有此权限,因此不需要对每一个用户进行设置。域组账户也都有唯一的安全标识符 SID,命令"whoami　/users"显示当前用户的信息和安全标识符;命令"whoami　/groups"显示当前用户的组成员信息、账户类型、安全标识符和属性,如图 3.12 所示;命令"whoami　/?"显示该命令的常见用法。

AD DS 的域组分为安全组(Security Group)和通信组(Distribution Group)两种类型,且它们之间可以相互转换。

(1) 安全组。安全组可以被用来分配权限与权利,可以指定安全组对文件具备读取的权限;也可以用在与安全无关的工作,可以给安全组发送电子邮件。

(2) 通信组。通信组被用在与安全(权限与权利设置等)无关的工作上,可以给通信组发送电子邮件,但是无法为通信组分配权限与权力。

图 3.12　显示当前用户的组成员相关信息

2．组作用域

从组的使用范围来看，域内的组分为本地域组(Domain Local Group)、全局组(Global Group)和通用组(Universal Group)。

(1) 本地域组。

本地域组主要被用来分配其所属域内的访问权限，以便访问该域内的资源。本地域组的成员可以包含任何一个域的用户、全局组、通用组；也可以包含相同域的本地域组；但无法包含其他域的本地域组。本地域组只能访问该域的资源，无法访问其他不同域的资源；换句话说，在设置权限时，只可以设置相同域的本地域组的权限，无法设置其他不同域的本地域组的权限。

内置的本地域组本身已经被赋予了一些权利与权限，以便让其具备管理 AD DS 域的能力。只要将用户或组账户加入这些组内，这些账户就会自动具备相同的权利与权限。

下面是 Users 容器内常用的本地域组。

- Allowed RODC Password Replication Group。允许将此组中成员的密码复制到域中的所有只读域控制器。
- Cert Publishers。此组的成员被允许发布证书到目录。
- Denied RODC Password Replication Group。不允许将此组中成员的密码复制到域中的所有只读域控制器。
- DnsAdmins。DNS Administrators 组。
- RAS and IAS Servers。这个组中的服务器可以访问用户的远程访问属性。

下面是 Builtin 容器内常用的本地域组。

- Account Operators。成员可以管理域用户和组账户。
- Administrators。管理员对计算机/域有不受限制的完全访问权。
- Backup Operators。备份操作员为了备份或还原文件可以替代安全限制。
- Guests。按默认值，来宾跟用户组的成员有同等访问权，但来宾账户的限制更多。
- IIS_IUSRS。Internet 信息服务使用的内置组。
- Remote Desktop Users。此组中的成员被授予远程登录的权限。

- Event Log Readers。此组的成员可以从本地计算机中读取事件日志。
- Server Operators。成员可以管理域服务器。
- Users。防止用户进行有意或无意的系统范围的更改，但是可以运行大部分应用程序。
- Print Operators。成员可以管理在域控制器上安装的打印机。

（2）全局组。

全局组主要用来组织用户，也就是说，可以将多个即将被赋予相同权限的用户账户加入同一个全局组。全局组的成员只可以包含相同域的用户与全局组。全局组可以访问任何一个域的资源，也就是说，可以在任何一个域内设置全局组的权限，这个全局组可以位于任何一个域，以便让此全局组具备权限来访问该域的资源。

AD DS 内置的全局组本身没有任何的权利与权限，但是可以将其加入具备权利或权限的本地域组，或另外直接分配权利或权限给此全局组，这些内置全局组位于 Users 容器。

（3）通用组。

通用组可以在所有域内为通用组分配访问权限，以便访问所有域的资源。通用组具备万用领域的特性，其成员可以包含林中任何一个域的用户、全局组、通用组，但是它无法包含任何一个域内的本地域组。通用组可以访问任何一个域的资源，也就是说，可以在任何一个域内设置通用组的权限，这个通用组可以位于任何一个域，以便让此通用组具备权限来访问该域的资源，这些内置通用组位于 Users 容器。

3.2 安全策略服务管理

作为网络操作系统或服务器操作系统，高性能、高可靠性和高安全性是其必备要素，随着日趋复杂的企业应用和 Internet 应用，对操作系统提出了更高的要求，因此安全的操作系统需要对用户账户与系统安全策略服务进行必要的管理。

3.2.1 用户账户安全策略管理

随着密码破解工具不断进步，而用于破解密码的计算机也比以往更为强大，弱密码很容易被破解，强密码则难以破解。系统用户账户密码口令的暴力破解主要是基于密码匹配的破解方法，最基本的方法有两个：穷举法和字典法。穷举法是效率最低的办法，将字符或数字按照穷举的规则生成口令字符串，进行遍历尝试。在口令稍微复杂的情况下，穷举法的破解速度很低。字典法相对来说破解速度较高，用口令字典中事先定义的常用字符去尝试匹配口令。口令字典是一个很大的文本文件，可以通过自己编辑或者由字典工具生成，里面包含单词或者数字的组合。如果密码是一个单词或者是简单的数字组合，那么就可以很轻易地破解密码。理论上讲，只要有足够多的时间，就可以破解任何密码。即便如此，破解强密码也远比破解弱密码困难得多。因此，安全的计算机需要对所有账户都使用强密码。

1. 用户账户命名规则

（1）账户名必须唯一。本地账户在本地计算机上必须是唯一的。

（2）账户名最长不能超过 20 个字符。

（3）账户名不能包含 ＊、?、|、、、＝、＋、＜、＞、\、/、[、]等特殊符号。

2．强密码原则

操作系统一定要给 Administrator 账户指定一个强密码,以防止他人随意使用该账户。Windows Server 2019 允许最多由 128 个字符组成的口令,其中包括 3 类字符。

（1）英文大、小写字母。

（2）阿拉伯数字:0、1、2、3、4、5、6、7、8、9。

（3）键盘上的符号。键盘上所有未定义为字母和数字的字符,应为半角状态。

强密码应该遵循以下原则。

（1）口令应该不少于 6 个字符。

（2）同时包含上述 3 种类型的字符。

（3）不包含完整的字典词汇。

（4）不包含用户名、真实姓名、生日、公司名称等。

3．账户策略

增强操作系统的安全,除了启用强壮的密码外,操作系统本身有账户的安全策略。账户策略包含密码策略和账户锁定策略。在密码策略中,可以设置增加密码复杂度,提高暴力破解的难度,增强安全性。在账户锁定策略中,可以设置账户锁定时间、账户锁阈值以及重置账户锁定计数器等相关操作。

可以使用以下 4 种方法打开"密码策略"设置窗口。

方法 1:在 Windows Server 2019 操作系统中,选择"开始"菜单→"Windows 管理工具"→"本地安全策略"→"安全设置"→"账户策略"→"密码策略"选项。

方法 2:在 Windows Server 2019 操作系统桌面,选择"此电脑"图标,右击,在弹出的快捷菜单中选择"管理"选项,弹出"服务器管理器"窗口,选择"工具"→"本地安全策略"→"安全设置"→"账户策略"→"密码策略"选项。

方法 3:在 Windows Server 2019 操作系统桌面,使用 Win＋R 组合键,打开"运行"窗口,输入 secpol.msc 命令,弹出"本地安全策略"窗口,如图 3.13 所示,选择"安全设置"→"账户策略"→"密码策略"选项。

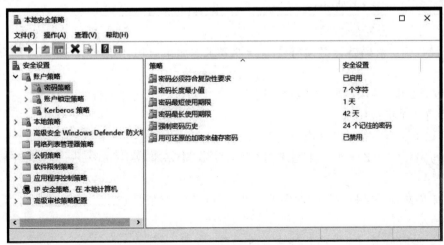

图 3.13　"本地安全策略"窗口

方法4：在 Windows Server 2019 操作系统桌面，使用 Win＋R 组合键，打开"运行"窗口，输入 gpedit.msc 命令，弹出"本地组策略编辑器"窗口，如图3.14所示，选择"计算机配置"→"Windows 设置"→"安全设置"→"账户策略"→"密码策略"选项。

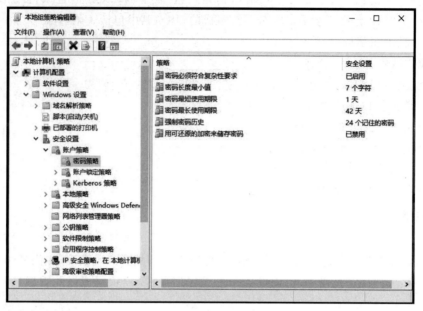

图3.14 "本地组策略编辑器"窗口

针对不同的企业安全需求，Microsoft 公司给出了建议值，如表3.1所示。

表3.1 密码策略设置建议值

策 略	本 地 设 置
密码必须符合复杂性要求	已启用
最短密码长度最小值	7个字符
密码最短使用期限	1天
密码最长使用期限	42天
强制密码历史	24个记住的密码
用可还原的加密来存储密码	已禁用

（1）密码必须符合复杂性要求。

此安全设置确定密码是否必须符合复杂性要求。如果启用此策略，密码必须符合下列最低要求。

① 不能包含用户的账户名，不能包含用户姓名中超过两个连续字符的部分。

② 至少有6个字符长。

③ 包含以下4类字符中的3类。

英文大写字母（A～Z）；英文小写字母（a～z）；10个基本数字（0～9）；非字母字符（例如！、$、#、%）。

在更改或创建密码时执行复杂性要求。默认值：在域控制器上启用，在独立服务器上禁用。

注意：

在默认情况下，成员计算机沿用各自域控制器的配置。

（2）最短密码长度最小值。

此安全设置确定了用户账户密码包含的最少字符数，可以将值设置为介于 1 和 20 之间；或者将字符数设置为 0，从而确定不需要密码。默认值在域控制器上为 7，在独立服务器上为 0。

注意：

在默认情况下，成员计算机沿用各自域控制器的配置。

（3）密码最短使用期限。

此安全设置确定在用户更改某个密码之前，必须使用该密码一段时间（以天为单位）。可以设置一个介于 1 和 998 之间的值；或者将天数设置为 0，允许立即更改密码。

密码最短使用期限必须小于密码最长使用期限，除非将密码最长使用期限设置为 0，指明密码永不过期。如果将密码最长使用期限设置为 0，则可以将密码最短使用期限设置为介于 0 和 998 之间的任何值。

如果希望"强制密码历史"有效，则需要将密码最短使用期限设置为大于 0 的值。如果没有设置密码最短使用期限，用户则可以循环选择密码，直到获得期望的旧密码。默认设置没有遵从此建议，以便管理员能够为用户指定密码，然后要求用户在登录时更改管理员定义的密码。如果将密码历史设置为 0，用户将不必选择新密码。因此，默认情况下将"强制密码历史"设置为 1。默认值在域控制器上为 1，在独立服务器上设置为 0。

注意：

在默认情况下，成员计算机沿用各自域控制器的配置。

（4）密码最长使用期限。

此安全设置确定在系统要求用户更改某个密码之前可以使用该密码的期间（以天为单位）。可以将密码设置为在某些天数（介于 1 到 999 之间）后到期，或者将天数设置为 0，指定密码永不过期。如果密码最长使用期限介于 1 天和 999 天之间，密码最短使用期限必须小于密码最长使用期限。如果将密码最长使用期限设置为 0，则可以将密码最短使用期限设置为介于 0 和 998 之间的任何值。

注意：

安全最佳操作是将密码设置为 30～90 天后过期，具体取决于用户的环境。这样，攻击者用来破解用户密码以及访问网络资源的时间将受到限制。默认值为 42。

（5）强制密码历史。

此安全设置确定再次使用某个旧密码之前必须与某个用户账户关联的唯一新密码数。该值必须介于 0 和 24 之间。

此策略使管理员能够通过确保旧密码不被连续重新使用来增强安全性。默认值在域控制器上为 24，在独立服务器上为 0。

注意：

在默认情况下，成员计算机沿用各自域控制器的配置。若要维护密码历史的有效性，还要同时启用密码最短使用期限安全策略设置，不允许在密码更改之后立即再次更改密码。

（6）用可还原的加密来存储密码。

此安全设置确定操作系统是否使用可还原的加密来存储密码。此策略为某些应用程序提供支持，这些应用程序使用的协议需要用户密码来进行身份验证。使用可还原的加密存储密码与存储纯文本密码在本质上是相同的。因此，除非应用程序需求比保护密码信息更重要，否则绝不要启用此策略。通过远程访问或 Internet 身份验证服务（IAS）使用三次握手身份验证协议（CHAP）验证时需要设置此策略。在 Internet 信息服务（IIS）中使用摘要式身份验证时也需要设置此策略。

默认值：禁用。

在以上的密码策略中加强了密码的复杂度，以及强迫密码的位数，但是并不能够完全抵抗使用字典文件的暴力破解法，还需要制定账户锁定策略，如图3.15所示。例如，3次无效登录后就锁定账户，使字典文件的穷举法执行不了。

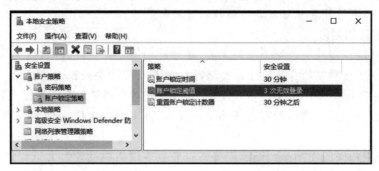

图3.15　账户锁定策略

4. 重新命名 Administrator 账户

由于 Windows Server 2019 的默认管理员账户 Administrator 已众所周知，所以该账号通常称为攻击者猜测口令攻击的对象。为了降低这种威胁，可以将账户 Administrator 重新命名，打开"服务器管理器"窗口，选择"工具"→"计算机管理"选项，如图3.16所示。

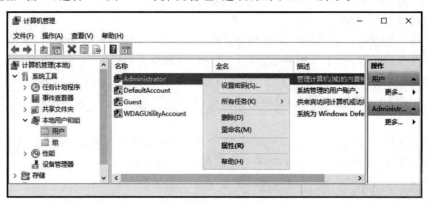

图3.16　账户 Administrator 重新命名

5. 创建一个陷阱账户

在设置完账户策略后，再创建一个名为 Administrator 的本地账户，将其权限设置成为最低，并且设置一个10位以上的超级复杂密码，这样就可以提高系统的安全性。

6. 禁用或删除不必要的账户

应该在计算机管理单元中查看系统的活动账号列表，并且禁止所有非活动账户，特别是 Guest 账户，删除或者禁用不再需要的账户。

3.2.2　常用的系统进程与服务

进程与服务是 Windows NT 操作系统性能管理中常用的内容，科学地管理进程与服务能提升系统的性能。Windows NT 常用系统进程与服务的管理、系统日志的管理，以保护操作系统的安全。

1. 进程的概念

进程是操作系统中最基本、最重要的概念。进程为应用程序的运行实例,是应用程序的一次动态执行,可以将进程理解为操作系统当前运行的执行程序。程序是指令的有序集合,本身没有任何运行的含义,是一个静态的概念。进程是程序在处理器中的一次执行过程,是一个动态的概念。例如,当运行记事本程序(Notepad)时,就创建了一个用来容纳组成 Notepad.exe 的代码及其所需调用动态链接库的进程。每个进程均运行在其专用且受保护的地址空间。因此,如果同时运行记事本的两个副本,该程序正在使用的数据在各自实例中是彼此独立的。在记事本的一个副本中将无法看到该程序的第二个实例打开的数据。进程可以分为系统进程和用户进程,凡是用于完成操作系统的各种功能的进程就是系统进程,它们就是处于运行状态下的操作系统本身;用户进程就是所有由用户启动的进程。进程是操作系统进行资源分配的单位,在 Windows 下进程又被细化为线程,也就是一个进程下有多个能独立运行的更小的单位。

对应用程序来说,进程像一个大容器。在应用程序启动后,就相当于将应用程序装入容器,可以往容器中添加其他东西,如应用程序在运行时所需的变量数据等。一个进程可以包含若干线程,线程可以帮助应用程序同时做几件事,如一个线程向磁盘写入文件,另一个线程接收用户的按键操作,并及时做出反应,互相不干扰。在程序被运行后,系统第一时间为该程序进程建立一个默认的线程,此后,程序可以根据需要自行添加或删除相关的线程。

进程可以简单地理解为运行中的程序,需要占用内存、CPU 时间等系统资源。Windows NT 支持多用户多任务,即支持并行运行多个程序。为此,内核不仅要有专门代码负责为进程或线程分配 CPU 时间,还要开辟一段内存区域,用来存放记录这些进程详细情况的数据结构。内核就是通过这些数据结构知道系统中有多少进程及各进程的状态等信息的。换句话说,这些数据结构就是内核感知进程存在的依据。因此,只要修改这些数据结构,就能达到隐藏进程的目的。

2. 系统的关键进程

可通过 Windows NT 操作系统的任务管理器(Ctrl＋Alt＋Delete 组合键)可查看系统进程。任务管理器能够提供很多信息,如现在系统中运行的进程、进程 PID、内存情况等,如图 3.17 所示。

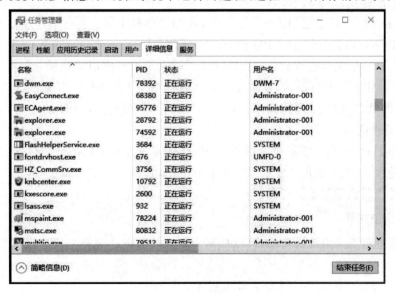

图 3.17　任务管理器

进程是操作系统进行资源分配的单位,用于完成操作系统各种功能的进程就是系统进程。系统进程又可以分为系统的关键进程和一般进程。

Windows NT 系统的关键进程是系统运行的基本条件。有了这些进程,系统就能正常运行。系统的关键进程列举如下。

(1) smss.exe。Session Manager 会话管理,负责启动用户会话。这个进程用于初始化系统变量,并且对许多活动的进程和设定的系统变量做出反应。

(2) csrss.exe。子系统服务器进程用于管理 Windows 图形的相关任务,用于维持 Windows 的控制。该进程崩溃时系统会蓝屏。

(3) winlogon.exe。此进程用于管理用户登录,且 Winlogon 在用户按 Ctrl＋Alt＋Delete 组合键时被激活,弹出安全对话框。

(4) services.exe。此进程包含很多系统服务,包括用于管理启动和停止服务。其对系统的正常运行是非常重要的。

(5) lsass.exe。本地的安全授权服务,管理 IP 安全策略以及启动 IP 安全驱动程序。产生会话密钥以及授予用于交互式客户/服务器验证的服务凭据。

(6) svchost.exe。此进程包含很多系统服务,在启动时会检查注册表中的位置以构建需要加载的服务列表。多个 svchost.exe 可以在同一时刻运行;每个 svchost.exe 在会话期间包含一组服务,单独的服务必须依靠 svchost.exe 获知"怎样启动""在哪里启动"。

(7) spoolsv.exe。将文件加载到内存中以便滞后打印,管理缓冲池中的打印和传真作业。

(8) explorer.exe。Windows 资源管理器,管理桌面进程。

(9) wininit.exe 是 Windows NT 6.x 系统的一个核心进程。该进程不能强制结束,否则会蓝屏。wininit.exe 的工作是开启一些主要的 Windows NT 后台服务,如中央服务管理器、本地安全验证子系统和本地会话管理器。

(10) system。system 是 Windows 系统进程(其 PID 最小),是不能被关闭的,控制着系统核心模块(Kernel Module)的操作。如果 system 占用了 100％的 CPU,则表示系统的核心模块一直运行系统进程。没有 system 进程,系统就无法启动。

(11) System Idle。系统空闲进程,这个进程作为单纯程序运行在每个处理器中,其会在 CPU 空闲的时候发出一个 Idle 命令,使 CPU 挂起(暂时停止工作),可有效地降低 CPU 内核的温度,在操作系统服务中没有禁止该进程的选项;其默认占用除了当前应用程序所分配的 CPU 之外的所有占用率;一旦应用程序发出请求,处理器就会立刻响应。这个进程中出现的 CPU 占用数值并不是真正的占用,而是体现 CPU 的空闲率。也就是说,这个数值越大,CPU 的空闲率就越高;反之,CPU 的占用率就越高。

(12) System interrupt。系统中断进程是 Windows 的官方组成部分。尽管它在任务管理器中显示为一个进程,但它不是传统意义上的进程;相反,它是一个聚合占位符,用于显示计算机上发生的所有硬件中断使用的系统资源。

3. 系统的一般进程

系统的一般进程不是系统必需的,可以根据需要通过服务管理器来增加或减少。一般进程列举如下。

(1) internat.exe。Windows 多语言输入程序。

（2）mstask.exe。允许程序在指定时间运行。

（3）winmgmt.exe。提供系统管理信息。

（4）lserver.exe。注册客户端许可证。

（5）ups.exe。管理连接到计算机的不间断电源。

（6）dns.exe。应答对域名系统（DNS）名称的查询和更新请求。

（7）ntfrs.exe。在多个服务器间维护文件目录内容的文件同步。

（8）dmadmin.exe。磁盘管理请求的系统管理服务。

（9）smlogsvc.exe。配置性能日志和警报。

（10）mnmsrvc.exe。允许有权限的用户使用 NetMeeting 远程访问 Windows 桌面。

4. Windows 系统服务

在 Windows 操作系统中，服务是指执行指定系统功能的程序、进程等，以便支持其他程序，尤其是底层程序。服务是一种应用程序类型，在后台长时间运行，不显示窗口。服务应用程序通常可以在本地或通过网络为用户提供一些功能，如客户端/服务器端应用程序、Web 服务器、数据库服务器及其他基于服务器的应用程序。

对系统服务的操作可以通过服务管理器来实现。以管理员或组成员身份登录。可以使用以下 4 种方式打开服务管理器。

（1）在 Windows Server 2019 操作系统中，选择"开始"菜单→"Windows 管理工具"→"服务"选项，弹出"服务"窗口，如图 3.18 所示。

图 3.18　"服务"窗口

（2）在 Windows Server 2019 操作系统桌面，选择"此电脑"图标，右击，在弹出的快捷菜单中选择"管理"选项，弹出"服务器管理器"窗口，选择"工具"→"服务"选项，弹出"服务"窗口，如图 3.18 所示。

（3）在 Windows Server 2019 操作系统桌面，使用 Win＋R 组合键，打开"运行"窗口，输入 services.msc 命令，弹出"服务"窗口，如图 3.18 所示。

（4）在 Windows Server 2019 操作系统桌面，选择"此电脑"图标，右击，在弹出的快捷菜单中选择"管理"选项，弹出"服务器管理器"窗口，选择"工具"→"计算机管理"→"服务和应用程序"→"服务"选项，如图 3.19 所示。

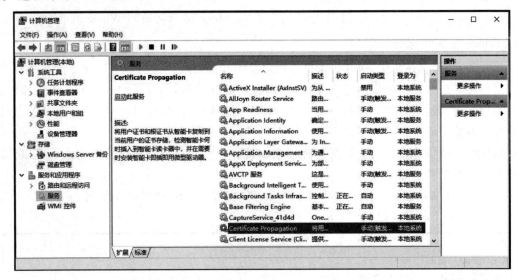

图 3.19　选择"服务"选项

在服务管理器中，双击任意一个服务，如 Certificate Propagation 服务，即可打开该服务的属性对话框，如图 3.20 所示。

在服务的属性对话框中，可以选择启动类型。对于任意一个服务，通常都有 3 种启动类型，即"自动""手动""禁用"。只要从"启动类型"下拉列表中选择，就可以更改服务的启动类型。

"服务状态"是指服务现在的状态是启动还是停止。通常可以利用"启动""停止""暂停""恢复"按钮来改变服务的状态。

Windows 操作系统中有强大的 DOS 命令，sc 命令用于与服务管理器和服务进行通信。可以使用 sc.exe 来测试和调试服务程序，其语法格式如图 3.21 所示。

常用命令格式及命令的相关注释如下。

（1）sc query 服务名。查看服务的运行状态（如果服务名中间有空格，则需要加引号）。

（2）sc start 服务名。启动服务。

（3）sc stop 服务名。停止服务。

（4）sc qc 服务名。查询服务的配置信息。

（5）sc pause 服务名。向服务发送 PAUSE 控制请求。

（6）sc config start＝disabled 服务名。禁用服务。

图 3.20　服务的属性对话框

图 3.21　sc 命令的语法格式

3.3　技能实践

为了让网络管理更为方便容易,也为了减轻以后维护的负担,需要使用成员服务器上本地用户账户和组,或域控制器上用户账户和组来管理网络资源。

3.3.1　成员服务器上本地用户账户和组管理

在成员服务器上使用本地用户账户和组来管理网络资源,用户可以在成员服务器上以本地管理员账户登录计算机,使用"计算机管理"中的"本地用户和组"管理单元来创建本地用户账户,而且用户必须拥有管理员权限。

V3-1

1. 创建新用户账户

(1) 打开"服务器管理器"窗口,选择"工具"→"计算机管理"选项,弹出"计算机管理"窗口,在"计算机管理"窗口中,展开"本地用户和组"选项,在"用户"目录上右击,在弹出的快捷菜单中选择"新用户"命令,如图 3.22 所示。

(2) 打开"新用户"对话框,输入用户名、全名、描述和密码,如图 3.23 所示。设置密码时,密码要满足密码策略的要求,否则会提示"密码不满足密码策略的要求。检查最小密码长度、密码复杂性和密码历史的要求。"窗口。可以设置密码选项,包括"用户下次登录时须更改密码""用户不能更改密码""密码永不过期""账户已禁用"。设置完成后,单击"创建"按钮,新增用户账户 xx_student01。创建完成后,单击"关闭"按钮,返回"计算机管理"窗口。

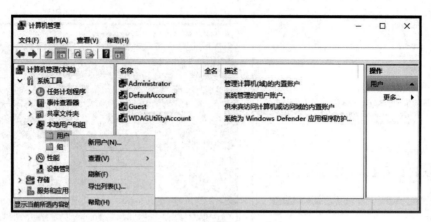

图 3.22　选择"新用户"命令

2. 设置本地用户账户的属性

　　用户账户不只包括用户名和密码等信息。为了管理和使用方便，一个用户账户还包括其他属性，如用户隶属于的用户组、用户配置文件、远程控制、远程桌面服务配置文件等。

　　在"本地用户和组"的右侧窗格中，双击刚刚建立的用户账户 xx_student01，打开"xx_student01 属性"对话框，如图 3.24 所示。

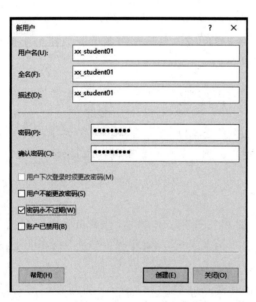

图 3.23　"新用户"对话框

图 3.24　"xx_student01 属性"对话框

　　（1）"常规"选项卡。

　　在"常规"选项卡中，可以设置与用户账户有关的描述信息，如全名、描述、密码选项等。

（2）"隶属于"选项卡。

在"隶属于"选项卡中，可以设置将用户账户加入其他本地组。为了管理方便，通常需要为用户组分配与设置权限。用户属于哪个组，就具有该用户组的权限。新增的用户账户默认加入Users组，如图3.25所示。Users组的用户一般不具备一些特殊权限，如安装应用程序、修改系统设置等。所以，当要分配给这个用户账户一些权限时，可以将用户账户加入其他组，也可以单击"删除"按钮，将用户账户从用户组中删除。

将用户账户xx_student01添加到管理员组，具体操作如下。

在"隶属于"选项卡中，单击"添加"按钮，弹出"选择组"对话框，如图3.26所示；在"选择组"对话框中，单击"高级"按钮，弹出"一般性查询"选项卡，在"一般性查询"选项卡中，选择"立即查找"按钮，选择要查询的组，如图3.27所示；单击"确定"按钮，返回"选择组"对话框，如图3.28所示；在"选择组"对话框中，单击"确定"按钮，返回"隶属于"选项卡。

图3.25　"隶属于"选项卡

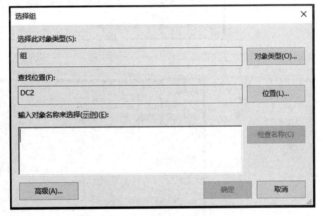

图3.26　"选择组"对话框

（3）"配置文件"选项卡。

在"配置文件"选项卡中，可以设置用户账户的配置文件路径、登录脚本和主文件夹路径，如图3.29所示。当用户账户第一次登录某台计算机时，Windows Server 2019根据默认用户配置文件自动创建一个用户配置文件，并将其保存在该计算机上。默认用户账户配置文件位于"C:\用户\default"文件夹下，该文件夹是隐藏文件夹（单击"查看"菜单，可选择是否显示隐藏项目），用户账户xx_student01的配置文件位于"C:\用户\ xx_student01"文件夹下。

（4）"环境"选项卡。

在"环境"选项卡中，可以配置远程桌面服务启动环境，这些设置会替代客户端所指定的设置，如图3.30所示。

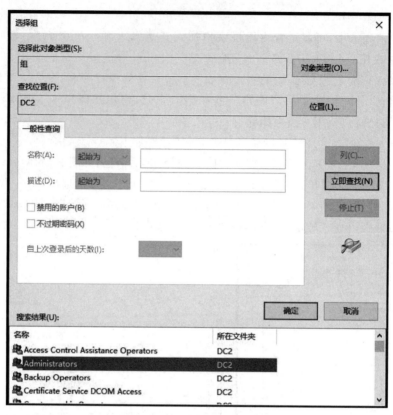

图 3.27　"一般性查询"对话框

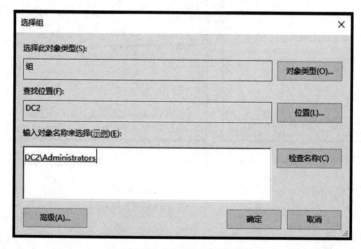

图 3.28　添加可用的组

（5）"会话"选项卡。

在"会话"选项卡中,可以配置远程桌面服务超时和重新连接设置,如图 3.31 所示。

（6）"远程控制"选项卡。

在"远程控制"选项卡中,可以配置远程桌面服务远程控制设置,如图 3.32 所示。

图 3.29 "配置文件"选项卡

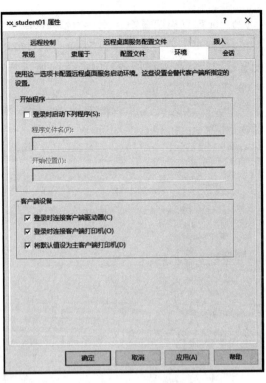

图 3.30 "环境"选项卡

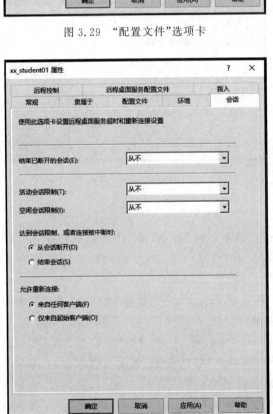

图 3.31 "会话"选项卡

图 3.32 "远程控制"选项卡

（7）"远程桌面服务配置文件"选项卡。

在"远程桌面服务配置文件"选项卡中，可以配置远程桌面服务用户配置文件，此配置文件中的设置适用于远程桌面服务，如图3.33所示。

（8）"拨入"选项卡。

在"拨入"选项卡中，可以配置网络访问权限、回拨选项、分配静态IP地址、应用静态路由等相关设置，如图3.34所示。

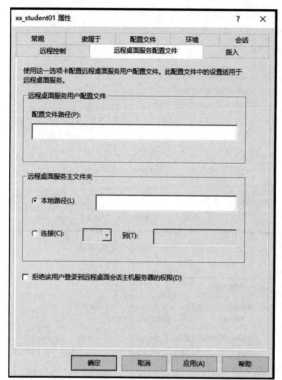

图3.33 "远程桌面服务配置文件"选项卡

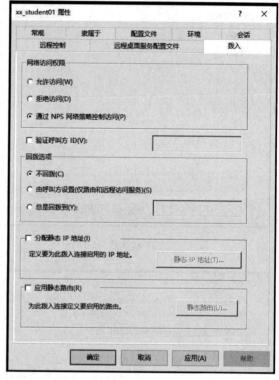

图3.34 "拨入"选项卡

3. 创建本地组

（1）打开"服务器管理器"窗口，选择"工具"→"计算机管理"选项，弹出"计算机管理"窗口，在"计算机管理"窗口中，展开"本地用户和组"选项，在"组"目录上右击，在弹出的快捷菜单中选择"新建组"命令，如图3.35所示。

（2）打开"新建组"对话框，输入组名、描述，如图3.36所示；单击"创建"按钮，完成新建组xx_group01工作，单击"关闭"按钮，返回"计算机管理"窗口。

（3）向组中添加用户。双击组xx_group01，打开组"xx_group01属性"对话框，如图3.37所示；单击"添加"按钮，弹出"选择用户"对话框，在"选择用户"对话框中，单击"高级"按钮，弹出"一般性查询"对话框，单击"立即查找"按钮，选择要添加的用户账户xx_student01，如图3.38所示；单击"确定"按钮，返回"选择用户"窗口，可看到，添加了用户账号xx_student01，如图3.39所示；单击"确定"按钮，返回"计算机管理"窗口。

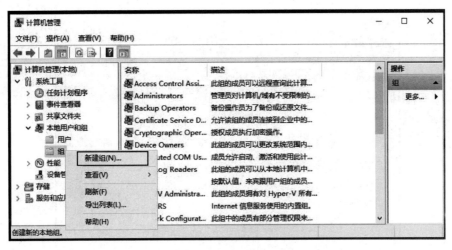

图 3.35 选择"新建组"命令

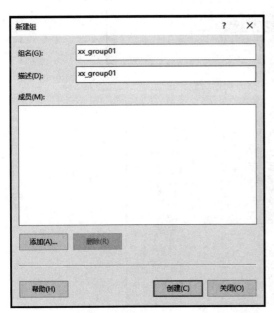

图 3.36 "新建组"对话框

图 3.37 组"xx_group01 属性"对话框

4. 删除本地用户账户和组

当用户和组不再需要使用时,可以将其删除。删除用户账户和组会导致与该用户账户和组有关的所有信息遗失。因此,在删除用户账号和组之前,最好确认其必要性或者考虑用其他方法,如禁用账户。许多企业给临时员工设置了 Windows 账户,当临时员工离开企业时将其账户禁用,新来的临时员工需要用该账户时只需要改名即可。在"计算机管理"控制台中,右击要删除的用户账户或组,就可以执行删除操作,但是系统内置用户账户是不能删除的,如 Administrator。

图 3.38　选择用户账户 xx_student01

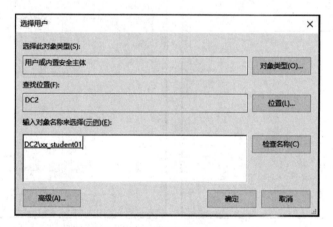

图 3.39　添加用户账户 xx_student01

5. 使用命令管理本地用户账户和组

以管理员身份登录到成员服务器上，使用 Win＋R 组合键，打开"运行"对话框，输入 cmd 命令，如图 3.40 所示；单击"确定"按钮，弹出"命令行管理器"窗口，在"命令行管理器"窗口中，可以使用 net 命令管理本地用户账户和组，可以 net　/? 命令查看 net 命令的语法格式，如图 3.41所示。

（1）创建用户账户 user01，密码为 Lncc@123（注意必须符合密码复杂度要求），执行命令如下。

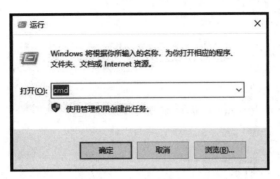

图 3.40 "运行"对话框

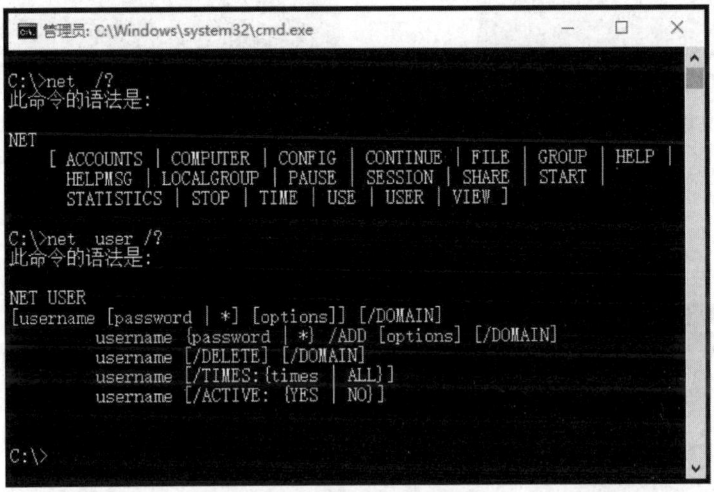

图 3.41 net 命令的语法格式

```
net user   user01   Lncc@123   /add
```

执行命令结果如图 3.42 所示。

（2）查看当前用户账户列表,执行命令如下。

```
net  user
```

执行命令结果如图 3.43 所示。

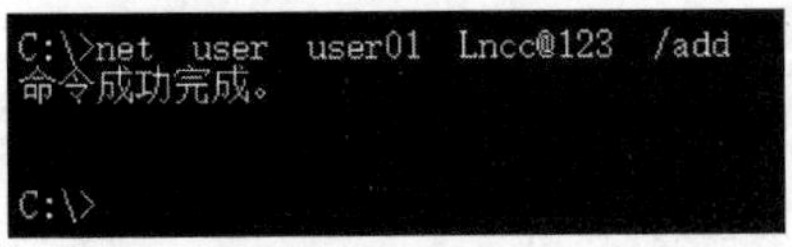

图 3.42 创建用户账户 user01 　　　　图 3.43 查看当前用户账户列表

（3）修改用户账户 user01 的密码,密码修改为 Lncc@456(注意必须符合密码复杂度要求),执行命令如下。

```
net user   user01   Lncc@456
```

执行命令结果如图 3.44 所示。

（4）创建本地组 xx_localgroup01,执行命令如下。

```
net  localgroup  xx_localgroup01  /add
```

执行命令结果如图 3.45 所示。

图 3.44　修改用户账户 user01 的密码

图 3.45　创建本地组 xx_localgroup01

（5）查看当前本地组列表,执行命令如下。

```
net   localgroup
```

图 3.46　当前本地组列表

执行命令结果如图 3.46 所示。

（6）将用户账户 user01 添加到组 xx_localgroup01,执行命令如下。

```
net localgroup   xx_localgroup01   user01   /add
```

执行命令结果如图 3.47 所示。

（7）查看当前组 xx_localgroup01 内用户账户信息,执行命令如下。

```
net localgroup   xx_localgroup01
```

执行命令结果如图 3.48 所示。

（8）删除组 xx_localgroup01 中用户账户 user01,执行命令如下。

```
net localgroup   xx_localgroup01   user01   /del
```

执行命令结果如图 3.49 所示。

（9）删除用户账户 user01,执行命令如下。

```
net user   user01   /del
```

执行命令结果如图 3.50 所示。

（10）删除组 xx_localgroup01,执行命令如下。

```
net localgroup   xx_localgroup01   /del
```

图 3.47 用户账户 user01 添加到组 xx_localgroup01

图 3.48 组 xx_localgroup01 内用户账户信息

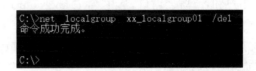

图 3.49 删除组 xx_localgroup01 中用户账户 user01

执行命令结果如图 3.51 所示。

图 3.50 删除用户账户 user01

图 3.51 删除组 xx_localgroup01

3.3.2 域控制器上用户账户和组管理

Windows Server 2019 支持域账户和组管理,域账户可以登录到域上,获得访问该网络的权限资源。

1. 项目规划

某公司目前正在实施项目,该项目分为总公司项目部项目 OU_projectA01 和分公司项目部OU_projectB01 共同完成,需要创建一个共享目录。总公司项目部和分公司项目部需要对共享目录有写入和删除权限。公司决定在子域控制器 lncc.abc.com 上临时创建共享目录 project_share01,网络拓扑结构图如图 3.52 所示。

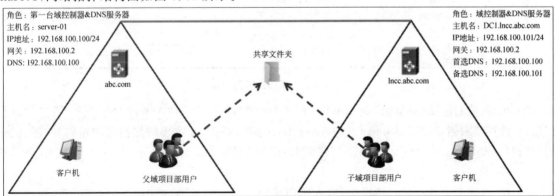

图 3.52 网络拓扑结构图

（1）父域控制器 abc.com，主机名：server-01；IP 地址：192.168.100.100/24；网关：192.168.100.2；DNS：192.168.100.100。

（2）子域控制器 lncc.abc.com，主机名：DC1.lncc.abc.com；IP 地址：192.168.100.101/24；网关：192.168.100.2，首选 DNS：192.168.100.100；备用 DNS：192.168.100.101。

（3）在父域控制器上，创建组织单位 OU_project_A01；创建总公司项目部用户账户 project_userA01、project_userA02；创建全局组 project_groupA01；将总公司项目部用户账户 project_userA01、project_userA02 加入全局组 project_groupA01 中。

（4）在子域控制器上，创建组织单位 OU_project_B01；创建子公司项目部用户账户 project_userB01、project_userB02；创建全局组 project_groupB01；将总公司项目部用户账户 project_userB01、project_userB02 加入全局组 project_groupB01 中；创建本址域组 project_localgroupB01，将全局组 project_groupB01 加入本址域组 project_localgroupB01。

2. 项目实施

（1）在分公司 DC1 上创建组织单位 OU_project_B01。打开"Windows 管理工具"→"Active Directory 用户和计算机"窗口，选中 lncc.abc.com 选项，右击，在弹出的快捷菜单中选择"新建"→"组织单位"选项，如图 3.53 所示，弹出"新建对象-组织单位"对话框，输入组织单位名称 OU_project_B01，勾选"防止容器被意外删除"复选框，如图 3.54 所示。

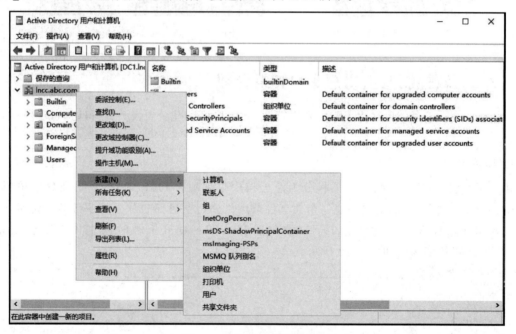

图 3.53　选择新建组织单位

（2）在"新建对象-组织单位"对话框中，单击"确定"按钮，返回"Active Directory 用户和计算机"窗口，选择刚刚创建的组织单位 OU_project_B01 选项，右击，在弹出的快捷菜单中选择"新建"→"用户"选项，如图 3.55 所示；弹出"新建对象-用户"对话框，如图 3.56 所示。创建用户账户 project_userB01、project_userB02。

（3）在"新建对象-用户"对话框中，输入要创建的用户账户名称，单击"下一步"按钮，弹出密码设置对话框，如图 3.57 所示；输入密码，并再次确认密码，单击"下一步"按钮，弹出用户创建完成

图 3.54 "新建对象-组织单位"对话框

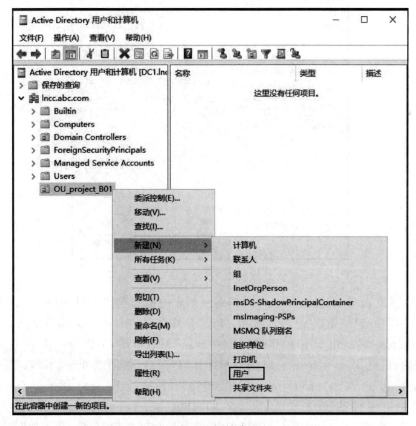

图 3.55 选择新建用户

图 3.56 "新建对象-用户"对话框

图 3.57 密码设置对话框

对话框，如图 3.58 所示；单击"完成"按钮，用户账户 project_userB01 创建完成。

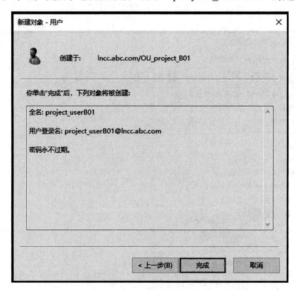

图 3.58 用户创建完成对话框

（4）创建全局组 project_groupB01。选择刚刚创建的组织单位 OU_project_B01 选项，右击，在弹出的快捷菜单中选择"新建"→"组"选项，弹出"新建对象-组"对话框，如图 3.59 所示；输入组名：project_groupB01，在"组作用域"区域，选中"全局"单选按钮，创建全局组 project_groupB01；单击"确定"按钮，返回"Active Directory用户和计算机"窗口，如图 3.60 所示，双击刚刚创建的全局组 project_groupB01，弹出"project_groupB01 属性"对话框，如图 3.61 所示。

（5）将总公司项目部用户账户 project_userB01、project_userB02 加入全局组 project_groupB01。在"project_groupB01 属性"对话框中，选择"成绩"选项卡，单击"添加"按钮，弹出"选择用户、联系人、计算机、用户账户或组"对话框，如图 3.62 所示；在"选择用户、联系人、计算机、用户

图 3.59 "新建对象-组"对话框

图 3.60 "Active Directory 用户和计算机"窗口

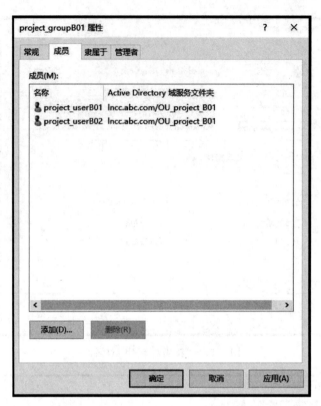

图 3.61 "project_groupB01 属性"对话框

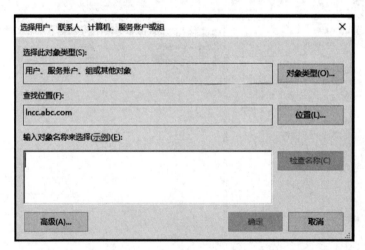

图 3.62 "选择用户、联系人、计算机、服务账户或组"对话框(1)

账户或组"对话框中，单击"高级"按钮，弹出"一般性查询"选项卡，如图 3.63 所示。

（6）在"一般性查询"选项卡中，单击"确定"按钮，返回"选择用户、联系人、计算机、服务账户或组"对话框，如图 3.64 所示；单击"确定"按钮，返回"project_groupB01 属性"对话框；单击"确定"按钮，返回"Active Directory 用户和计算机"对话框。

（7）创建本址域组 project_localgroupB01，将全局组 project_groupB01 加入本址域组 project_localgroupB01。选中组织单位 OU_project_B01 选项，右击，在弹出的快捷菜单中选择"新建"→

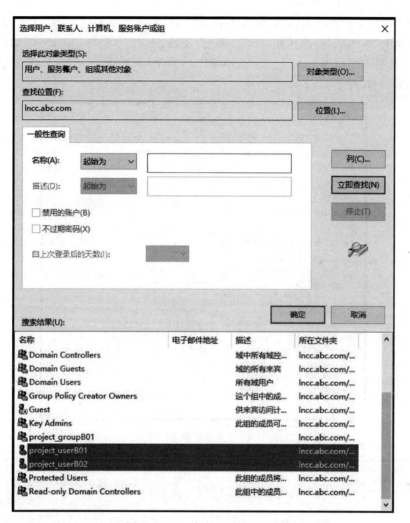

图 3.63 "一般性查询"选项卡

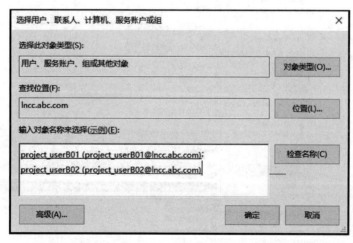

图 3.64 "选择用户、联系人、计算机、服务账户或组"对话框(2)

"组"选项,弹出"新建对象-组"对话框,输入组名 project_localgroupB01,如图 3.65 所示;在"组作用域"区域中,选中"本地域"单选按钮,单击"确定"按钮,返回"Active Directory 用户和计算机"窗口,双击刚刚创建的本地域组 project_localgroupB01,弹出"选择用户、联系人、计算机、服务账户或组"对话框,如图 3.66 所示。

图 3.65 "新建对象-组"对话框

图 3.66 "选择用户、联系人、计算机、服务账户或组"对话框(3)

(8)在"选择用户、联系人、计算机、服务账户或组"对话框中,单击"立即查找"按钮,选择要加的全局组域 project_groupB01,单击"确定"按钮,返回"选择用户、联系人、计算机、服务账户或组",如图 3.67 所示,单击"确定"按钮,返回"project_localgroupB01 属性"对话框,如图 3.68 所示。

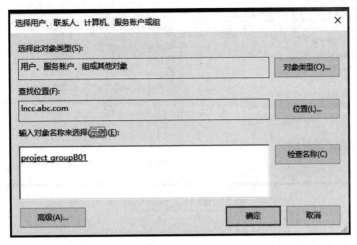

图 3.67 添加组

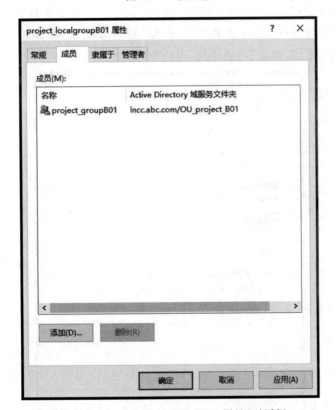

图 3.68 "project_localgroupB01 属性"对话框

(9) 在"project_localgroupB01 属性"对话框中,单击"确定"按钮,返回"Active Directory 用户和计算机"窗口,完成本地域组的添加,如图 3.69 所示。

(10) 在父域控制器 SERVER-01 上,创建组织单位 OU_project_A01;创建总公司项目部用户账户 project_userA01、project_userA02;创建全局组 project_groupA01;将总公司项目部用户账

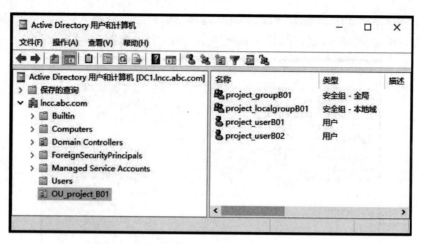

图 3.69　组织单位 OU_projectB01 添加成功

户 project_userA01、project_userA02 加入全局组 project_groupA01 中，其创建过程与子域控制器 DC1 创建过程相似，这里不再赘述。

（11）在子域控制器 DC1 上创建共享目录 project_share01，右击该目录，在弹出的快捷菜单中选择"属性"选项，弹出"project_share01 属性"对话框，如图 3.70 所示，选择"共享"选项卡，在"网络路径"区域，单击"共享"按钮，弹出"网络访问"对话框，如图 3.71 所示。

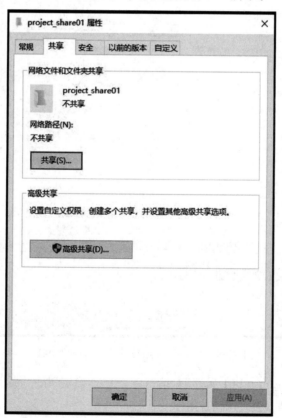

图 3.70　"project_share01 属性"对话框

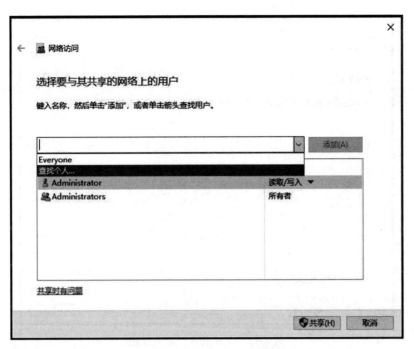

图 3.71　"网络访问"对话框

（12）在"网络访问"对话框的下拉列表中选择"查找个人…"选项，找到本地域组 project_localgroupB01 并添加，将读写的权限赋予该本地域组，如图 3.72 所示；单击"共享"按钮，弹出"你的文件夹已共享"对话框，单击"完成"按钮，完成共享目录的设置，如图 3.73 所示。

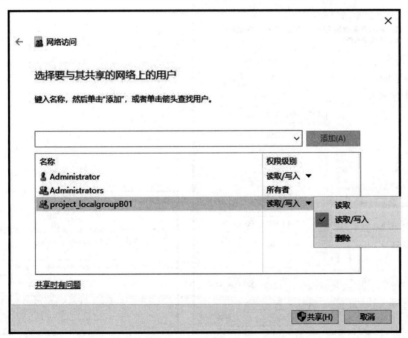

图 3.72　设置共享目录权限

（13）测试验证结果。在 Win10 客户端上（DNS 服务器地址必须设置为 192.168.100.100 和

图 3.73　完成共享目录的设置

192.168.100.101),如图 3.74 所示;使用 Win+R 组合键,打开"运行"对话框,如图 3.75 所示;输入打开\\DC1.lncc.abc.com\project_share01 路径,弹出"输入网络凭据"对话框,如图 3.76 所示。

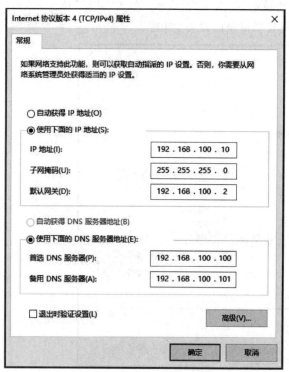

图 3.74　DNS 服务器地址设置

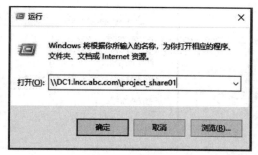

图 3.75　"运行"对话框

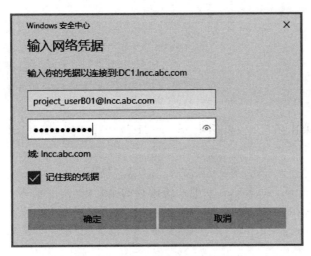

图 3.76 "输入网络凭据"对话框

（14）使用分公司域用户账户 project_userB01@lncc.abc.com\和总公司域用户账户 project_userA01@abc.com\分别访问\\DC1.lncc.abc.com\project_share01 共享目录，如图 3.77 所示。

注意：

测试用户账户需要设置访问权限，否则无法访问。为了测试成功，可以将测试用户账户添加管理员 Administrator 权限进行测试。

（15）再次注销 Win10 客户端。重新登录后，使用总公司域用户账户 userA03@abc.com 访问\\DC1.lncc.abc.com\project_share01 共享目录，提示没有访问权限，如图 3.78 所示，因为 userA03 用户账户不是项目部用户。

图 3.77 访问共享目录

图 3.78 提示没有访问权限

课后习题

1. 选择题

（1）在 Windows 操作系统中，类似于"S-1-5-21-5789120546-2054893054-5105896483-500"的值代表的是（　　）。

    A. UPN　　　　　　B. SID　　　　　　C. DN　　　　　　D. GUID

（2）下面不是 Windows Server 2019 的系统进程的是（　　）。

    A. services. exe　　B. svchost. exe　　C. csrss. exe　　D. iexplorer. exe

2. 判断题

（1）Windows Server 2019 支持两种用户账户：本地账户和域账户。（　　）

（2）Windows Server 2019 的 Guest 账户，默认是启用的。（　　）

（3）Windows Server 2019 每个用户账户的安全标识符（SID）是唯一的。（　　）

（4）在"运行"对话框中输入 gpedit. msc 命令，可以打开"本地组策略编辑器"对话框。（　　）

（5）winlogon. exe 进程用于管理用户登录窗口。（　　）

3. 简答题

（1）简述安全标识符（SID）的作用。

（2）简述组作用域。

（3）简述系统的关键进程。

第4章

文件系统与磁盘配置管理

学习目标

- 掌握文件系统基础知识。
- 掌握磁盘管理基础知识。
- 掌握配置文件系统与磁盘的方法。

4.1 文件系统基础知识

文件系统是操作系统用于明确存储设备或分区上的文件的方法和数据结构。它是对文件存储设备的空间进行组织和分配，负责文件存储并对存入的文件进行保护和检索的系统，所以了解文件系统的格式尤为重要。

文件和文件夹是计算机系统组织数据的集合单位，Windows Server 2019 提供了强大的文件管理功能，其新技术文件系统（New Technology File System，NTFS）具有高安全性能，用户可以十分方便地在计算机或网络上处理、使用、组织、共享和保护文件及文件夹。

4.1.1 文件系统概述

可以使用 FAT16、FAT32 和 NTFS 文件系统对 Windows Server 2019 的计算机磁盘分区。

1. FAT 文件系统

文件分配表（File Allocation Table，FAT）包括 FAT16 和 FAT32 两种。FAT 是一种适合小卷集、对系统安全性要求不高、需要双重引导的用户选择使用的文件系统。

在推出 FAT32 文件系统之前，通常计算机使用的文件系统是 FAT16，如 MS-DOS、Windows 95 等操作系统。FAT16 支持最大分区是 216（即 65536）个簇，每簇 64 个扇区，每扇区 512B，所以最大支持的分区为 2.147GB。FAT16 最大的缺点是簇的大小是和分区有关，当外存中存放较多小文件时，会浪费大量的空间。

FAT32 是 FAT16 的派生文件系统，采用 32 位的文件分配表，支持大到 2TB(2048GB) 的磁盘分区，使其对磁盘的管理能力大大增强，突破了 FAT16 对每个分区的容量只有 2GB 的限制。FAT32 的缺点是分区内无法存放大于 4GB 的单个文件，且易产生磁盘碎片。

FAT 文件系统是一种最初用于小型磁盘和简单文件夹结构的简单文件系统。它向后兼容，最大的优点是适用于所有的 Windows 操作系统。另外，FAT 文件系统在容量较小的卷上使用比较好，因为 FAT 启动只使用非常少的开销。FAT 在容量低于 512MB 的卷上工作效率最高，当卷容量超过 1.024GB 时，效率就显得很低。对使用 Windows Server 2019 的用户来说，FAT 文件系统不能满足系统的要求。

2. NTFS 文件系统

NTFS 文件系统是 Windows NT 内核的系列操作系统支持的、特别为网络和磁盘配额、文件加密等管理安全特性设计的磁盘格式，提供长文件名、数据保护和恢复，能通过目录和文件许可实现安全性，并支持跨越分区。它是 Windows Server 2019 推荐使用的高性能文件系统，能更充分有效地利用磁盘空间、支持文件级压缩、具备更好的文件安全性，支持最大分区 2TB、单个最大文件 2TB，支持元数据，并且使用了高级数据结构，以便于提升磁盘可靠性和磁盘空间利用率。它支持许多新的文件安全、存储和容错功能，而这些功能正是 FAT 文件系统所缺少的。

NTFS 文件系统最早出现于 1993 年的 Windows NT 操作系统中。它的出现大幅度地提高了微软公司原来的 FAT 文件系统的性能。

NTFS 是一个日志文件系统，这意味着除了向磁盘写入信息，该文件系统还会为所发生的所有改变保留一份日志。这一功能让 NTFS 文件系统在发生错误时（比如系统崩溃或电源供应中断）更容易恢复，也让这一系统更加强壮。

NTFS 文件系统设计简单但功能强大。从本质上讲，卷中的一切都是文件，文件中的一切都是属性。从数据属性到安全属性，再到文件名属性，NTFS 卷中的每个扇区都分配给了某个文件，甚至文件系统的数据也是文件的一部分。

如果安装 Windows Server 2019 时采用了 FAT 文件系统，用户也可以在安装完毕，使用命令 convert 把 FAT 分区转换为 NTFS 分区，执行命令如下。

```
convert  C: /FS: NTFS
```

执行命令后，将 C 盘转换成 NTFS 格式。无论是在运行安装程序中还是在运行安装程序之后，相对于重新格式化磁盘来说，这种转换不会使用户的文件受到损害。

3. FAT 与 NTFS 文件系统对比

FAT 是文件分配表的英文缩写。自 1981 年首次问世以来，FAT 已经成为一个历经沧桑的计算机术语。由于时代原因，包括 Windows NT、macOS 以及多种 UNIX 版本在内的大多数操作系统均对 FAT 提供支持。FAT 文件系统限制使用 8.3 格式的文件命名规范：在一个文件名中，句点之前部分的最大长度为 8 个字符，句点之后部分的最大长度为 3 个字符。FAT 文件系统中的文件名必须以字母或数字开头，并且不得包含空格。此外，FAT 文件名不区分大小写英文字母。

为弥补 FAT 在功能上的缺陷，微软公司创建了一种称作 NTFS 的新型文件系统技术。NTFS

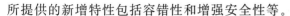

所提供的新增特性包括容错性和增强安全性等。

（1）兼容性。

在确定某一分区所需使用的文件系统类型前，必须首先考虑兼容性问题。如果多种操作系统都将对该分区进行访问，那么必须使用一种所有操作系统均可读取的文件系统。通常情况下，具备普遍兼容性的 FAT 文件系统可以胜任这种要求。相比之下，只有 Windows NT 能够支持NTFS 分区。这种限制条件仅适用于本地计算机。例如，如果一台计算机上同时安装了 WindowsNT 与 Windows 98 两种操作系统，并且这两种操作系统都需要对同一个分区进行访问，那么必须通过 FAT 方式对该分区进行格式化；如果这台计算机上只安装了 Windows NT 一种操作系统，则可以将该分区格式化为 NTFS，此时，运行其他操作系统的计算机仍可通过网络方式对该分区进行访问。

（2）卷容量。

另一项决定因素为分区物理容量。FAT 最大支持 2GB 分区容量。如果分区容量超过 2GB，必须通过 NTFS 方式对其进行格式化，或者将其拆分为多个容量较小的分区。需要注意的是，NTFS 本身所需耗费的资源多于 FAT。如果所使用的分区容量小于 200MB，应当选择 FAT 文件系统以避免 NTFS 文件系统自身占用过多磁盘空间，NTFS 分区的最大容量为 16EB。

（3）容错性。

NTFS 还可在不显示错误消息的情况下自动修复硬盘错误。当 Windows NT 向 NTFS 分区中写入文件时，它将在内存中为该文件保留一个备份。当写入操作完成后，Windows NT 将再次读取该文件以验证其是否与内存中所存储的备份相匹配。如果两份内容不一致，Windows NT 将把硬盘上的相应区域标记为受损并不再使用这一区域。此后，它将使用存储在内存中的文件备份在硬盘的其他位置上重新写入文件。FAT 文件系统未提供任何安全保护特性。FAT 所采取的保护措施便是同时维护文件分配表的两份备份，如果其中一份备份遭到破坏，它将自动使用另一份备份对其进行修复。然而，这一功能必须通过诸如 Scandisk 之类的实用工具方可实现。

（4）安全性。

NTFS 拥有一套内建安全机制，可以为目录或单个文件设置不同权限。这些权限可以在本地及远程对文件与目录加以保护。如果正在使用 FAT 文件系统，那么安全特性将通过共享权限加以实现。共享权限将通过网络对文件予以保护，无法通过本地予以保护。假设拥有一台包含几百个用户的服务器，而每个用户又拥有自己的目录，为对其进行管理，可能需要同时维护数以百计的共享权限。这些共享权限可能相互重叠，从而导致更大的复杂性。

（5）系统分区。

一种较为理想的解决方案是将系统分区格式化为 FAT 文件系统。如果对系统安全性的要求不高，则为系统分区指定较小的分区容量并且不在该分区上存放除 Windows 系统文件以外的任何内容。除非未经授权的用户能够通过物理方式对计算机进行访问；否则，FAT 文件系统在安全性方面还是完全值得信赖的。

4.1.2　认识 NTFS 权限

利用 NTFS 权限，可以控制用户账户和组对文件及文件夹的访问。NTFS 权限只适用于NTFS 磁盘分区。NTFS 权限不能用于 FAT16 或者 FAT32 文件系统格式化的磁盘分区。

Windows Server 2019 只为用 NTFS 进行格式化的磁盘分区提供 NTFS 权限。为了保护 NTFS 磁盘分区上的文件和文件夹,要为需要访问该资源的每一个用户账户授予 NTFS 权限。用户必须获得明确的授权才能访问资源。用户账户如果没有被授予权限,它就不能访问相应的文件和文件夹。不管用户是访问文件还是文件夹,也不管这些文件和文件夹是在计算机上还是在网络上,NTFS 的安全性功能都有效。

1. NTFS 权限的类型

利用 NTFS 权限可以指定哪些用户、组和计算机能够访问文件和文件夹以及其中的内容。

（1）NTFS 文件权限。

通过授予文件权限,可以控制对文件的访问。如表 4.1 所示,列出了可以授予的标准 NTFS 文件权限和各个权限提供给用户的访问类型。

表 4.1　标准 NTFS 文件权限列表

NTFS 文件权限	允许访问类型
读取	读取文件,查看文件属性、拥有人和权限
写入	覆盖写入文件,修改文件属性,查看文件拥有人和权限
修改	修改和删除文件,执行由"写入"权限和"读取和运行"权限进行的动作
读取和运行	运行应用程序,执行由"读取"权限进行的动作
完全控制	改变权限,成为拥有人,执行允许所有其他 NTFS 文件权限进行的动作
特殊权限	进行特殊权限设置

（2）NTFS 文件夹权限。

通过授予文件夹权限,可以控制对文件夹的访问。如表 4.2 所示,列出了可以授予的标准 NTFS 文件夹权限和各个权限提供给用户的访问类型。

表 4.2　标准 NTFS 文件夹权限列表

NTFS 文件夹权限	允许访问类型
读取	读取文件夹中文件和子文件夹,查看文件夹属性、拥有人和权限
写入	在文件夹内创建新的文件夹和子文件夹,查看文件夹属性、拥有人和权限
修改	修改和删除文件夹,执行由"写入"权限和"读取和运行"权限进行的动作
读取和运行	遍历文件夹,执行由"读取""列出文件夹内容"权限进行的动作
完全控制	改变权限,成为拥有人,执行允许所有其他 NTFS 文件夹权限进行的动作
列出文件夹内容	查看文件夹中的文件和子文件夹的内容
特殊权限	进行特殊权限设置

注意:

无论用什么权限保护文件,被准许对文件夹进行"完全控制"的组或用户都可以删除该文件夹内的任何文件。尽管"列出文件夹内容"和"读取和运行"看起来有相同的特殊权限,但这些权限在继承时却有所不同。"列出文件夹内容"可以被文件夹继承而不能被文件继承,并且它只在查看文件夹权限时才会显示。"读取和运行"可以被文件和文件夹继承,并且在查看文件和文件夹权限时始终出现。

2. 多重 NTFS 权限

如果将针对某个文件或文件夹的权限不仅授予用户账户,而且还授予某个组,而该用户账户是该组的一个成员,那么该用户就对同样的资源有了多个权限。关于 NTFS 如何组合多个权限,

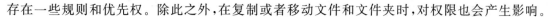

存在一些规则和优先权。除此之外,在复制或者移动文件和文件夹时,对权限也会产生影响。

(1) 权限是累积的。

一个用户账户对某个资源的有效权限是授予这一用户账户的 NTFS 权限与授予该用户账户所属组的 NTFS 权限的组合。例如,用账户 user01 对文件夹 folder01 有"读取"权限,该用户账户 user01 是组 group01 的成员,而该组 group01 对该文件夹 folder01 有"写入"权限,那么该用户账户 user01 对文件夹 folder01 就有"读取"和"写入"权限。

(2) 文件权限超文件夹权限。

NTFS 的文件权限超 NTFS 的文件夹权限。例如,某用户账户对某个文件有"修改"权限,那么即使该用户账户对包含该文件的文件夹只有"读取"权限,该用户账户仍然能够修改该文件。

(3) 拒绝权限超越其他权限。

可以拒绝某用户账户或者组对特定文件或者文件夹的访问。为此,将"拒绝"权限授予该用户账户或者组即可。这样,即使某个用户作为某个组的成员具有访问该文件或文件夹的权限,但是因为将"拒绝"权限授予了该用户,所以该用户账户具有的任何其他权限也被阻止了。因此,对权限的累积规则来说,"拒绝"权限是一个例外。应该避免使用"拒绝"权限,因为允许用户账户或组进行某种访问比明确拒绝其进行某种访问更容易做到。巧妙地构造组和组织文件夹中的资源,使用各种各样的"允许"权限就足以满足需要,从而可避免使用"拒绝"权限。

3. 继承与阻止 NTFS 权限

默认情况下,授予父文件夹的任何权限也将应用于包含在该文件夹中的子文件夹和文件。当授予访问某个文件夹的 NTFS 权限时,就将授予该文件夹的 NTFS 权限授予了该文件夹中任何现有的文件和子文件夹,以及在该文件夹中创建的任何新文件和子文件夹。如果想让文件夹或者文件具有不同于它们父文件夹的权限,就必须阻止权限的继承性。

阻止权限的继承,也就是阻止子文件夹和文件从父文件夹继承权限。为了阻止权限的继承,要删除继承来的权限,只保留被明确授予的权限。

被阻止从父文件夹继承权限的子文件夹则成为新的父文件夹。包含在这一新的父文件夹的子文件夹和文件都继承其父文件夹的权限。

以 test02 文件夹为例,若要禁止权限继承,可打开该文件夹的"属性"窗口,选择"安全"选项卡,单击"高级"→"权限"选项卡,如图 4.1 所示;选中某个要阻止继承的权限,单击"禁用继承"按钮,弹出"阻止继承"对话框,可以选择"将已继承的权限转换为此对象的显式权限"或"从此对象中删除所有已继承的权限"命令,如图 4.2 所示。

4. 共享文件夹权限与 NTFS 文件系统权限的组合

通过授予默认的共享文件夹权限,可以快速有效地控制对 NTFS 磁盘分区上网络资源的访问。当共享的文件夹位于 NTFS 格式的磁盘分区上时,该共享文件夹的权限与 NTFS 权限进行组合,用以保护文件资源。

要为共享文件夹设置 NTFS 权限,选择共享文件夹 share01,右击,在弹出的快捷菜单中选择"属性"选项,打开"share01 属性"对话框,如图 4.3 所示;单击"高级共享"→"权限"按钮,弹出"share01 的权限"对话框,如图 4.4 所示。

共享文件夹权限具有如下特点。

(1) 默认的共享文件夹权限是读取,并被宣贯给 Everyone 组。

图 4.1 "test02 的高级安全设置"窗口

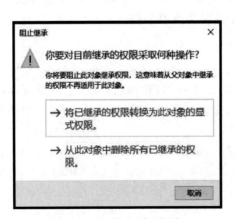

图 4.2 "阻止继承"对话框

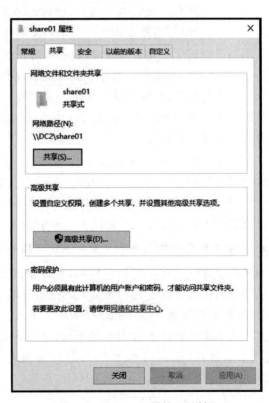

图 4.3 "share01 属性"对话框

（2）共享文件夹权限只适用于文件夹，而不适用于单独的文件，并且只能为整个共享文件夹设置共享权限，而不能对共享文件夹中的文件或子文件夹进行设置。所以，共享文件夹权限不如 NTFS 文件系统权限详细。

（3）共享文件夹权限并不对直接登录到计算机上的用户账户起作用，只适用于通过网络连接该文件夹的用户账户，即共享权限对直接登录到该服务器上的用户是无效的。

当管理员对 NTFS 权限和共享文件夹的权限进行组合时，结果是组合的 NTFS 权限，或者是组合的共享文件夹权限。哪个范围更小结果便是哪个。

在 NTFS 分区卷上为共享文件夹授予权限时，应用遵循以下规则。

（1）在 NTFS 分区卷必须要求 NTFS 权限。默认 Everyone 组具有"完全控制"权限。

（2）可以对共享文件夹中的文件和子文件夹应用 NTFS 权限。可以对共享文件夹中包含的文件和子文件夹应用不同的 NTFS 权限。

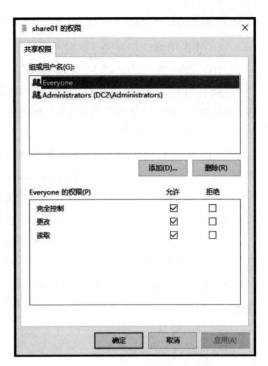

图 4.4　"share01 的权限"对话框

（3）除共享文件夹权限外，用户必须具有该共享文件夹的文件和文件夹的 NTFS 权限才能访问该共享文件夹中的文件和子文件夹。

5．复制和移动文件及文件夹

当从一个文件夹向另一个文件夹复制文件或文件夹时，或者从一个磁盘分区向另一个磁盘分区复制文件或文件夹时，这些文件和文件夹具有的权限可能发生变化。

（1）当在单个 NTFS 磁盘分区内或在不同的 NTFS 磁盘分区之间复制文件或文件夹时，文件或文件夹的复件将继承目的地文件夹的权限。

（2）当将文件或文件夹被复制到非 NTFS 磁盘分区（如 FAT 格式的磁盘分区）时，因为非 NTFS 磁盘分区不支持 NTFS 权限，所以这些文件或文件夹就丢失了它们的 NTFS 权限。

4.2　磁盘管理基础知识

从广义上来讲，硬盘、光盘和 U 盘等用来保存数据信息的存储设备都可以称为磁盘。其中，硬盘是计算机的重要组件，无论在 Windows 操作系统还是在 Linux 操作系统中，都要使用硬盘。因此，规划和管理磁盘是非常重要的工作。

4.2.1　MBR 磁盘与 GPT 磁盘

磁盘按分区表的格式可以分为主引导记录（Master Boot Record，MBR）磁盘和全局唯一标识分区表(Globally Unique Identifier Partition Table,GPT)磁盘两种磁盘格式。

1. MBR 磁盘

MBR 磁盘指的是采用 MBR 主引导记录启动的物理磁盘。其中,MBR 分区表的大小是固定的,只能容纳 4 个主分区信息。因此,MBR 磁盘最多创建 4 个主分区：3 个主分区和 1 个扩展分区。MBR 限制分区是为了实现创建更多的分区,引入扩展分区和逻辑驱动器,可以在扩展分区下创建多个逻辑驱动器。

MBR 磁盘采用 MBR 分区表,其磁盘分区表存储在 MBR 内。MBR 位于磁盘最前端,使用基本输入输出系统(Basic Input Output System,BIOS),是固化在计算机上一个 ROM 芯片上的程序。BIOS 启动时会先读取 MBR,并将控制权交给 MBR 内的程序代码,然后由此程序代码继续后续的启动工作。在磁盘分区模式中,引导扇区是每个分区的第一扇区,而主引导扇区是磁盘的第一扇区。主引导扇区由 3 部分组成：主引导记录 MBR、硬盘分区表和磁盘有效标识。由于 MBR 使用 4B(字节)存储分区总扇区数,最大可以表示 2 的 32 次方(即 2^{32}),一个扇区 512B,那么分区的容量或者磁盘容量都不能超过 2TB。例如,一个 8TB 的硬盘在 MBR 磁盘下只能使用 2TB,对于现在的大磁盘时代,MBR 分区方案已经无法满足要求。

2. GPT 磁盘

GPT 磁盘是一种新的磁盘分区表格式,其磁盘分区表存储在 GPT 内。它位于磁盘的前端,有主分区表和备份分区表,可提供容错功能。GPT 使用新式的统一可扩展固件接口(Unified Extensible Firmware Interface,UEFI),BIOS 会先读取 GPT,并将控制权交给 GPT 内的程序代码,然后由此程序代码继续后续的启动工作。随着科技的不断发展,相当一部分用户经常需要用到大容量的磁盘,而 GPT 支持最大卷为 18EB(1EB=1024PB=1 048 576TB)。

4.2.2 基本磁盘与动态磁盘

Windows 操作系统又将磁盘分为基本磁盘和动态磁盘两种类型。

(1) 基本磁盘。基本磁盘指老式的传统磁盘系统。新安装的硬盘默认的是基本磁盘。

(2) 动态磁盘。动态磁盘支持多种特殊的磁盘分区。其中,有的可以提高系统访问效率;有的可以提供容错功能;有的可以扩大磁盘的使用空间。

1. 基本磁盘

磁盘分区分为主磁盘分区和扩展磁盘分区。

(1) 主磁盘分区。主磁盘分区可以用来启动操作系统。在划分磁盘的第 1 个分区时,会指定其为磁盘主分区,主要用来存放操作系统的启动文件或引导程序。计算机启动时,MBR 或 GPT 内的程序代码会到活动的主磁盘分区内读取与执行启动程序代码,然后将控制权交给此启动程序代码来启动相关的操作系统。

(2) 扩展磁盘分区。扩展磁盘分区只能用来存储文件,无法用来启动操作系统。也就是说,MBR 或 GPT 内的程序代码不会到扩展磁盘分区内读取与执行启动程序代码。

使用 MBR 磁盘分区格式最多只允许有 4 个主分区,如果用户想要创建更多的分区,应该怎么办? 这就有了扩展分区的概念。用户可以创建一个扩展分区,并在扩展分区中创建多个逻辑分区,从理论上来说,其逻辑分区没有数量限制。需要注意的是,创建扩展分区时,会占用一个主分区的位置,因此,如果创建了扩展分区,则一个硬盘中最多只能创建 3 个主分区和 1 个扩展分区。扩展分区不是用来存放数据的,它的主要功能是创建逻辑分区。逻辑分区不能被直接创建,它必须依附在扩展分区下,容量受到扩展分区大小的限制,逻辑分区通常用于存放文件和数据。基本磁盘内的每一个主磁盘分区或逻辑驱动器又被称为基本卷,每一个主磁盘分区都可以被赋予一个驱动器号,如 C：、D：等,Windows Server 2019 操作系统的磁盘管理,如图 4.5 所示。

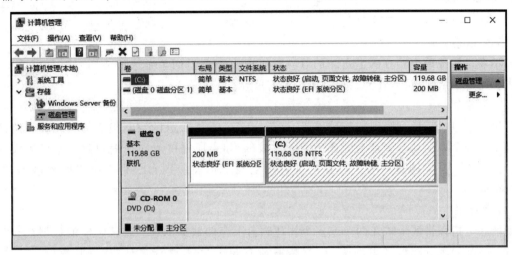

图 4.5　磁盘管理

Windows 操作系统的一个 GPT 磁盘内最多可以建立 128 个主磁盘分区,每一个主磁盘分区都可以被赋予一个驱动器号。由于可以有 128 个主磁盘分区,因此,GPT 磁盘不需要扩展磁盘分区。大于 2TB 的磁盘分区需要使用 GPT 磁盘分区,较旧版的 Windows 操作系统(如 32 位的 Windows XP、Windows 2000 等)无法识别 GPT 磁盘。

新购置的物理磁盘,不管是用于 Windows 操作系统还是用于 Linux 操作系统,都要进行如下操作。

(1) 分区:可以是一个分区或多个分区。

(2) 格式化:分区必须经过格式化才能创建文件系统。

(3) 挂载:被格式化的磁盘分区必须挂载到操作系统相应的文件目录下。

Windows 操作系统自动帮助用户完成了挂载分区到目录的工作,即自动将磁盘分区挂载到盘符;Linux 操作系统除了会自动挂载根分区启动项外,其他分区都需要用户自己配置,所有的磁盘都必须挂载到文件系统相应的目录下。

为什么要将一个磁盘划分成多个分区,而不是直接使用整个磁盘呢? 其主要原因如下。

(1) 方便管理和控制。可以将系统中的数据(包括程序)按不同的应用分类,之后将不同类型的数据分别存放在不同的磁盘分区。由于在每个分区中存放的都是类似的数据或程序,因此管理和维护会简单很多。

(2) 提高系统的效率。给磁盘分区后,可以直接缩短系统读写磁盘时磁头移动的距离,也就是说,缩小了磁头搜寻的范围;反之,如果不使用分区,则每次在磁盘中搜寻信息时可能要搜寻整个磁盘,搜寻速度会很慢。另外,磁盘分区可以减轻碎片(文件不连续存放)所造成的系统效率下降的问题。

(3) 使用磁盘配额的功能限制用户使用的磁盘量。由于限制了用户使用磁盘配额的功能,即只能在分区一级上使用,所以为了限制用户使用磁盘的总量,防止用户浪费磁盘空间(甚至将磁盘空间耗光),最好先对磁盘进行分区,再分配给一般用户。

(4)便于备份和恢复。磁盘分区后,可以只对所需的分区进行备份和恢复操作,这样备份和恢复的数据量会大大下降,操作也更简单和方便。

2. 动态磁盘

动态磁盘可以创建5种类型的卷:简单卷、跨区卷、带区卷、镜像卷和RAID5卷。

(1)简单卷。

简单卷是构成单个物理磁盘空间的卷。它可以由磁盘上的单个区域或同一磁盘上连接在一起的多个区域组成,也可以在同一磁盘内扩展简单卷。

(2)跨区卷。

简单卷也可以扩展到其他的物理磁盘,这样由多个物理磁盘的空间组成的卷就称为跨区卷。跨区卷是由一个以上动态磁盘上的磁盘空间组成的,如果所需的卷对于简单磁盘来说太大,可创建一个跨区卷。可以通过从另一磁盘增加可用空间来扩展跨区卷。简单卷和跨区卷都不属于RAID范畴。

(3)带区卷。

带区卷是指以带区形式在两个或多个物理磁盘上存储数据的卷。带区卷上的数据被交替、平均(以带区形式)地分配给这些磁盘。带区卷是所有卷中读/写性能最佳的卷,但是它不提供容错功能。如果带区卷上的任何一个磁盘数据损坏或磁盘故障,则整个卷上的数据都将丢失。可以把带区卷看作硬件RAID中的RAID-0,它获取数据的速度要比简单卷或跨区卷快。

(4)镜像卷。

镜像卷是指在两个物理磁盘上复制数据的容错卷。它通过使用卷的副本复制该卷中的信息来提供数据冗余,镜像卷总位于一个磁盘上。如果其中一个物理磁盘出现故障,则该故障磁盘上的数据将不可用,但是系统可以使用未受影响的磁盘继续操作。可以把镜像卷看成硬件RAID中的RAID-1。

(5)RAID5卷。

RAID5卷是指具有数据和奇偶检验的容错卷。其数据分布于3个或更多的物理磁盘上,奇偶检验用于在阵列失效后重建数据。如果物理磁盘的某一部分失败,可以用冗余的数据和奇偶检验信息重新创建磁盘上失败的那一部分上的数据,类似硬件RAID中的RAID-5。

4.2.3　RAID磁盘管理技术

独立磁盘冗余阵列(Redundant Arrays of Independent Disks,RAID)通常简称为磁盘阵列。简单地说,RAID是由多个独立的高性能磁盘驱动器组成的磁盘子系统,它提供了比单个磁盘更高的存储性能和数据冗余技术。

1. RAID中的关键概念和技术

RAID中的关键概念和技术包括镜像、数据条带和数据校验。

(1)镜像。

镜像是一种冗余技术,它为磁盘提供了保护功能,以防止磁盘发生故障而造成数据丢失。对于RAID而言,采用镜像技术将会同时在阵列中产生两个完全相同的数据副本,分布在两个不同

V4-1

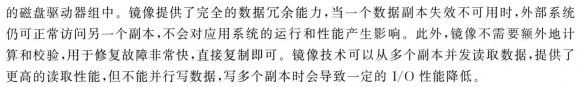

的磁盘驱动器组中。镜像提供了完全的数据冗余能力,当一个数据副本失效不可用时,外部系统仍可正常访问另一个副本,不会对应用系统的运行和性能产生影响。此外,镜像不需要额外地计算和校验,用于修复故障非常快,直接复制即可。镜像技术可以从多个副本并发读取数据,提供了更高的读取性能,但不能并行写数据,写多个副本时会导致一定的 I/O 性能降低。

（2）数据条带。

磁盘存储的性能瓶颈在于磁头寻道定位,它是一种慢速机械运动,无法与高速的 CPU 匹配。再者,单个磁盘驱动器性能存在物理极限,I/O 性能有限。RAID 由多块磁盘组成,数据条带技术将数据以块的方式分布存储在多个磁盘中,从而可以对数据进行并发处理。这样写入和读取数据即可在多个磁盘中同时进行,并产生非常高的聚合 I/O,有效地提高整体 I/O 性能,且具有良好的线性扩展性。数据条带在对大容量数据进行处理时效果尤其显著,如果不分块,则数据只能按顺序存储在磁盘阵列的磁盘中,需要时再按顺序读取;而通过条带技术,可获得数倍于顺序访问的性能提升。

（3）数据校验。

镜像具有安全性高、读取性能高的特点,但冗余开销太大。数据条带通过并发性大幅提高了性能,但未考虑数据的安全性和可靠性。数据校验是一种冗余技术,它以校验数据提供数据的安全性,可以检测数据错误,并在能力允许的前提下进行数据重构。相对于镜像,数据校验大幅缩减了冗余开销,用较小的代价换取了极佳的数据完整性和可靠性。数据条带技术提高整体性能,数据校验提供了数据安全性,不同等级的 RAID 往往同时结合使用这两种技术。

采用数据校验时,RAID 要在写入数据的同时进行校验计算,并将得到的校验数据存储在 RAID 成员磁盘中。校验数据可以集中保存在某个磁盘或分散存储在多个磁盘中,校验数据也可以分块,不同 RAID 等级的实现各不相同。当其中一部分数据出错时,就可以对剩余数据和校验数据进行反校验计算以重建丢失的数据。相对于镜像技术而言,校验技术节省了大量开销,但由于每次数据读写都要进行大量的校验运算,因此对计算机的运算速度要求很高,必须使用硬件 RAID 控制器。在数据重建恢复方面,校验技术比镜像技术复杂得多且速度慢得多。

2. 常见的 RAID 类型

（1）RAID0。

RAID0 会把连续的数据分散到多个磁盘中进行存取,系统有数据请求时可以被多个磁盘并行执行,每个磁盘执行属于自己的那一部分数据请求。如果要做 RAID0,则一台服务器至少需要两块硬盘,其读写速度是一块硬盘的两倍;如果有 N 块硬盘,则其读写速度是一块硬盘的 N 倍。虽然 RAID0 的读写速度可以提高,但是由于没有数据备份功能,因此安全性会低很多。RAID0 技术结构示意图,如图 4.6 所示。

RAID0 技术的优缺点分别如下。

- 优点:充分利用 I/O 总线性能,使其带宽翻倍,读写速度翻倍;充分利用磁盘空间,利用率为 100%。
- 缺点:不提供数据冗余;无数据校验,无法保证数据的正确性;存在单点故障。
- 应用场景:对数据完整性要求不高的场景,如日志存储、个人娱乐;对读写效率要求高,而对安全性能要求不高的场景,如图像工作站。

（2）RAID1。

RAID1 会通过磁盘数据镜像实现数据冗余,在成对的独立磁盘中产生互为备份的数据。当原始数据繁忙时,可直接从镜像副本中读取数据。同样地,要做 RAID1 至少需要两块硬盘,当读取数据时,其中一块硬盘会被读取,另一块硬盘会被用作备份。其数据安全性较高,但是磁盘空间利用率较低,只有 50%。RAID1 技术结构示意图,如图 4.7 所示。

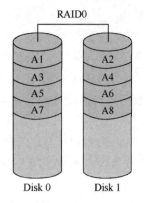

图 4.6　RAID0 技术结构示意图　　图 4.7　RAID1 技术结构示意图

RAID1 技术的优缺点如下。

- 优点:提供了数据冗余,数据双倍存储;提供了良好的读取性能。
- 缺点:无数据校验;磁盘利用率低,成本高。
- 应用场景:存放重要数据的场景,如数据存储领域。

（3）RAID5。

RAID5 是目前常见的 RAID 等级,它具备很好的扩展性。当阵列磁盘数量增加时,并行操作的能力随之增加,可支持更多的磁盘,从而拥有更高的容量及更高的性能。RAID5 的磁盘可同时存储数据和校验数据,数据块和对应的校验信息保存在不同的磁盘中,当一个数据盘损坏时,系统可以根据同一条带的其他数据块和对应的校验数据来重建损坏的数据。与其他 RAID 等级一样,重建数据时,RAID5 的性能会受到较大的影响。

RAID5 兼顾了存储性能、数据安全和存储成本等各方面因素,基本上可以满足大部分的存储应用需求,数据中心大多采用它作为应用数据的保护方案。RAID0 大幅提升了设备的读写性能,但不具备容错能力;RAID1 虽然十分注重数据安全,但是磁盘利用率低。RAID5 可以理解为 RAID0 和 RAID1 的折中方案,是目前综合性能最好的数据保护解决方案。一般而言,中小企业会采用 RAID5,大企业会采用 RAID10。RAID5 技术结构示意图,如图 4.8 所示。

RAID5 技术的优缺点如下。

- 优点:读写性能高;有校验机制;磁盘空间利用率高。
- 缺点:磁盘越多,安全性能越差。
- 应用场景:对安全性能要求高的场景,如金融、数据库、存储等。

（4）RAID01。

RAID01 是先做条带化再做镜像,本质是对物理磁盘实现镜像;RAID10 是先做镜像再做条带化,本质是对虚拟磁盘实现镜像。在相同的配置下,RAID01 比 RAID10 具有更好的容错能力。

RAID01 的数据将同时写入两个磁盘阵列中,如果其中一个阵列损坏,则其仍可继续工作,在保证数据安全性的同时提高了性能。RAID01 和 RAID10 内部都含有 RAID1 模式,因此整体磁盘利用率仅为 50%。RAID01 技术结构示意图,如图 4.9 所示。

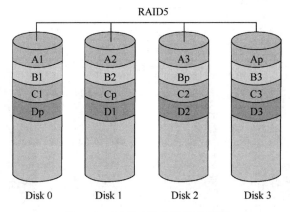

图 4.8 RAID5 技术结构示意图

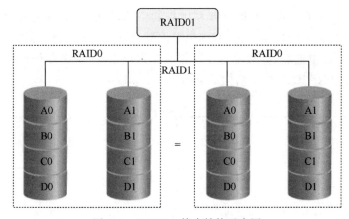

图 4.9 RAID01 技术结构示意图

RAID01 技术的优缺点如下。

- 优点：提供了较高的 I/O 性能；有数据冗余；无单点故障。
- 缺点：成本稍高；安全性能比 RAID10 差。
- 应用场景：特别适用于既有大量数据需要存取，又对数据安全性要求严格的领域，如银行、金融、商业超市、仓储库房、档案管理等。

（5）RAID10。

RAID10 技术结构示意图，如图 4.10 所示。

RAID10 技术的优缺点如下。

- 优点：RAID10 的读取性能优于 RAID01；提供了较高的 I/O 性能；有数据冗余；无单点故障；安全性能高。
- 缺点：成本稍高。
- 应用场景：特别适用于既有大量数据需要存取，又对数据安全性要求严格的领域，如银行、金融、商业超市、仓储库房、档案管理等。

（6）RAID50。

RAID50 具有 RAID5 和 RAID0 的共同特性。它至少由两组 RAID5 磁盘组成（其中，每组最少有 3 个磁盘），每一组都使用了分布式奇偶位；而两组 RAID5 磁盘再组建成 RAID0，实现跨磁盘

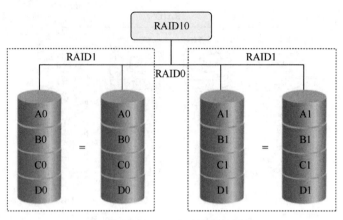

图 4.10　RAID10 技术结构示意图

数据读取。RAID50 提供了可靠的数据存储和优秀的整体性能，并支持更大的卷尺寸。即使两个物理磁盘（每个阵列中的一个）发生故障，数据也可以顺利恢复。RAID50 最少需要 6 个磁盘，其适用于高可靠性存储、高读取速度、高数据传输性能的应用场景，包括事务处理和有许多用户存取小文件的办公应用程序。RAID50 技术结构示意图，如图 4.11 所示。

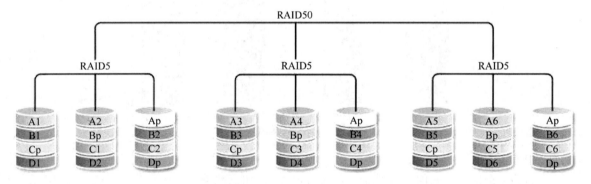

图 4.11　RAID50 技术结构示意图

4.3　技能实践

数据在被存储到磁盘之前，该磁盘必须被划分成一个或数个磁盘分区，然后才能存取文件数据，对文件和文件夹进行相应的管理。

4.3.1　压缩文件

V4-2

将文件压缩可以减少它们所占用的磁盘空间，Windows Server 2019 操作系统支持 NTFS 压缩和压缩（zipped）文件夹两种压缩方法。

1. NTFS 压缩

（1）对 NTFS 磁盘内的文件进行压缩。以 D:\test01 文件夹为例，右击 test01 文件夹，在弹出的快捷菜单中，选择"属性"选项，弹出"test01 属性"对话框，如图 4.12 所示。在"test01 属性"对话框中,单击"高级"按钮,弹出"高级属性"对话框,勾选"压缩内容以便节省磁盘空间"复选框,如图 4.13 所示。

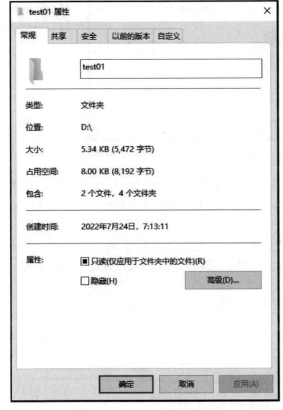

图 4.12 "test01 属性"对话框

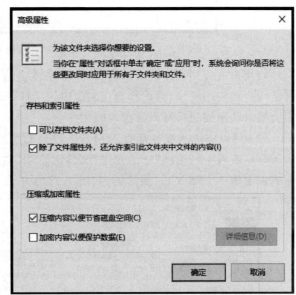

图 4.13 "高级属性"对话框

(2) 在"高级属性"对话框中,单击"确定"按钮,返回"test01 属性"对话框,单击"应用"按钮,弹出"确认属性更改"对话框,如图 4.14 所示;选中"将更改应用于此文件夹、子文件夹和文件"单选按钮,单击"确定"按钮,返回新加卷(D:)窗口,如图 4.15 所示,可以看到 test01 文件夹图标已经变为压缩图标标记。

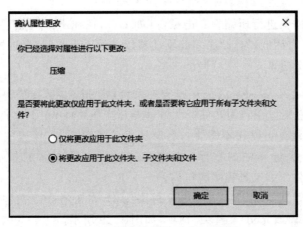

图 4.14 "确认属性更改"对话框

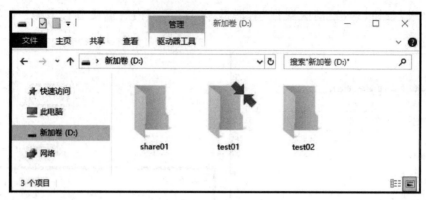

图4.15 新加卷(D:)窗口

当用户或应用程序读取压缩文件时,系统会将文件由磁盘内读出、自动将解压缩后的内容提供给用户或应用程序,然而存储在磁盘内的文件仍然是处于压缩状态的;而将数据写入文件时,它们会被自动压缩后再写入磁盘内的文件。

(3) 可以将压缩或加密的 NTFS 文件以彩色显示出来。打开文件资源管理器,如图4.16所示,选择"查看"→"选项"命令弹出"文件夹选项"对话框,选择"查看"选项卡,勾选"用彩色显示压缩或加密的 NTFS 文件"复选框,如图4.17所示。

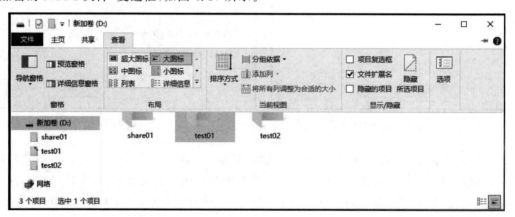

图4.16 文件资源管理器

(4) 可以针对整个磁盘进行压缩。右击磁盘(如 D:),在弹出的快捷菜单中选择"属性"选项,弹出"新加卷(D:)属性"对话框,勾选"压缩此驱动器以节约磁盘空间"复选框,如图4.18所示。

2. 压缩(zipped)文件夹

无论是 FAT16、FAT32、NTFS 或是复原文件系统(Resilient File System,ReFS)磁盘内都可以建立压缩(zipped)文件夹。在利用文件资源管理器建立压缩(zipped)文件夹后,被复制到此文件夹的文件都会被自动压缩。可以在不需要自行解压缩的情况下,直接读取压缩(zipped)文件夹内的文件,甚至可以直接执行其中的程序。压缩(zipped)文件夹名的扩展名为.zip,它可以被 WinZip、WinRAR 等文件压缩工具程序解压缩。

(1) 打开文件资源管理器,以 D:\test02 文件夹为例,右击 test02 文件夹,在弹出的快捷菜单中,选择"发送到"→"压缩(zipped)文件夹"选项,如图4.19所示。

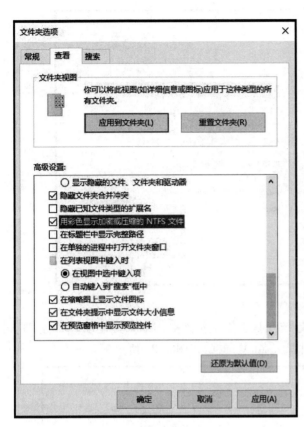

图 4.17 "文件夹选项"对话框

图 4.18 "新加卷(D:)属性"对话框

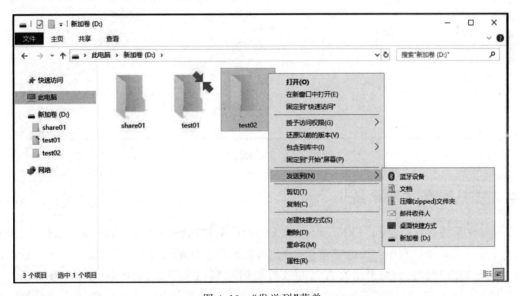

图 4.19 "发送到"菜单

(2) 也可以在界面右侧空白处右击,在弹出的快捷菜单中,选择"新建"→"压缩(zipped)文件夹"选项,如图 4.20 所示,输入压缩文件名称 test02.zip。

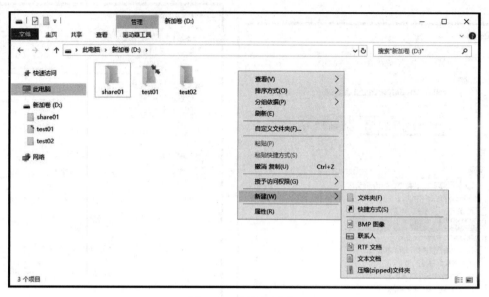

图 4.20 "新建"菜单

（3）压缩（zipped）文件夹的扩展名为.zip，系统默认会隐藏扩展名。如果要显示扩展名，打开文件资源管理器，选择"查看"选项卡，勾选"文件扩展名"复选框，如图 4.21 所示。

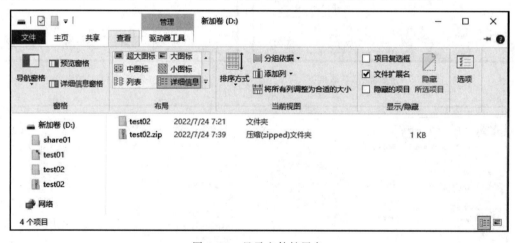

图 4.21 显示文件扩展名

4.3.2 加密文件系统

加密文件系统（Encrypting File System，EFS）提供文件加密的功能，文件经过加密后，只有将其加密的用户或被授权的用户才能够读取，因此可以增加文件的安全性。只有 NTFS 磁盘内的文件、文件夹才可以被加密。如果将文件复制或剪切到非 NTFS 磁盘，则此新文件会被解密。文件压缩与加密无法并存，要加密已经压缩的文件，则该文件会自动被解压缩，要压缩已经加密的文件，则该文件会自动被解密。

对文件和文件夹进行加密时，右击该文件和文件夹，在弹出的快捷菜单中，选择"属性"→"高级"按钮，在弹出的"高级属性"对话框中，勾选"加密内容以便保护数据"复选框，如图 4.22 所示；单击

"确定"按钮,返回"属性"对话框,单击"应用"按钮,弹出"确认属性更改"对话框,选中"将更改应用于此文件夹、子文件夹和文件"单选按钮,如图 4.23 所示。

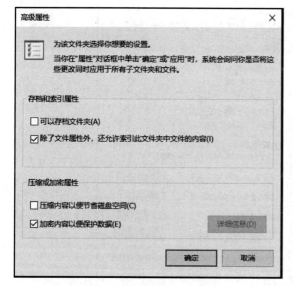
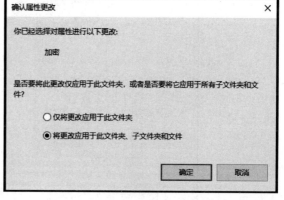

图 4.22　"高级属性"对话框　　　　　　图 4.23　"确认属性更改"对话框

当用户或应用程序需要读取加密文件时,系统会将文件由磁盘内读出、自动将解密后的内容提供给用户或应用程序,然而存储在磁盘内的文件仍然是处于加密状态的;而将数据写入文件时,它们也会被自动加密后再写入磁盘内的文件中。

如果将一个未加密文件复制或剪切到加密文件夹,该文件会被自动加密。当将一个加密文件复制或剪切到非加密文件夹时,该文件仍然会保持其加密的状态。

利用 EFS 加密的文件,只有存储在硬盘内才可以加密;在通过网络传输的过程中是没有加密的。如果希望通过网络传输文件时仍然保持其加密的安全状态,可以通过 IPSec 等方式进行加密。

4.3.3　磁盘基本管理

在安装 Windows Server 2019 操作系统时,硬盘将自动初始化为基本磁盘。基本磁盘的管理任务包括磁盘分区的建立、删除、查看以及分区的挂载和磁盘碎片整理等。

1. 添加新硬盘

练习硬盘分区操作。为了操作方便,使用在虚拟机中添加一块新的硬盘进行演示。由于 SCSI 接口的硬盘支持热插拔,因此可以在虚拟机开机的状态下直接添加硬盘。

(1) 启动虚拟机,选择要添加硬盘的操作系统(Windows Server 2019),右击弹出快捷菜单,选择"设置"选项,如图 4.24 所示;弹出"虚拟机设置"对话框,如图 4.25 所示。

(2) 在"虚拟机设置"对话框中,单击"添加"按钮,弹

图 4.24　选择虚拟机设置选项

图 4.25 "虚拟机设置"对话框

出"硬件类型"对话框,如图 4.26 所示;选择"硬盘"选项,弹出"选择磁盘类型"对话框,如图 4.27 所示。

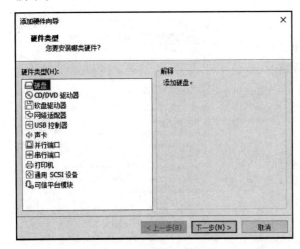

图 4.26 "硬件类型"对话框

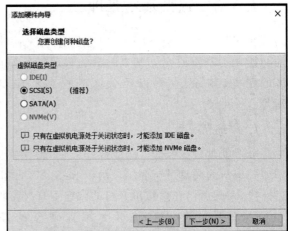

图 4.27 "选择磁盘类型"对话框

（3）在"选择磁盘类型"对话框中,选中"SCSI(S)（推荐）"单选按钮,弹出"选择磁盘"对话框,如图4.28所示;在"磁盘"区域,选中"创建新虚拟机磁盘"单选按钮,单击"下一步"按钮,弹出"指定磁盘容量"对话框,如图4.29所示。

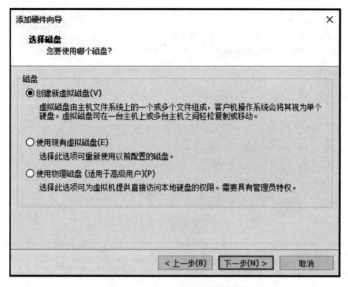

图4.28 "选择磁盘"对话框

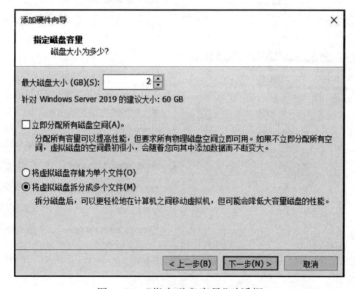

图4.29 "指定磁盘容量"对话框

(4) 在"指定磁盘容量"对话框中,设置最大磁盘大小,单击"下一步"按钮,弹出"指定磁盘文件"对话框,如图4.30所示;单击"完成"按钮,返回"虚拟机设置"对话框,以相同的方法添加其他磁盘,这里不再赘述,如图4.31所示。

2. 使用磁盘管理工具

Windows Server 2019提供了一个界面非常友好的磁盘管理工具。使用该工具可以很轻松地完成各种基本磁盘和动态磁盘的配置和管理维护工作。

(1) 以管理员的身份登录Windows Server 2019操作系统,打开"服务器管理器"窗口,选择

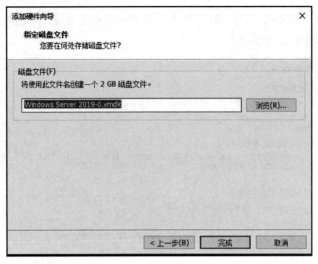

图 4.30 "指定磁盘文件"对话框

图 4.31 添加新硬盘完成对话框

"工具"→"计算机管理"选项,弹出"计算机管理"窗口,选择"磁盘管理"选项,可以进行磁盘相关操作管理。

（2）以管理员的身份登录 Windows Server 2019 操作系统,使用 Win＋R 组合键,弹出"运行"窗口,输入 diskmgmt.msc 命令,弹出磁盘管理窗口,如图 4.32 所示;选择刚刚添加的新磁盘,右击,在弹出的快捷菜单中选择"联机"选项,如图 4.33 所示。

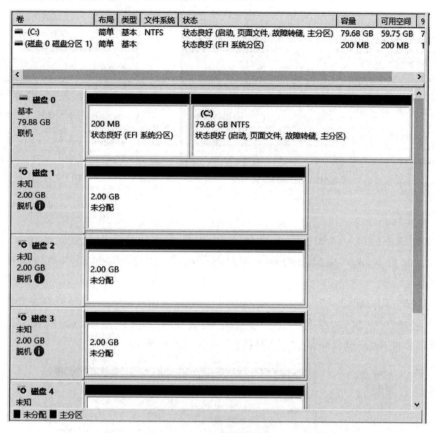

图 4.32　磁盘管理窗口

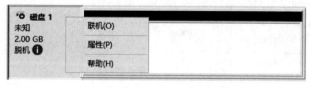

图 4.33　"联机"选项

（3）联机完成后,再右击该磁盘,在弹出的快捷菜单中选择"初始化磁盘"选项,弹出"初始化磁盘"对话框,选中"GPT(GUID 分区表)"单选按钮,单击"确定"按钮,完成磁盘初始化工作,如图 4.34 所示。

（4）由于 GPT 磁盘可以有多达 128 个主磁盘分区,因此不需要扩展磁盘分区。将 GPT 磁盘转换为 MBR 磁盘是创建扩展磁盘分区的前提。在磁盘 5 上右击,在弹出的快捷菜单中选择"转换成 MBR 磁盘"选项,可以将 GPT 磁盘转换成 MBR 磁盘,如图 4.35 所示。

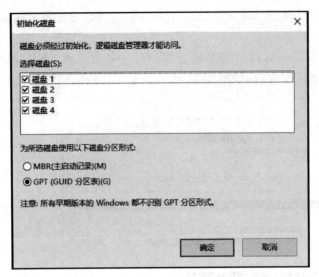

图 4.34 "初始化磁盘"对话框　　　　　图 4.35　将 GPT 磁盘转换成 MBR 磁盘

3. 新建基本卷

在磁盘上创建主磁盘分区和扩展磁盘分区，并在扩展磁盘分区中创建逻辑分区，应该如何操作呢？对于 MBR 磁盘，基本磁盘上的分区和逻辑驱动器称为基本卷，基本卷只能在基本磁盘上创建。

（1）创建主磁盘分区。

① 打开"磁盘管理"窗口，在右侧窗格中右击"磁盘 5"的未分配空间，选择"新建简单卷"选项，如图 4.36 所示；打开"新建简单卷向导"对话框，如图 4.37 所示。

图 4.36 "新建简单卷"选项

② 在"新建简单卷向导"对话框中，单击"下一步"按钮，弹出"指定卷大小"对话框，输入简单卷大小，如图 4.38 所示；单击"下一步"按钮，弹出"分配驱动器号和路径"对话框，如图 4.39 所示。

③ 在"分配驱动器号和路径"对话框中，选中"分配以下驱动器号"单选按钮，单击"下一步"按钮，弹出"格式化分区"对话框，如图 4.40 所示；选中"按下列设置格式化这个卷"单选按钮，单击"下一步"按钮，弹出"正在完成新建简单卷向导"对话框，如图 4.41 所示

④ 在"正在完成新建简单卷向导"对话框中，单击"完成"按钮，完成创建主磁盘分区，可以重复以上步骤创建其他主磁盘分区，这里不再赘述。

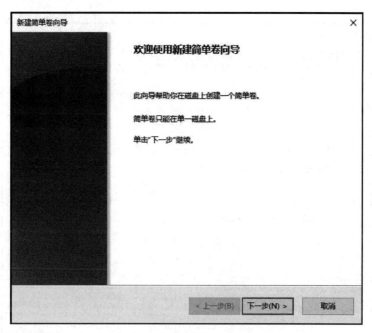

图 4.37 "新建简单卷向导"对话框

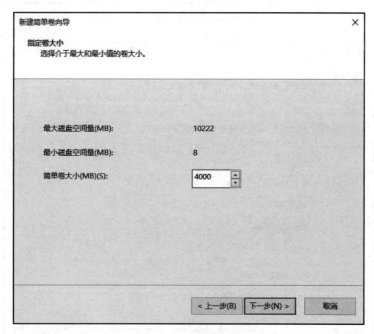

图 4.38 "指定卷大小"对话框

（2）创建扩展磁盘分区。

Windows Server 2019 的磁盘管理不能直接创建扩展磁盘分区，必须先创建 3 个主磁盘区才能创建扩展磁盘分区。

（3）继续在磁盘 5 再创建两个主磁盘分区，完成 3 个主磁盘分区创建。

（4）创建扩展磁盘分区的过程与创建主磁盘分区相似，这里不再赘述。不同的是，当创建完成，显示"状态良好"的分区信息后，系统会自动将刚才这个分区设置为扩展磁盘分区的一个逻辑

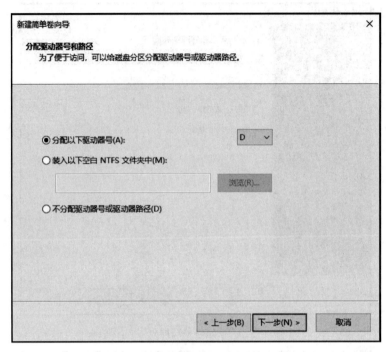

图 4.39 "分配驱动器号和路径"对话框

图 4.40 "格式化分区"对话框

驱动器,创建两个逻辑驱动器(G:、H:),如图 4.42 所示。

4. 指定活动的磁盘分区

在安装 Windows Server 2019 操作系统时,安装程序会自动建立两个磁盘分区,用于系统的保

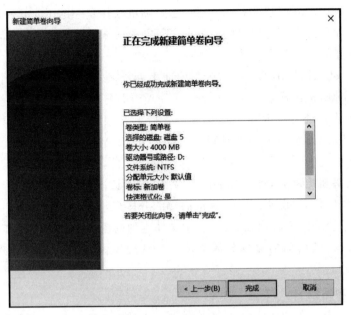

图 4.41 "正在完成新建简单卷向导"对话框

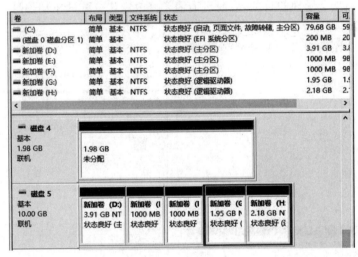

图 4.42 创建逻辑驱动器(G:、H:)

留分区,即原始设备制造商(Original Equipment Manufacturer,OEM)分区和可扩展固件接口
(Extensible Firmware Interface,EFI)分区。第2个分区(即 C:盘)用来安装 Windows Server 2019
操作系统,安装程序会将启动文件放置到系统保留分区内,并将它设置为"活动",此磁盘分区扮演
系统分区的角色,如图 4.43 所示。只有主磁盘分区可以被设置为活动分区,扩展磁盘分区内的逻
辑驱动器无法被设置为活动分区。

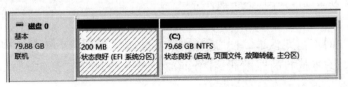

图 4.43 磁盘 0 的启动分区、系统分区和活动分区

- OEM 分区通常是品牌机厂商预装系统/出厂随机软件及一键还原软件的存放分区。OEM 分区内的文件是为了防止用户更新版本之后出现意外错误无法修复时,需要恢复旧版本操作系统所需要的系统备份文件。
- EFI 是由 Intel 公司推出的一种在未来的计算机系统中替代 BIOS 的升级方案。EFI 系统分区(EFI System Partition,ESP)是一个 FAT16 或 FAT32 格式的物理分区,该分区在 Windows 操作系统下一般是不可见的。支持 EFI 模式的计算机需要从 ESP 启动系统, EFI 固件可从 ESP 加载 EFI 启动程序或者应用,ESP 是系统引导分区。

以 X86/X64 计算机来说,系统分区内存储着启动文件,如启动管理器(Bootmgr)等。使用 BIOS 模式工作的计算机启动时,计算机主板上的 BIOS 会读取磁盘内的 MBR;然后由 MBR 去读取系统分区的启动程序代码,位于系统分区最前端的分区启动扇区(Partition Boot Sector);再由此程序代码去读取系统分区内的启动文件,启动文件再到启动分区内加载操作系统文件并启动操作系统。因为 MBR 是到活动的磁盘分区去读取启动程序代码的,所以必须将系统分区设置为活动。

5. 更改驱动器和路径

Windows Server 2019 操作系统默认为每个分区分配一个驱动器号后,该分区就成为一个逻辑上的独立驱动器。出于管理的目的,有时可能需要修改默认分配的驱动器号。

(1) 更改驱动器号。

① 更改 CD-ROM 光盘(D:)驱动器号,如图 4.44 所示;右击,在弹出的快捷菜单中选择"更改驱动器号和路径"选项,弹出"更改 D:0 的驱动器号和路径"对话框,如图 4.45 所示。

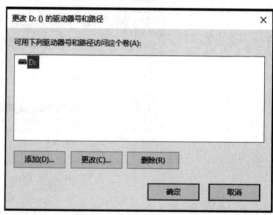

图 4.44　CD-ROM 光盘(D:) 　　　　图 4.45　"更改 D:0 的驱动器号和路径"对话框

② 在"更改 D:0 的驱动器号和路径"对话框中,单击"更改"按钮,弹出"为 D:0 输入新的驱动器号或路径"对话框,在"分配以下驱动器号"选择 R,如图 4.46 所示;单击"确定"按钮,将光盘驱动器号由 D:盘更改为 R:盘,如图 4.47 所示。

(2) 更改磁盘路径。

当某个分区的空间不足并且难以扩展空间时,可以通过挂载一个新分区到该分区某个文件夹的方法达到扩展磁盘容量的目的。因此,挂载的驱动器会使数据更容易访问,并增加了基于工作环境和系统使用情况管理数据存储的灵活性。

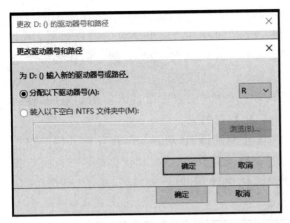

图 4.46 "为 D：0 输入新的驱动器号或路径"对话框

图 4.47 CD-ROM 光盘(R：)

当 C 盘上的空间较小时,可将程序文件移动到其他大容量驱动器上,如 G 盘,并将它作为 C：\myfile 挂载。这样所有保存在 C：\myfile 文件夹下的文件事实上都保存在 G 盘分区上。

① 在"磁盘管理"窗口中,右击目标驱动器 G 盘,在弹出的快捷菜单中,选择"更改驱动器号和路径"选项,弹出"更改 G：(新加卷)的驱动器号和路径"对话框,如图 4.48 所示;单击"添加"按钮,弹出"添加驱动器号或路径"对话框,在"装入以下空白 NTFS 文件夹中"单选按钮区域,输入 C：\myfile 路径,如图 4.49 所示。

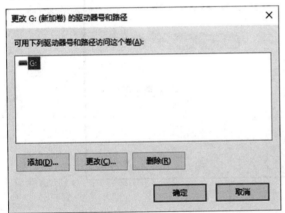

图 4.48 "更改 G：(新加卷)的驱动器号和路径"对话框

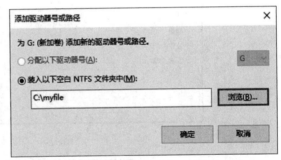

图 4.49 "添加驱动器号或路径"对话框

② 在"添加驱动器号或路径"对话框中,单击"确定"按钮,返回"磁盘管理"对话框;在 C：\myfile 文件夹下新建文件,然后查看 G 盘中的信息,会发现文件实际存储在 G 盘上。

4.3.4 碎片整理和优化驱动器

在 Windows 的逻辑卷中,文件并不总是保存在磁盘连续的簇中,而是被分散保存在不同的位置。当应用程序所需的物理内存不足时,Windows 会在磁盘中生成交换文件(通常为 pagefile.sys),将该文件所占用的磁盘空间虚拟成内存,即虚拟内存。由于需要在物理内存和虚拟内存中频繁进行数据交换,故 Windows 虚拟内存管理程序会对磁盘频繁地读写,从而产生大量的碎片,这是产生磁盘碎片的一个主要原因。产生磁盘碎片的另一主要原因是系统或应用程序频繁生成的临时文件。

例如，浏览器在浏览网页时，由于需要不断地进行缓存，会产生大量的磁盘碎片；磁盘使用的时间长了，文件的存放位置就会变得支离破碎。这些"碎片文件"的存在会降低磁盘的工作效率，还会增加数据丢失和数据损坏的可能性。碎片整理程序把这些碎片收集在一起，并把它们作为一个连续的整体存放在磁盘上。

碎片整理和优化驱动程序可以重新安排计算机磁盘上的文件、程序以及未使用的空间，使得程序运行得更快、文件打开得更快，磁盘碎片整理并不影响数据的完整性。

打开"服务器管理器"，选择"工具"→"碎片整理和优化驱动器"选项，打开"优化驱动器"窗口，如图 4.50 所示；可以对驱动器进行分析和优化，单击"更改设置"按钮，弹出"优化计划"对话框，如图 4.51 所示。在"优化计划"对话框中，可根据需要设置优化计划，设置完成后，单击"确定"按钮即可。

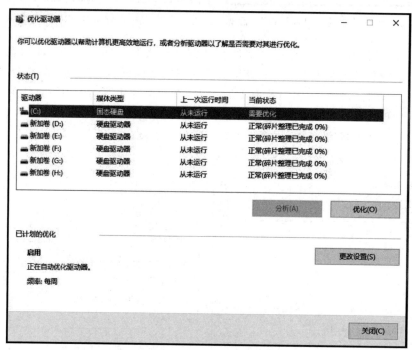

图 4.50 "优化驱动器"窗口

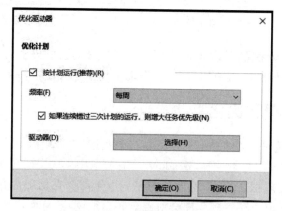

图 4.51 "优化计划"对话框

4.3.5　磁盘配额管理

磁盘配额是计算机中指定磁盘的存储限制,即管理员可以对用户所能使用的磁盘空间进行配额限制,每个用户只能使用其最大配额范围内的磁盘空间。磁盘配额可以限制指定账户能够使用的磁盘空间,这样可以避免因某个用户过度使用磁盘空间造成其他用户无法正常工作甚至影响系统运行。在服务器管理中此功能非常重要。

1. 磁盘配额基础知识

在 Windows Server 2019 操作系统中,NTFS 卷的磁盘配额跟踪以及控制磁盘空间的使用,系统管理员可将 Windows 配置如下。

(1) 当用户超过了指定的磁盘空间限制(也就是允许用户使用的最大磁盘空间量)时,防止进一步使用磁盘空间并记录事件。

(2) 当用户超过了指定的磁盘空间警告级别(也就是用户接近其配额限制的点)时记录事件。

启动磁盘配额时,可以设置两个值:磁盘配额限制和磁盘配额警告级别。例如,可以把用户的磁盘配额限制设为 500MB,并把磁盘配额警告级别设为 450MB。在这种情况下,用户可在卷上存储不超过 500MB 的文件。如果用户在卷上存储的文件超过 450MB,则可把磁盘配额系统配置成记录系统事件,只有 Administrators 组的成员才能管理卷上的配额。

可以指定用户能超过其配额限制。如果不想拒绝用户对卷的访问但想跟踪每个用户的磁盘空间使用情况,启用配额而且不限制磁盘空间的使用是非常有用的。也可指定不管用户超过配额警告级别还是超过配额限制时是否要记录事件。

启用卷的磁盘配额时,系统从那个值起自动跟踪新用户卷使用。

只要用 NTFS 文件系统将卷格式化,就可以在本地卷、网络卷以及可移动驱动器上启动配额。另外,网络卷必须从卷的根目录中得到共享,可移动驱动器也必须是共享的。Windows 安装将自动升级使用 Windows NT 中的 NTFS 版本格式化的卷。

由于按未压缩时的大小来跟踪压缩文件,因此不能使用文件压缩防止用户超过其配额限制。例如,如果 500MB 的文件在压缩后为 400MB,Windows 将按照最初 500MB 的文件大小计算配额限制;相反,Windows 将跟踪压缩文件夹的使用情况,并根据压缩的大小来计算配额限制。例如,如果 500MB 的文件夹在压缩后为 300MB,那么 Windows 只将配额限制计算为 300MB。

2. 设置磁盘配额

以管理员的身份登录 Windows Server 2019 操作系统,打开"资源管理器"窗口。

(1) 右击 D:盘,在弹出快捷菜单中,选择"属性"选项,弹出"新加卷(D:)属性"对话框,选择"配额"选项卡,勾选"启用配额管理"复选框;在"为该卷上的新用户选择默认配额限制:"区域,选中"将磁盘空间限制为"单选按钮;在"选择该卷的配额记录选项"区域,勾选"用户超出配额限制时记录事件(G)"和"用户超过警告等级时记录事件"复选框,如图 4.52 所示;单击"配额项"按钮,弹出"(D:)的配额项"窗口,如图 4.53 所示。

(2) 在"(D:)的配额项"窗口中,选择菜单"配额"→"新建配额项"选项,弹出"选择用户"对话框,如图 4.54 所示;单击"高级"→"立即查找"按钮,即可在"搜索结果"列表框中选择要添加用户,单击"确定"按钮,弹出"添加新配额项"对话框,如图 4.55 所示;设置当前用户磁盘配额限制,单击"确定"按钮,返回"(D:)的配额项"窗口,如图 4.56 所示。

图 4.52　"新加卷(D:)属性"对话框

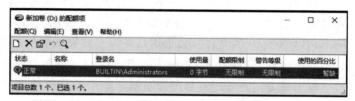

图 4.53　"(D:)的配额项"窗口

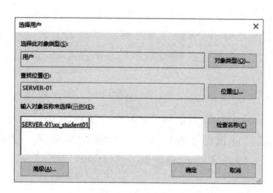

图 4.54　"选择用户"对话框

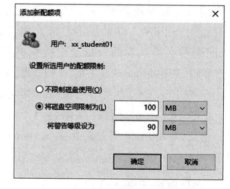

图 4.55　"添加新配额项"对话框

图 4.56　新添加用户配额项列表窗口

4.3.6　动态磁盘卷管理

在 Windows Server 2019 操作系统的动态磁盘上建立卷,与在基本磁盘上建立分区卷的操作类似。

1. 创建 RAID-5 卷

（1）以管理员的身份登录 Windows Server 2019 操作系统,使用 Win＋R 组合键,弹出"运行"窗口,输入 diskmgmt. msc 命令,弹出"磁盘管理"窗口,右击"磁盘 1",在弹出的快捷菜单(如图 4.57 所示)中选择"转换到动态磁盘"选项,弹出"转换为动态磁盘"对话框,勾选磁盘 0～3 复选框,将这 4 个磁盘转换为动态磁盘,如图 4.58 所示。

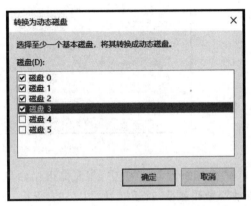

图 4.57　"磁盘 1"的右键快捷菜单　　　　图 4.58　"转换为动态磁盘"对话框

（2）在磁盘 0 的未分配空间上右击,在弹出的快捷菜单中,选择"新建 RAID-5 卷"选项,弹出"新建 RAID-5 卷"对话框,如图 4.59 所示;单击"下一步"按钮,弹出"选择磁盘"对话框,如图 4.60 所示。

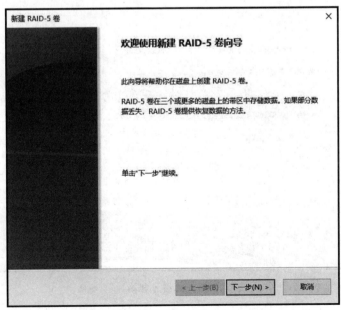

图 4.59　"新建 RAID-5 卷"对话框

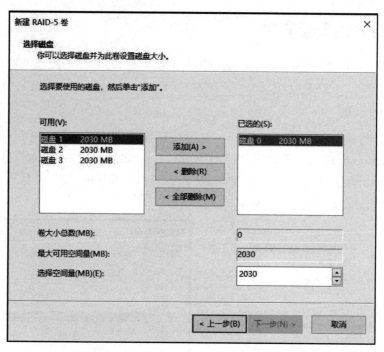

图 4.60 "选择磁盘"对话框

（3）在"选择磁盘"对话框中，将左侧可用磁盘 1~3 添加至右侧区域，单击"下一步"按钮，弹出"分配驱动器号和路径"对话框，如图 4.61 所示；选中"分配以下驱动器号"单选按钮，这里选择 I 盘，单击"下一步"按钮，弹出"卷区格式化"对话框，如图 4.62 所示。

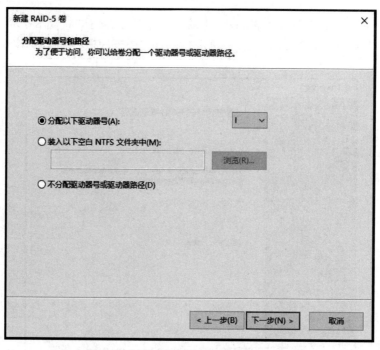

图 4.61 "分配驱动器号和路径"对话框

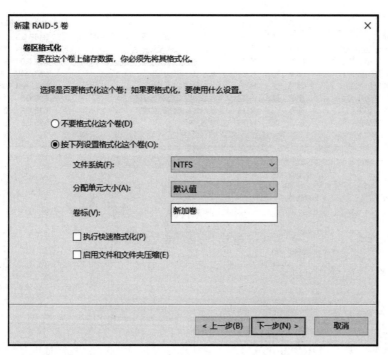

图 4.62 "卷区格式化"对话框

（4）在"卷区格式化"对话框中，选中"按下列设置格式化这个卷"单选按钮，勾选"执行快速格式化"复选框，单击"下一步"按钮，弹出"正在完成新建 RAID-5 卷向导"对话框，如图 4.63 所示；单击"完成"按钮，返回磁盘管理窗口，如图 4.64 所示。

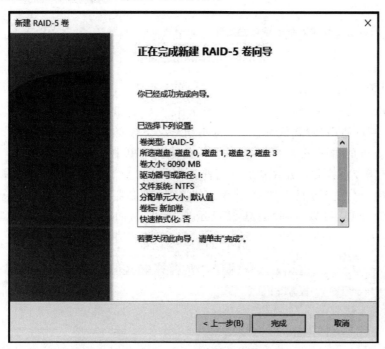

图 4.63 "正在完成新建 RAID-5 卷向导"对话框

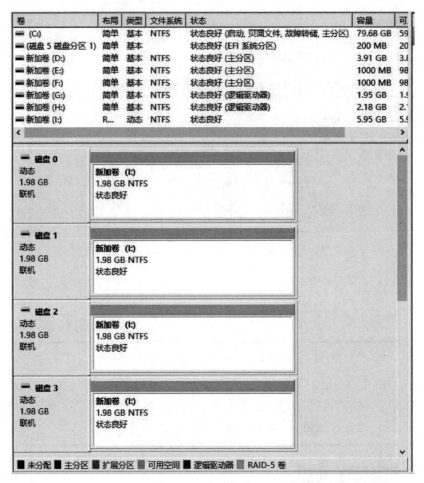

图 4.64　磁盘管理窗口

2. 维护 RAID-5 卷

在 Windows Server 2019 操作系统上建立 RAID-5 卷（I 盘），使用磁盘 0～3，在 I 盘新建一个文件夹 test01，供测试使用（磁盘驱动器号根据不同情况会有变化）。

对于 RAID-5 卷的错误，先右击该卷，在弹出的快捷菜单中选择"重新激活卷"选项进行修复。如果修复失败，则需要更换磁盘并在新磁盘上重建 RAID-5 卷。RAID-5 卷的故障恢复过程如下。

（1）构建故障。在虚拟机的设置中，将第 3 块 SCSI 控制器上的硬盘删除并单击"确定"按钮。这时返回磁盘管理窗口，可以看到"磁盘 2"显示为"丢失"，如图 4.65 所示，I 盘显示为"失败的重复"。

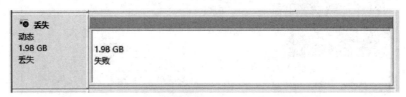

图 4.65　磁盘丢失窗口

（2）在磁盘管理窗口中，右击将要修复的 RAID-5 卷，在弹出的快捷菜单中选择"重新激活卷"选项，如图 4.66 所示。由于成员磁盘失效，所以会弹出"缺少成员"提示信息，如图 4.67 所示。

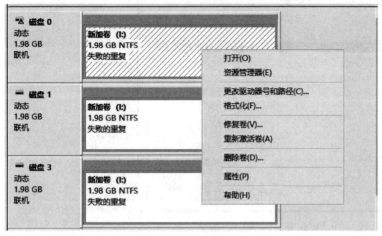

图 4.66　"重新激活卷"选项　　　　　　　　图 4.67　"缺少成员"提示信息

（3）在虚拟机的设置中，新添加一块磁盘，并将其转换为动态磁盘，这时再次右击要修复的 RAID-5 卷，在弹出的快捷菜单中选择"修复卷"选项，如图 4.68 所示；弹出"修复 RAID-5 卷"对话框，如图 4.69 所示。

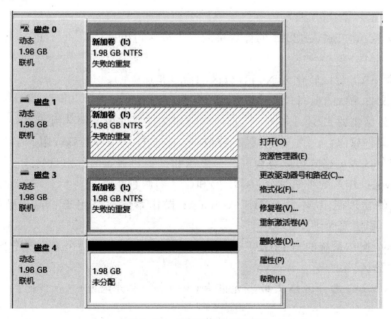

图 4.68　选择"修复卷"选项

（4）在"修复 RAID-5 卷"对话框中，单击"确定"按钮，返回磁盘管理窗口，可以看到 RAID-5 卷在新磁盘上重新建立，并进行数据的同步操作。同步完成后，RAID-5 卷的故障被成功修复，可以看到 I 盘上面的文件夹 test01 仍然存在。

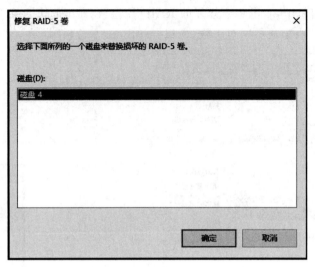

图 4.69 "修复 RAID-5 卷"对话框

课后习题

1. 填空题

(1) 运行 Windows Server 2019 的计算机的磁盘分区可以使用(　　)、(　　)和(　　)3 种类型的文件系统。

(2) 将 D:盘 FAT 分区转化为 NTFS 分区的命令是(　　)。

(3) NTFS 文件系统所具备的 3 个功能是(　　)、(　　)和(　　)。

(4) NTFS 分区主要由(　　)、(　　)、(　　)和文件属性域 4 部分组成。

(5) NTFS 文件权限:(　　)、(　　)、修改、(　　)、(　　)和特殊权限。

(6) 磁盘按分区表的格式可以分为(　　)磁盘和(　　)磁盘两种磁盘格式。

(7) Windows 操作系统将磁盘分为(　　)和(　　)两种类型。

(8) 新购置的物理磁盘,不管是用于 Windows 操作系统还是用于 Linux 操作系统,都要进行(　　)、(　　)和挂载操作。

(9) Windows 操作系统的一个 GPT 磁盘内最多可以建立(　　)个主磁盘分区,因此 GPT 磁盘不需要(　　)分区。

(10) 使用 MBR 磁盘分区格式最多允许有(　　)个主分区或(　　)个主分区和一个扩展分区。

(11) 动态磁盘可以创建 5 种类型的卷:(　　)、(　　)、带区卷、镜像卷和(　　)。

(12) Windows Server 2019 操作系统支持 NTFS 压缩和(　　)两种不同的压缩方法。

(13) 在 Windows Server 2019 操作系统中,使用 Win＋R 组合键,弹出"运行"对话框,输入(　　)命令,弹出"磁盘管理"窗口。

(14) 当在 NTFS 分区卷上为共享文件夹授予权限时,在 NTFS 分区卷必须要求 NTFS 权限。默认 Everyone 组具有(　　)权限。

2．简答题

（1）简述 FAT 文件系统。

（2）简述 NTFS 文件系统。

（3）简述 NTFS 文件系统的功能。

（4）简述 NTFS 文件系统的特点。

（5）简述 NTFS 分区的主要组成部分。

（6）简述 FAT 与 NTFS 文件系统对比。

（7）简述 MBR 磁盘与 GPT 磁盘。

（8）简述动态磁盘类型。

（9）简述 RAID 磁盘管理技术。

第5章

DNS服务器配置管理

学习目标

- 了解 DNS 简介以及域名空间结构。
- 掌握 DNS 的工作原理。
- 掌握 DNS 服务器的类型。
- 掌握 DNS 服务器的安装。
- 掌握部署主 DNS 服务器、部署辅助 DNS 服务器、部署存根 DNS 服务器、部署委派 DNS 服务器等相关操作方法。

5.1 DNS 基础知识

域名系统(Domain Name System,DNS)是进行域名和与之相对应的 IP 地址转换的服务器。DNS 中保存了一张域名和与之相对应的 IP 地址的表,以解析消息的域名。域名是 Internet 中某一台计算机或计算机组的名称,用于在数据传输时标识计算机的电子方位(有时也指地理位置)。域名是由一串用点分隔的名称组成的,通常包含组织名,且始终包括两到三个字母的后缀,以指明组织的类型或该域名所在的国家或地区。

5.1.1 DNS 简介

V5-1

DNS 的核心思想是分级,是一种分布式的、分层次型的、客户端/服务器模式的数据库管理系统。它主要用于将主机名和电子邮件地址映射成 IP 地址。一般来说,每个组织都有自己的 DNS 服务器,并维护域名映射数据库记录或资源记录。每个登记的域都将自己的数据库列表提供给整个网络复制。

IP 地址是主机的身份标识,对于人类来说,记住大量的诸如 202.199.184.189 的 IP 地址太难了；相对而言，主机名一般具有一定的含义，比较容易记忆。因此，如果计算机能够提供某种工具，使人们可以方便地根据主机名获得 IP 地址，那么这个工具将备受青睐。在网络发展的早期，一种简单的实现方法就是把域名和 IP 地址的对应关系保存在一个文件中，计算机利用这个文件进行域名解析。例如，在 Linux 操作系统中，这个文件就是/etc/hosts，其内容如下。

```
[root@localhost ~]# cat /etc/hosts
127.0.0.1 localhost localhost.localdomain localhost4 localhost4.localdomain4
::1        localhost localhost.localdomain localhost6 localhost6.localdomain6
[root@localhost ~]#
```

这种方式实现起来很简单，但是它有一个非常大的缺点，即内容更新不灵活。每台主机都要配置这样的文件，并及时更新内容，否则就得不到最新域名信息。因此，它只适用于一些规模小的网络。随着网络规模的不断扩大，用单一文件实现域名解析的方法显然不再适用，取而代之的是基于分布式数据库的 DNS。DNS 将域名解析的功能分散到不同层级的 DNS 服务器中，这些 DNS 服务器协同工作，提供可靠、灵活的域名解析服务。

这里以日常生活中的常见例子进行介绍：公路上的汽车都有唯一的车牌号，如果有人说自己的车牌号是 80H80，那么我们无法知道这个号码属于哪个城市，因为不同的城市都可以分配这个号码。现在假设这个号码来自辽宁省沈阳市，而沈阳市在辽宁省的城市代码是 A，现在把城市代码和车牌号码组合在一起，即 A80H80，是不是就可以确定这个车牌号码的属地了呢？答案还是否定的，因为其他的省份也有代码是 A 的城市，需要把辽宁省的简称"辽"加入进去，即"辽 A80H80"，这样才能确定车牌的属地。

在这个例子中，辽宁省代表一个地址区域，定义了一个命名空间，这个命名空间的名称是"辽"。辽宁省的各个城市也有自己的命名空间，如"辽 A"表示沈阳市，"辽 B"表示大连市，在各个城市的命名空间中才能给汽车分配车牌号码。在 DNS 中，域名空间就是"辽"或"辽 A"这样的命名空间，而主机名就是实际的车牌号码。

与车牌号的命名空间一样，DNS 的域名空间也是分级的。在 DNS 域名空间中，最上面一层被称为"根域"，用"."表示。从根域开始向下依次划分为顶级域、二级域等各级子域，最下面一级是主机。子域和主机的名称分别称为域名和主机名，域名又有相对域名和绝对域名之分，就像 Linux 文件系统中的相对路径和绝对路径一样，如果从下向上将主机名及各级子域的所有绝对域名组合在一起，用"."分隔，就构成了主机的完全限定域名（Fully Qualified Domain Name，FQDN）。例如，辽宁省交通高等专科学校的 Web 服务器的主机名为 www，域名为 lncc.edu.cn，那么其 FQDN 就是 www.lncc.edu.cn，通过 FQDN 可以唯一地确定互联网中的一台主机。

5.1.2 域名空间结构

V5-2

DNS 服务器提供了域名解析服务，那么是不是所有的域名都可以交给一台 DNS 服务器来解析呢？这显然是不现实的，因为互联网中有不计其数的域名，且域名的数量还在不断增长。一种可行的方法是把域名空间划分成若干区域进行独立管理。区域是连续的域名空间，每个区域都由特定的 DNS 服务器来管理。一台 DNS 服务器可以管理多个区域，每个区域都在单独的区域文件中保存域名解析数据。

1. 根域和顶级域

在 DNS 域名空间结构中，根域位于最顶层，提供根域名服务，管理根域的 DNS 服务器称为根

域服务器。在 Internet 中,根域是默认的,一般不需要表示出来。顶级域位于根域的下一层,常见的顶级域有商业机构.com、教育/学术研究单位.edu、财团法人等非营利机构.org、官方政府单位.gov、网络服务机构.net、专业人士网络.pro,以及代表国家和地区的中国.cn、美国.us、日本.jp等。顶级域服务器负责管理顶级域名的解析,在顶级域服务器下面还有二级域服务器等。假如现在把解析 www.lncc.edu.cn 的任务交给根域服务器,根域服务器并不会直接返回这个主机名的 IP 地址,因为根域服务器只知道各个顶级域服务器的地址,并把解析.cn 顶级域名的权限"授权"给其中一台顶级域服务器(假设是服务器 A)。如果根域服务器收到的请求中包括.cn 顶级服务器的地址,则这个过程会一直继续下去,直到最后有一台负责处理.lncc.edu.cn 的服务器直接返回www.lncc.edu.cn 的 IP 地址。在这个过程中,DNS 把域名的解析权限层层向下授权给下一级 DNS 服务器,这种基于授权的域名解析就是 DNS 的分级管理机制,又称区域委派。

全球共有 13 台根域名服务器,这 13 台根域名服务器中的名称分别为 A～M,10 台放置在美国,另外 3 台分别放置在英国、瑞典和日本。其中,1 台为主根服务器,放置在美国;其余 12 台均为辅根服务器,9 台放置在美国,2 台放置在英国和瑞典,1 台放置在日本。所有根域名服务器均由美国政府授权的互联网域名与号码分配机构统一管理,负责全球互联网域名根服务器、域名体系和 IP 地址等的管理。这 13 台根域名服务器可以指挥类似 Firefox 或 Internet Explorer 等的 Web 浏览器和电子邮件程序控制互联网通信。

2. 子域

在 DNS 域名空间中,除了根域和顶级级域之外,其他域都称为子域。子域是有上级域的域,一个域可以有多个子域。子域是相对而言的,如 www.lncc.edu.cn 中,lncc.edu.cn 是 cn 的子域,lncc 是 edu.cn 的子域。

和根域相比,顶级域实际是处于第二层的域,但它们还是被称为顶级域。根域从技术的含义上是一个域,但常常不被当作一个域。根域只有几个根级成员,它们的存在只是为了支持域名树的存在。

第二层域(顶级域)是属于单位团体或地区的,用域名的最后一部分即域后缀分类。例如,域名 edu.cn 代表中国的教育系统。多数域后缀可以反映使用这个域名所代表的组织的性质,但并不总是很容易通过域名后缀来确定使用该域名所代表的组织或单位的性质。

3. 主机

在域名层次结构中,主机可以存在于根以下的各层上。由于域名树是层次型的,而不是平面型的。因此只要求主机名在每一连续的域名空间中是唯一的,而在相同层中可以有相同的名字。如 www.lncc.edu.cn、www.ryjiaoyu.com 都是有效的主机名。也就是说,即使这些主机有相同的名字 www,但都可以被正确地解析到唯一的主机,即只要主机是在不同的子域,就可以重名。

5.1.3 DNS 的工作原理

V5-3

DNS 域名的解析方法主要有两种:一种是通过 hosts 文件进行解析;另一种是通过 DNS 服务器进行解析。

1. hosts 文件

hosts 文件解析是 Internet 最初使用的一种查询方式。采用 hosts 文件进行解析时,必须由手工输入、删除、修改所有 DNS 名称与 IP 地址的对应数据,即把全世界所有的 DNS 名称写在一个文件中,并将该文件存储到解析服务中。客户端如果需要解析名称,就到解析服务器上查询 hosts 文件。全世界所有的解析服务器上的 hosts 文件都需要保持一致。当网络规模较小时,hosts 文件解析还是可以采用的。然而,当网络规模越来越大时,为保持网络里所有的服务器中的 hosts 文件的一致性,就需要进行大量的管理和维护工作。在大型网络中,这将是一项沉重的负担,此种方法显然是不适用的。

在 Windows Server 2019 操作系统中,hosts 文件位于％systemroot％system32\drivers\etc 目录中。本例中的 hosts 文件位于 C:\Windows\system32\drivers\etc 目录下。该文件是一个纯文本文件,如图 5.1 所示。

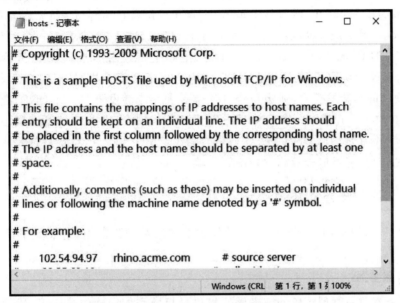

图 5.1　Windows Server 2019 中的 hosts 文件

2. DNS 服务器

DNS 服务器是目前 Internet 最常用也最便捷的域名解析方法。全世界有众多 DNS 服务器各司其职,协同工作,构成了一个分布式的 DNS 域名解析网络。例如,lncc. edu. cn 的 DNS 服务器只负责本域内数据的更新,而其他 DNS 服务器并不知道也无须知道 lncc. edu. cn 域中有哪些主机,但它们知道 lncc. edu. cn 的 DNS 服务器的位置;当需要解析 lncc. edu. cn 时,它们就会向 lncc. edu. cn 的 DNS 服务器请求帮助。采用这种分布式解析结构时,一台 DNS 服务器出现故障问题并不会影响整个体系,而数据的更新操作也只在其中的一台或几台 DNS 服务器上进行,使整体的解析效率大幅提高。

下面介绍 DNS 的查询过程。

(1) 当用户在浏览器地址栏中输入 www. 163. com 域名访问该网站时,操作系统会先检查自己本地 hosts 文件中是否有这个网址映射关系。如果有,则先调用这个 IP 地址映射,完成域名解析。

(2) 如果 hosts 文件中没有这个域名的映射,则查找本地 DNS 解析器缓存,查看其中是否有其网址映射关系。如果有,则直接返回,完成域名解析。

（3）如果 hosts 文件与本地 DNS 解析器缓存中都没有相应的网址映射关系,则查找 TCP/IP 参数中设置的首选 DNS 服务器。在此称其为本地 DNS 服务器。本地 DNS 服务器收到查询时,如果要查询的域名包含在本地配置区域资源中,则返回解析结果给客户端,完成域名解析。此解析具有权威性。

（4）如果要查询的域名未由本地 DNS 服务器区域解析,但该服务器已缓存了此网址映射关系,则调用这个 IP 地址映射,完成域名解析。此解析不具有权威性。

（5）如果本地 DNS 服务器本地区域文件与缓存解析都失效,则根据本地 DNS 服务器的设置（是否设置转发器）进行查询。如果未使用转发模式,则本地 DNS 服务器会把请求发至 13 台根 DNS 服务器。根 DNS 服务器收到请求后会判断这个域名（.com）是谁来授权管理的,并会返回一个负责该顶级域名服务器的 IP 地址。本地 DNS 服务器收到 IP 信息后,将会联系负责.com 域的服务器。负责.com 域的服务器收到请求后,如果自己无法解析,则会发送一个管理.com 域的下一级 DNS 服务器的 IP 地址（163.com）给本地 DNS 服务器。当本地 DNS 服务器收到这个地址后,就会查找 163.com 域服务器,重复上面的动作,进行查询,直至找到 www.163.com 主机。

（6）如果使用的是转发模式,则此 DNS 服务器会把请求转发至上一级 DNS 服务器,由上一级 DNS 服务器进行解析。如果上一级 DNS 服务器无法解析,则查找根 DNS 服务器或把请求转至上一级,以此循环。不管是本地 DNS 服务器使用的是转发还是根服务器,最后都要将结果返回给本地 DNS 服务器,由此 DNS 服务器再返回给客户端。

5.1.4 DNS 服务器的类型

V5-4

按照配置和功能的不同,DNS 服务器可分为不同的类型。常见的 DNS 服务器类型有以下 4 种。

1. 主 DNS 服务器

主 DNS 服务器对所管理区域的域名解析提供最权威和最精确的响应,是所管理区域域名信息的初始来源。搭建主 DNS 服务器需要准备全套的配置文件,包括主配置文件、正向解析区域文件、反向解析区域文件、高速缓存初始化文件和回送文件等。正向解析是指从域名到 IP 地址的解析,反向解析正好相反。

2. 辅助 DNS 服务器

辅助 DNS 服务器也称从 DNS 服务器,它从主 DNS 服务器中获得完整的域名信息备份,可以对外提供权威和精确的域名解析服务,可以减轻主 DNS 服务器的查询负载。辅助 DNS 服务器的域名信息和主 DNS 服务器完全相同,它是主 DNS 服务器的备份,提供的是冗余的域名解析服务。

3. 高速缓存 DNS 服务器

高速缓存 DNS 服务器将从其他 DNS 服务器处获得的域名信息保存在自己的高速缓存中,并利用这些信息为用户提供域名解析服务。高速缓存 DNS 服务器的信息具有时效性,过期之后便不再可用。高速缓存 DNS 服务器不是权威服务器。

4. 转发 DNS 服务器

转发 DNS 服务器在对外提供域名解析服务时,优先从本地缓存中进行查找。如果本地缓存没有匹配的数据,则会向其他 DNS 服务器转发域名解析请求,并将从其他 DNS 服务器中获得的结果保存在自己的缓存中。转发 DNS 服务器的特点是可以向其他 DNS 服务器转发自己无法完成的解析请求任务。

5.2 技能实践

配置 DNS 服务器的首要任务是建立 DNS 区域和域的树状结构。DNS 服务器以区域为单位来管理服务。区域是一个数据库,用来链接 DNS 名称和相关数据,如 IP 地址和网络服务,在 Internet 环境中一般用二级域名来命名,如 abc.com。DNS 区域分为两类:一类是正向搜索区域,即域名到 IP 地址的数据库,用于提供域名转换为 IP 地址的服务;另一类是反向搜索区域,即 IP 地址到域名的数据库,用于提供 IP 地址转换为域名的服务。

5.2.1 安装 DNS 服务器

在安装 Active Directory 域服务角色时,可以选择一起安装 DNS 服务器角色。如果没有安装,则可以在计算机上通过"服务器管理器"安装 DNS 服务器角色。

1. 安装 DNS 服务器角色

安装 DNS 服务器角色,具体步骤如下。

(1) 选择"服务器管理器"→"管理"→"添加角色和功能"选项,持续单击"下一步"按钮,直到出现"选择服务器角色"窗口时,勾选"DNS 服务器"复选框,弹出"添加角色和功能向导"对话框,如图 5.2 所示。

(2) 在"添加角色和功能向导"对话框中,单击"添加功能"按钮,返回"选择服务器角色"窗口,持续单击"下一步"按钮,最后单击"安装"按钮,开始安装 DNS 服务器。安装完毕后,单击"关闭"按钮,完成 DNS 服务器角色的安装。

2. DNS 服务的启动和停止

要启动或停止 DNS 服务,可以使用"DNS 管理器"控制台、"服务"控制台、net 命令 3 种方式,具体步骤如下。

V5-5

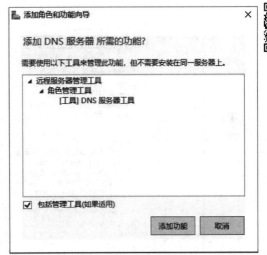

图 5.2 "添加角色和功能向导"对话框

(1) 使用"DNS 管理器"控制台。

选择"服务器管理器"→"工具"→DNS 选项,弹出"DNS 管理器"窗口,在左侧控制台树中右击服务器 SERVER-01 选项,在弹出的快捷菜单中选择"所有任务"→"启动"、"停止"、"暂停"、"恢复"或"重新启动"选项,即可启动或停止 DNS 服务,如图 5.3 所示。

(2) 使用"服务"控制台。

选择"服务器管理器"→"工具"→"服务"选项,弹出"服务"窗口,找到 DNS Server 服务,如图 5.4 所示;双击 DNS Server 服务,弹出"DNS Server 的属性(本地计算机)"对话框,在服务状态区域,单击"启动"或"停止"按钮,即可启动或停止 DNS 服务,如图 5.5 所示。

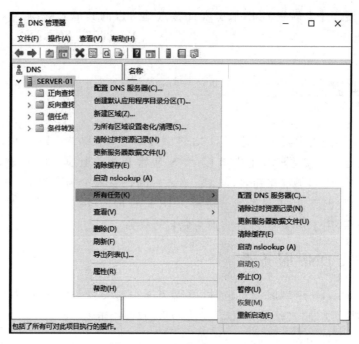

图 5.3 "DNS 管理器"窗口

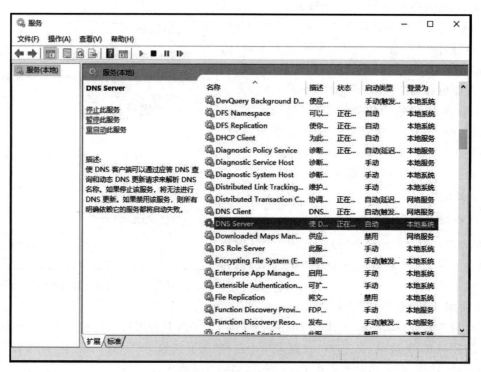

图 5.4 "服务"窗口

（3）使用 net 命令。

以域管理员用户账户登录服务器 server-01，在命令提示符下输入命令 net stop dns 停止 DNS 服务；输入命令 net start dns 启动 DNS 服务，如图 5.6 所示。

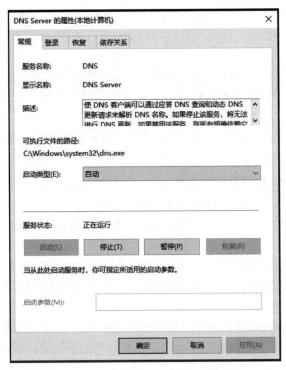

图 5.5　"DNS Server 的属性(本地计算机)"对话框

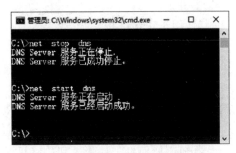

图 5.6　net 命令启动、停止 DNS 服务

5.2.2　部署主 DNS 服务器

在实际应用中,DNS 服务器一般会与活动目录区域集成,所以当安装完成 DNS 服务器,新建区域后,直接提升该服务器为域控制器,将新建区域更新为活动目录集成区域。

V5-6

1. 项目规划

部署主 DNS 服务器网络拓扑结构图,如图 5.7 所示。

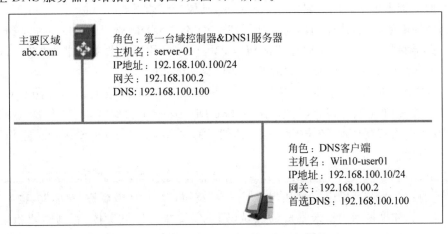

图 5.7　部署主 DNS 服务器网络拓扑结构图

一个区域的主要区域建立在该区域的主 DNS 服务器上。主要区域的数据库文件是可读写的,所有针对该区域的添加、修改和删除等写入操作都必须在主要区域中进行。

配置 DNS 区域时,常用的术语如下。

- 全限定域名(Fully Qualified Domain Name,FQDN)带有主机名和域名的名称,可以从逻辑上准确地表示出主机在什么地方;也可以说全限定域名是主机名的一种完全表示形式。从全限定域名中包含的信息可以看出主机在域名树中的位置。

- 初始授权记录(Start Of Authority,SOA)用于表示一个区域的开始,记录的所有信息是用于控制这个区域的。每个区域数据库文件都必须包含一个 SOA 记录,并且必须是其中的第一个资源记录,用以标记 DNS 服务器所管理的起始位置。

- 名称服务器(Name Server,NS)记录,用于标识一个区域的 DNS 服务器。

- 主机记录(Address,A)也称为 Host 记录,实现正向解析,建立 DNS 名称到 IP 地址的映射,用于正向解析。

- 规范名称(Canonical Name)记录,也称为别名(Alias)记录,定义主机记录的别名,用于将 DNS 域名映射到另一个主要的或规范的名称,该名称可能为 Internet 中规范的名称,如 www。

- 指针(domain name PoinTeR,PTR)记录,实现反向解析,建立 IP 地址到 DNS 名称的映射。

- 邮件交换器(Mail exchanger,MX)记录,用于指定交换或者转发邮件信息的服务器,该服务器知道如何将邮件传送到最终目的地。

在部署 DNS 服务器之前,须完成如下配置。

(1) 在服务器 server-01 上部署域环境,域名为 abc.com。

(2) 设置 DNS 服务器的 TCP/IP 属性,设置 IP 地址、子网掩码、默认网关和 DNS 服务器地址等相关信息。

(3) 设置 Windows 10 客户端主机的 TCP/IP 属性,设置 IP 地址、子网掩码、默认网关和 DNS 服务器地址等相关信息。

2. 创建正向主要区域

在 DNS 服务器上创建正向主要区域 abc.com,具体步骤如下。

(1) 在 DNS 服务器上,选择"服务器管理器"→"工具"→DNS 选项,弹出"DNS 管理器"窗口,展开 DNS 服务器目录树,右击"正向查找区域"选项,在弹出的快捷菜单中选择"新建区域"选项,如图 5.8 所示;弹出"新建区域向导"对话框,如图 5.9 所示。

(2) 在"新建区域向导"对话框中,单击"下一步"按钮,弹出"区域类型"对话框,如图 5.10 所示;选中"主要区域"单选按钮,默认勾选"在 Active Directory 中存储区域(只有 DNS 服务器是可写域控制器时才可用)"复选框,单击"下一步"按钮,弹出"Active Directory 区域传送作用域"对话框,如图 5.11 所示。

(3) 在"Active Directory 区域传送作用域"对话框中,选中"至此域中域控制器上运行的所有 DNS 服务器(D):abc.com"单选按钮,单击"下一步"按钮,弹出"区域名称"对话框,输入区域名称,如 xyz.com(注意,如果是活动目录集成的区域,则不需要指定区域文件,否则需要指定区域文件 xyz.com.dns),如图 5.12 所示;单击"下一步"按钮,弹出"动态更新"对话框,如图 5.13 所示。

图 5.8 "DNS 管理器"窗口

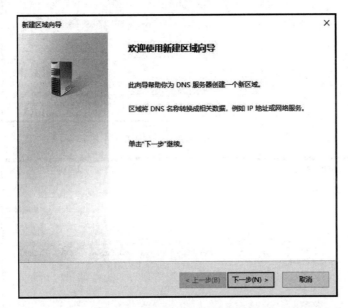

图 5.9 "新建区域向导"对话框

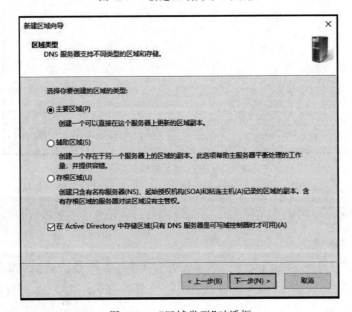

图 5.10 "区域类型"对话框

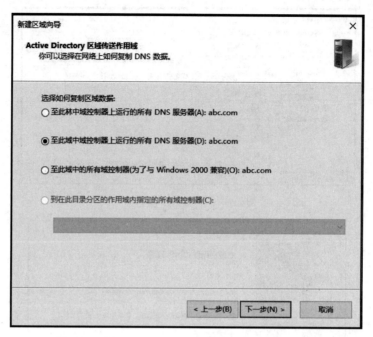

图 5.11　"Active Directory 区域传送作用域"对话框

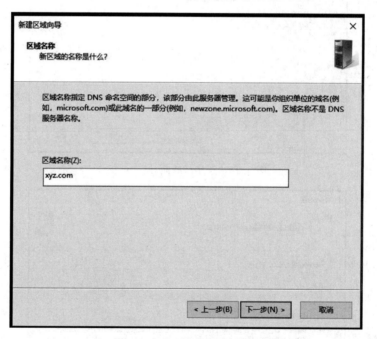

图 5.12　"区域名称"对话框

（4）在"动态更新"对话框中，单击"下一步"按钮，弹出"正在完成新建区域向导"对话框，如图 5.14 所示；单击"完成"按钮，返回"DNS 管理器"窗口，如图 5.15 所示。

3. 创建反向主要区域

反向查看区域用于通过 IP 地址查询 DNS 名称。创建反向主要区域的具体步骤如下。

（1）在 DNS 服务器上，选择"服务器管理器"→"工具"→DNS 选项，弹出"DNS 管理器"窗口，

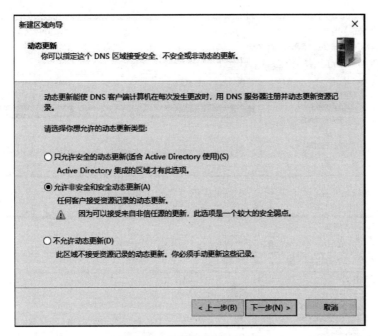

图 5.13　"动态更新"对话框

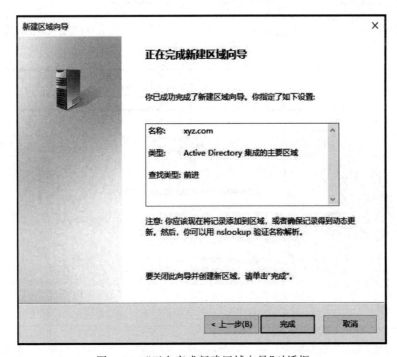

图 5.14　"正在完成新建区域向导"对话框

展开DNS服务器目录树,右击"反向查找区域"选项,在弹出的快捷菜单中选择"新建区域"选项,如图5.16所示;弹出"新建区域向导"对话框,如图5.17所示。

（2）在"新建区域向导"对话框中,连续单击"下一步"按钮,直到弹出"反向查找区域名称"对话框,选中"IPv4反向查找区域"单选按钮,单击"下一步"按钮,弹出"反向查找区域名称-网络ID"对

图 5.15　完成创建正向主要区域

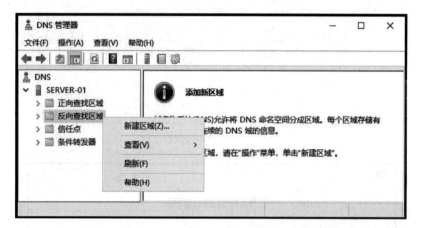

图 5.16　新建"反向查找区域"窗口

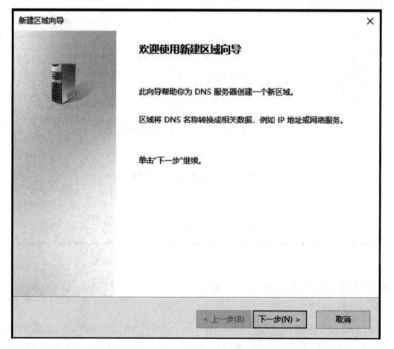

图 5.17　"新建区域向导"对话框

话框,选中"输入网络 ID"单选按钮,当网络 ID 输入为 192.168.100 时,反向查找区域的名称自动变为 100.168.192.in-addr.arpa,如图 5.18 所示;单击"下一步"按钮,弹出"动态更新"对话框,选中"允许非安全和安全动态更新"单选按钮,单击"下一步"按钮;弹出"正在完成新建区域向导"对话框,单击"完成"按钮,完成区域的创建,返回"DNS 管理器"窗口,如图 5.19 所示。

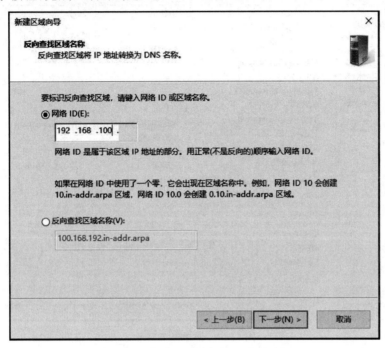

图 5.18　"反向查找区域名称"对话框

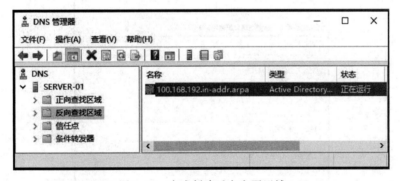

图 5.19　完成创建反向主要区域

4. 创建资源记录

DNS 服务器需要根据区域中的资源记录提供该区域的名称解析。因此,在区域创建完成之后,需要在区域中创建所需要的资源记录。

(1) 新建主机。

在 DNS 服务器上,选择"服务器管理器"→"工具"→DNS 选项,弹出"DNS 管理器"窗口,展开 DNS 服务器目录树,右击"正向查找区域"→abc.com 选项,在弹出的快捷菜单中选择"新建主机(A 或 AAA)"选项,如图 5.20 所示;弹出"新建主机"对话框,单击"添加主机"按钮,完成新建主机添加，如图 5.21 所示。

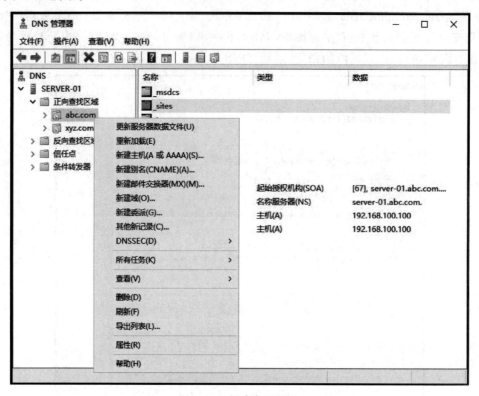

图 5.20　创建资源记录

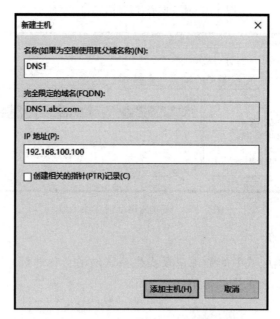

图 5.21　"新建主机"对话框

（2）新建别名。

DNS 同时还是 Web 服务器，为其设置别名 www，具体步骤如下。

在 DNS 服务器上,选择"服务器管理器"→"工具"→DNS 选项,弹出"DNS 管理器"窗口,展开 DNS 服务器目录树,右击"正向查找区域"→abc.com 选项,在弹出的快捷菜单中选择"新建别名 (CNAME)"选项,弹出"新建资源记录"对话框,输入别名及目标主机的完全合格的域名,如图 5.22 所示;单击"确定"按钮,返回"DNS 管理器"窗口,如图 5.23 所示。

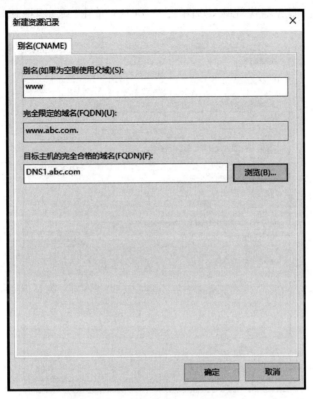

图 5.22 "新建资源记录"对话框

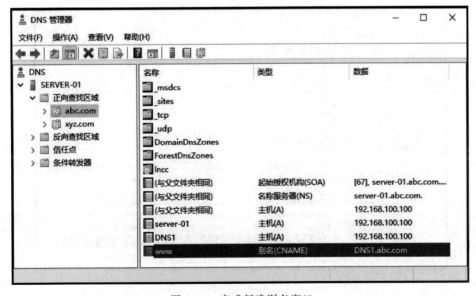

图 5.23 完成新建别名窗口

（3）新建邮件交换器。

在 DNS 服务器上，选择"服务器管理器"→"工具"→DNS 选项，弹出"DNS 管理器"窗口，展开
DNS 服务器目录树，右击"正向查找区域"→abc.com 选项，在弹出的快捷菜单中选择"新建邮件交
换器（MX）"选项，弹出"邮件交换器（MX）"选项卡，输入主机或子域以及邮件服务器的完全限定的
域名（FQDN），设置邮件服务器优先级，如图 5.24 所示；单击"确定"按钮，返回"DNS 管理器"窗
口，如图 5.25 所示。

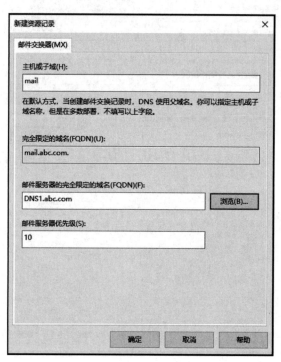

图 5.24 "邮件交换器（MX）"选项卡

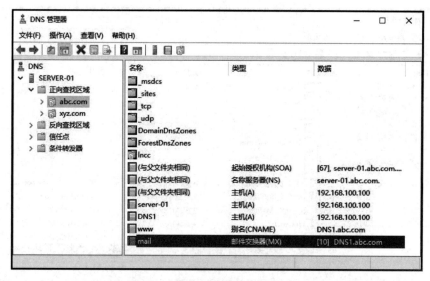

图 5.25 完成新建邮件交换器窗口

（4）新建指针。

在DNS服务器上，选择"服务器管理器"→"工具"→DNS选项，弹出"DNS管理器"窗口，展开DNS服务器目录树，右击"反向查找区域"→100.168.192.in-addr.arpa选项，在弹出的快捷菜单中选择"新建指针（PTR）"选项，弹出"指针（PTR）"选项卡，输入主机IP地址以及主机名；如图5.26所示；单击"确定"按钮，返回"DNS管理器"窗口，如图5.27所示。

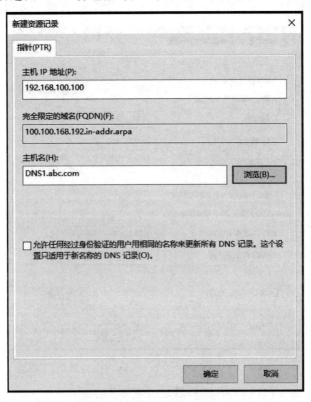

图5.26 "指针（PTR）"选项卡

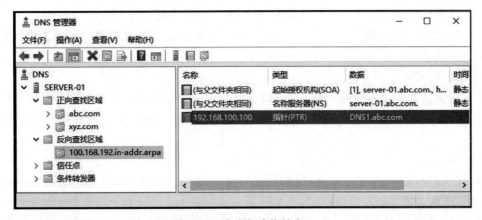

图5.27 完成新建指针窗口

5. 客户端测试主 DNS 服务器

配置DNS客户端主机的相关信息，配置信息如下。

（1）配置 DNS 客户。

以管理员身份登录 DNS 客户端 Win10-user01 主机，打开"Internet 协议版本 4（TCP/IPv4）属性"对话框，相关地址配置信息，如图 5.28 所示。

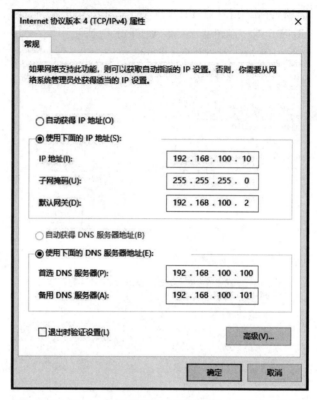

图 5.28 "Internet 协议版本 4（TCP/IPv4）属性"对话框

（2）使用 nslookup 命令测试 DNS 服务器是否正常工作。

在客户端 Win10-user01 主机上，按 Win＋R 组合键，弹出"运行"窗口，输入 cmd 命令，打开"管理员：C:\Windows\system32\cmd.exe"或"管理员：命令提示符"窗口。

nslookup 命令是用来进行手动 DNS 查询的最常用的工具。这个工具有两种工作模式：非交互模式和交互模式。

① 非交互模式。

非交互模式要在命令行中输入完整的命令：nslookup www.abc.com，如图 5.29 所示。

使用命令 nslookup 测试 DNS1 服务器，如图 5.30 所示；测试 mail 邮件服务器，如图 5.31所示。

② 交互模式。

输入 nslookup 命令，不需要参数，就可以进入交互模式。任何一种模式都可以将参数传递给nslookup，但在域名服务器出现故障时，大多使用交互模式。在交互模式下，可以在提示符＞下输入 help 或?获得帮助信息，如图 5.32 所示；查找 DNS 区域信息，如图 5.33 所示。查找邮件服务器记录信息，如图 5.34 所示；查找指针记录信息，如图 5.35 所示。查找别名记录信息，如图 5.36 所示；查找主机记录信息，如图 5.37 所示。使用 exit 命令，退出 nslookup 环境。

图 5.29　非交互模测试 DNS 服务器窗口

```
C:\>nslookup  DNS1.abc.com
服务器: DNS1.abc.com
Address:  192.168.100.100

名称:     DNS1.abc.com
Address:  192.168.100.100

C:\>
```

```
C:\>
C:\>nslookup  mail.abc.com
服务器: DNS1.abc.com
Address:  192.168.100.100

名称:     mail.abc.com

C:\>
```

图 5.30　测试 DNS1 服务器　　　　　图 5.31　测试 mail 邮件服务器

```
C:\>nslookup
默认服务器: server-01.abc.com
Address:  192.168.100.100

> ?
命令:    (标识符以大写表示, [] 表示可选)
NAME           - 打印有关使用默认服务器的主机/域 NAME 的信息
NAME1 NAME2    - 同上, 但将 NAME2 用作服务器
help or ?      - 打印有关常用命令的信息
set OPTION     - 设置选项
    all        - 打印选项、当前服务器和主机
    [no]debug  - 打印调试信息
    [no]d2     - 打印详细的调试信息
    [no]defname - 将域名附加到每个查询
    [no]recurse - 询问查询的递归应答
    [no]search - 使用域搜索列表
    [no]vc     - 始终使用虚拟电路
    domain=NAME - 将默认域名设置为 NAME
    srchlist=N1[/N2/.../N6] - 将域设置为 N1, 并将搜索列表设置为 N1, N2 等
    root=NAME  - 将根服务器设置为 NAME
    retry=X    - 将重试次数设置为 X
    timeout=X  - 将初始超时时间间隔设置为 X 秒
    type=X     - 设置查询类型(如 A, AAAA, A+AAAA, ANY, CNAME, MX,
                 NS, PTR, SOA 和 SRV)
    querytype=X - 与类型相同
    class=X    - 设置查询类(如 IN (Internet)和 ANY)
    [no]msxfr  - 使用 MS 快速区域传送
    ixfrver=X  - 用于 IXFR 传送请求的当前版本
server NAME    - 将默认服务器设置为 NAME, 使用当前默认服务器
lserver NAME   - 将默认服务器设置为 NAME, 使用初始服务器
root           - 将当前默认服务器设置为根服务器
ls [opt] DOMAIN [> FILE] - 列出 DOMAIN 中的地址(可选: 输出到文件 FILE)
    -a         - 列出规范名称和别名
    -d         - 列出所有记录
    -t TYPE    - 列出给定 RFC 记录类型(例如 A, CNAME, MX, NS 和 PTR 等)
                 的记录
view FILE      - 对 'ls' 输出文件排序, 并使用 pg 查看
exit           - 退出程序
> www.abc.com
服务器: server-01.abc.com
Address:  192.168.100.100

名称:     DNS1.abc.com
Address:  192.168.100.100
Aliases:  www.abc.com

>
```

图 5.32　nslookup 命令交互模式

```
> set  type=NS
> abc.com
服务器:  server-01.abc.com
Address:  192.168.100.100

abc.com  nameserver = server-01.abc.com
server-01.abc.com      internet address = 192.168.100.100
```

图 5.33　查找 DNS 区域信息

```
> set  type=MX
> abc.com
服务器:  server-01.abc.com
Address:  192.168.100.100

abc.com
        primary name server = server-01.abc.com
        responsible mail addr = hostmaster
        serial  = 74
        refresh = 900  (15 mins)
        retry   = 600  (10 mins)
        expire  = 86400  (1 day)
        default TTL = 3600  (1 hour)
>
```

图 5.34　查找邮件服务器记录信息

```
> set type=PTR
> 192.168.100.100
服务器:  server-01.abc.com
Address:  192.168.100.100

100.100.168.192.in-addr.arpa    name = server-01.abc.com
```

图 5.35　查找指针记录信息

```
> set type=cname
> www.abc.com
服务器:  server-01.abc.com
Address:  192.168.100.100

www.abc.com    canonical name = DNS1.abc.com
    _
```

图 5.36　查找别名记录信息

说明:
set type 表示设置查找的类型。
set type=NS 表示查找区域;
set type=MX 表示查找邮件服务器记录;
set type=PTR 表示查找指针记录;
set type=cname 表示查找别名记录;
set type=A 表示查找主机记录。

```
> set type=A
> 192.168.100.100
服务器:  server-01.abc.com
Address:  192.168.100.100

名称:    server-01.abc.com
Address:  192.168.100.100

> exit

C:\>
```

图 5.37　查找主机记录信息

(3) 使用 ping 命令测试 DNS 服务器,如图 5.38 所示。

图 5.38　ping 命令测试 DNS 服务器

6. 管理 DNS 客户端缓存

可以使用 ipconfig 命令查看本地网卡相关信息,如 IP 地址、网关地址、物理 MAC 地址、DNS 地址等信息;也可以使用 ipconfig 命令来管理 DNS 客户端的缓存。

(1) 查看本地网卡相关信息,执行命令如下。

```
ipconfig  /all
```

执行命令的结果如图 5.39 所示。

(2) 查看 DNS 客户端缓存,执行命令如下。

```
ipconfig  /displaydns
```

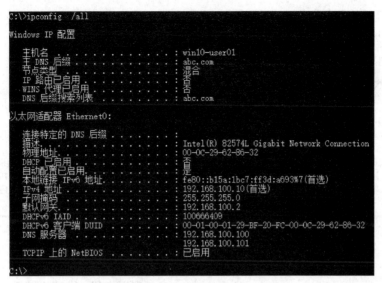

图 5.39　查看本地网卡相关信息

执行命令的结果如图 5.40 所示。

图 5.40　查看 DNS 客户端缓存

（3）清空 DNS 客户端缓存，执行命令如下。

ipconfig　/flushdns

5.2.3　部署辅助 DNS 服务器

一个区域的辅助区域建立在该区域的辅助 DNS 服务器上。辅助区域的数据库文件是主要区域数据库文件的副本，需要定期地通过区域传输主要区域的备份以获得更新。辅助区域的主要作用是均衡 DNS 解析的负载以提高解析效率,同时提供容错能力。必要时可以将辅助区域转换为主要区域。辅助区域内的记录是只读的,不可以修改。

1. 项目规划

部署辅助 DNS 服务器网络拓扑结构图,如图 5.41 所示。

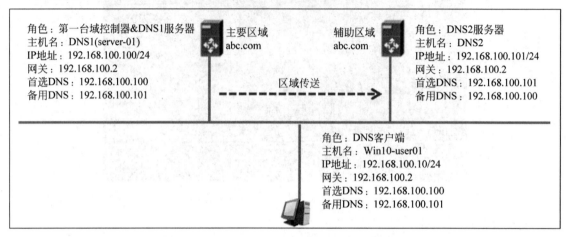

图 5.41　部署辅助 DNS 服务器网络拓扑结构图

（1）在 DNS1 服务器上,首选 DNS：192.168.100.100,备用 DNS：192.168.100.101,建立 A 资源主机记录（FQDN 为 DNS2.abc.com,IP 地址为 192.168.100.101）。

（2）在 DNS2 服务器上,首选 DNS：192.168.100.101,备用 DNS：192.168.100.100。

（3）在 DNS2 服务器上建立一个辅助区域 abc.com,此区域内的记录是从其主服务器 DNS1 通过区域传递复制过来的。

2. 新建辅助区域（DNS2）

DNS2 上新建辅助区域,并设置让此区域从 DNS1 上复制区域记录,主要操作如下。

（1）在 DNS2 上,选择"服务器管理器"→"添加角色和功能"选项,弹出"添加角色和功能向导"窗口,勾选"DNS 服务器"复选框,按向导在 DNS2 服务器上完成 DNS 服务器的安装。

（2）在 DNS2 上,选择"服务器管理器"→"工具"→DNS 选项,弹出"DNS 管理器"窗口,右击"正向查找区域"选项,在弹出的快捷菜单中选择"新建区域"选项,单击"下一步"按钮,弹出"区域类型"对话框,如图 5.42 所示；在"区域类型"对话框中,选中"辅助区域"单选按钮,单击"下一步"按钮,弹出"正向或反向查找区域"对话框,如图 5.43 所示。

（3）在"正向或反向查找区域"对话框中,单击"下一步"按钮,弹出"区域名称"对话框,输入区域名称 abc.com,如图 5.44 所示；单击"下一步"按钮,弹出"主 DNS 服务器"对话框,在主服务器区域中,输入 IP 地址：192.168.100.100（即主 DNS1 服务器的地址）,如图 5.45 所示。

（4）在"主 DNS 服务器"对话框中,单击"下一步"按钮,弹出"正在完成新建区域向导"对话框,如图 5.46 所示；单击"完成"按钮,返回"DNS 管理器"窗口,如图 5.47 所示。

（5）重复步骤（2）～步骤（4）,新建"反向查找区域"的辅助区域,操作步骤类似,这里不再赘述。完成新建辅助区域的结果,如图 5.48 所示。

3. 确认 DNS1 是否允许区域传送

如果 DNS1 不允许将区域记录传送给 DNS2,那么 DNS2 向 DNS1 提出区域传送请求时会被

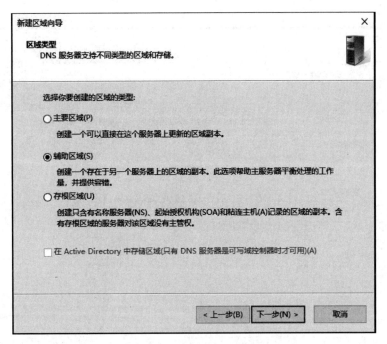

图 5.42　"区域类型"对话框

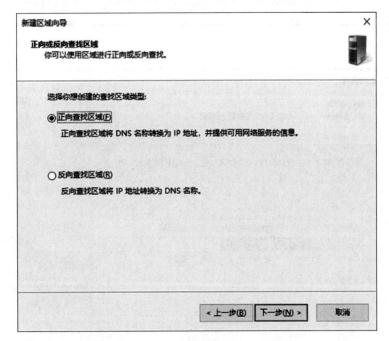

图 5.43　"正向或反向查找区域"对话框

拒绝。下面设置让 DNS1 允许区域传送给 DNS2，相关配置如下。

（1）在 DNS1（server-01）上，选择"服务器管理器"→"工具"→DNS 选项，弹出"DNS 管理器"窗口，右击"正向查找区域"→abc.com 选项，在弹出的快捷菜单中选择"新建主机（A 或 AAAA）"选项，弹出"新建主机"对话框，如图 5.49 所示；输入名称和 IP 地址，单击"添加主机"按钮，返回"DNS 管理器"窗口，可以看到 DNS2 添加主机完成，如图 5.50 所示。

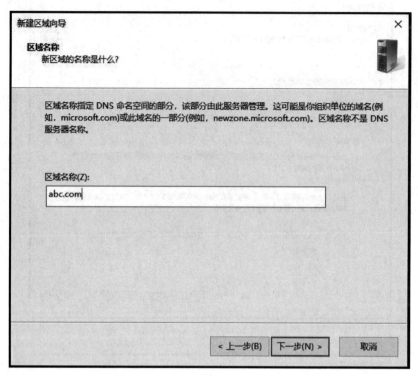

图 5.44 "区域名称"对话框

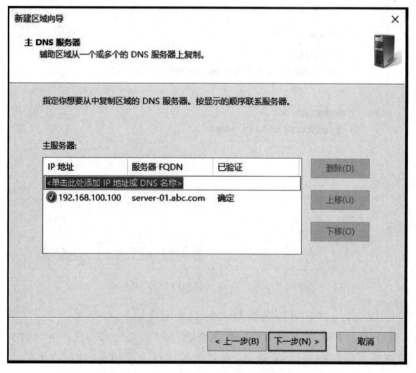

图 5.45 "主 DNS 服务器"对话框

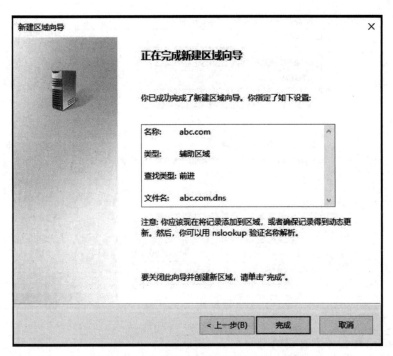

图 5.46　"正在完成新建区域向导"对话框

图 5.47　完成 abc.com 辅助 DNS 服务器配置

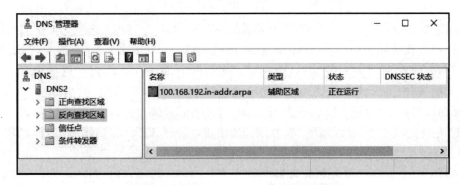

图 5.48　完成"反向查找区域"的辅助区域

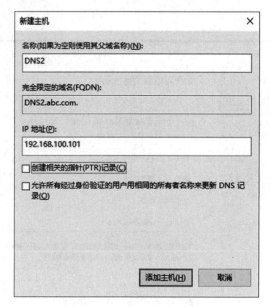

图 5.49　"新建主机"对话框

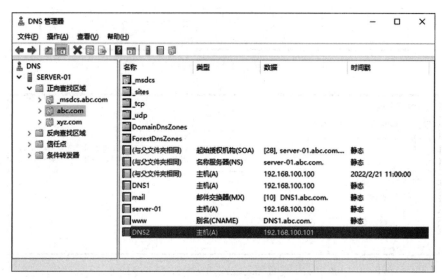

图 5.50　DNS2 添加主机完成窗口

（2）在 DNS1（server-01）上，选择"服务器管理器"→"工具"→DNS 选项，弹出"DNS 管理器"窗口选择"正向查找区域"→abc.com 选项，在弹出的快捷菜单中选择"属性"选项，弹出"abc.com属性"对话框，如图 5.51 所示；在"abc.com 属性"对话框中，选择"区域传送"选项卡，勾选"允许区域传送"复选框，选中"只允许到下列服务器"单选按钮，单击"编辑"按钮，弹出"允许区域传送"对话框，在"辅助服务器 IP 地址"区域，输入 IP 地址：192.168.100.101，如图 5.52 所示。

（3）在"允许区域传送"对话框中，单击"确定"按钮，返回"abc.com 属性"对话框，如图 5.53 所示；在"abc.com 属性"对话框中，单击"确定"按钮，返回"DNS 管理器"窗口。

（4）在 DNS2 上，选择"服务器管理器"→"工具"→DNS 选项，弹出"DNS 管理器"窗口，单击"正向查找区域"→abc.com 选项，可以看到在 DNS2 服务器上，已经把 DNS1 区域信息传送过来了。此时，DNS1 与 DNS2 服务器区域信息是一致的，如图 5.54 所示。

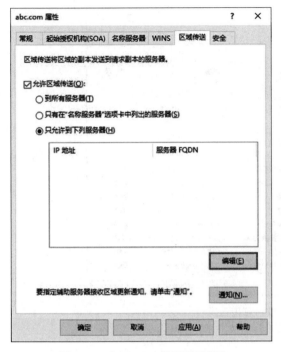

图 5.51　"abc.com 属性"对话框

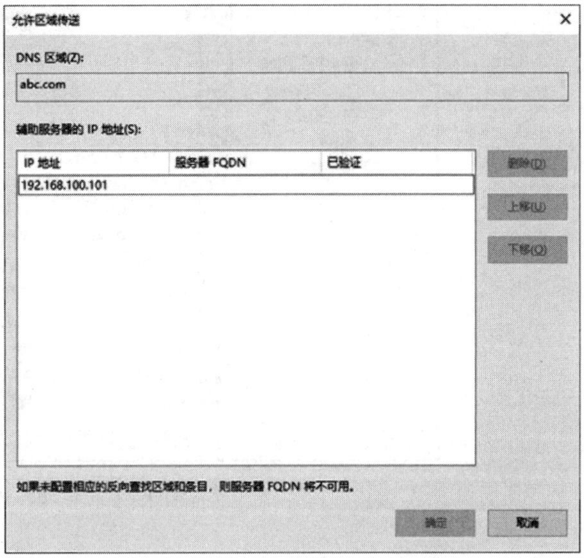

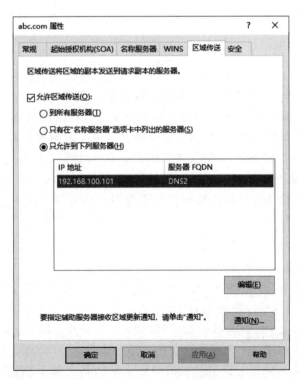

图 5.52　"允许区域传送"对话框

图 5.53　"abc.com 属性"对话框

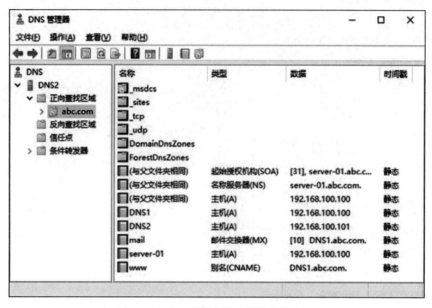

图 5.54　DNS2 完成区域信息传送窗口

5.2.4　部署存根 DNS 服务器

一个区域的存根区域类似于辅助区域，也是主要区域的只读副本，但存根区域只从主要区域中复制名称服务器（Name Server，NS）记录、初始授权（Start Of Authority，SOA）记录、主机（Address，A）记录的副本，而不是所有的区域数据库信息。

存根区域的 NS，SOA 与 A 资源记录是从其主服务器（此区域的授权服务器）复制过来的，当主服务器内的这些记录发生变化时，它们通过区域转送的方式复制过来。存根区域的区域转送只会传送 NS、SOA 与 A 资源记录。其中 A 资源记录用来记载授权服务器的 IP 地址，此 A 资源记录需要跟随 NS 记录一并被复制到存根区域，否则拥有存根区域的服务器无法解析到授权服务器的 IP 地址。当有 DNS 客户端查询（查询模式为递归查询）存根区域内的资源记录时，DNS 服务器会利用区域内的 NS 记录得知此区域的授权服务器，然后向授权服务器查询（查询模式为迭代查询）。如果无法从存根区域内找到此区域的授权服务器，那么 DNS 服务器会采用标准方式向根（Root）查询。

1. 项目规划

部署存根 DNS 服务器网络拓扑结构图，如图 5.55 所示。

（1）在 DNS1 服务器上，首选 DNS：192.168.100.100，备用 DNS：192.168.100.101，建立 A 资源主机记录（FQDN 为 DNS2.abc.com，IP 地址为 192.168.100.101）。

（2）在 DNS2 服务器上，首选 DNS：192.168.100.101，备用 DNS：192.168.100.100。

（3）在 DNS2 服务器上建立一个正反向存根区域 abc.com，并将此区域的查询请求转发给此区域的授权服务器 DNS1 来处理。存根区域内的记录是从其主服务器 DNS1 通过区域传递复制过来的。

2. 新建存根区域（DNS2）

DNS2 上新建存根区域，并设置让此区域从 DNS1（此区域的授权服务器）上复制区域记录。

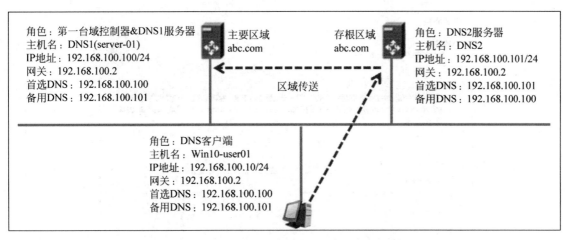

图 5.55 部署存根 DNS 服务器网络拓扑结构图

（1）在 DNS2 上，选择"服务器管理器"→"添加角色和功能"选项，弹出"添加角色和功能向导"窗口，勾选"DNS 服务器"复选框，按向导提示在 DNS2 服务器上完成 DNS 服务器的安装。

（2）在 DNS2 上，选择"服务器管理器"→"工具"→DNS 选项，弹出"DNS 管理器"窗口，右击"正向查找区域"选项，在弹出的快捷菜单中选择"新建区域"选项，单击"下一步"按钮，弹出"区域类型"对话框，如图 5.56 所示；在"区域类型"对话框中，选中"存根区域"单选按钮，单击"下一步"按钮，弹出"区域名称"对话框，如图 5.57 所示。

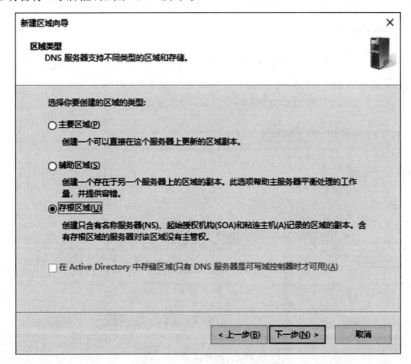

图 5.56 "区域类型"对话框

（3）在"区域名称"对话框中，输入区域名称 abc.com，单击"下一步"按钮，弹出"区域文件"对话框，如图 5.58 所示；选中"创建新文件、文件名为"单选按钮，单击"下一步"按钮，弹出"主 DNS

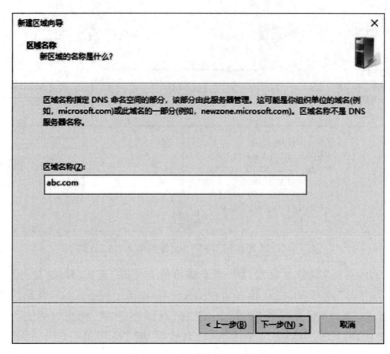

图 5.57 "区域名称"对话框

服务器"对话框,输入主服务器地址,如图 5.59 所示。

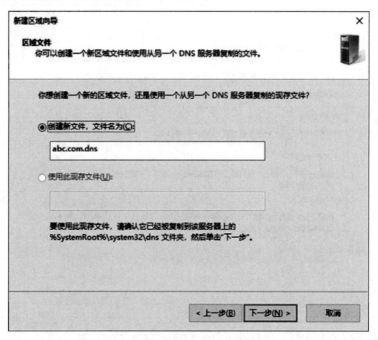

图 5.58 "区域文件"对话框

（4）在"主 DNS 服务器"对话框中,单击"下一步"按钮,弹出"正在完成新建区域向导"对话框,如图 5.60 所示；单击"下一步"按钮,返回"DNS 管理器"窗口,完成存根区域创建,如图 5.61 所示。

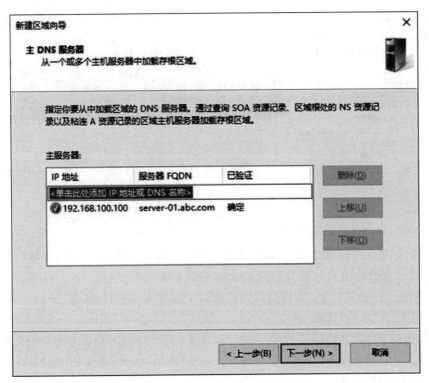

图 5.59　"主 DNS 服务器"对话框

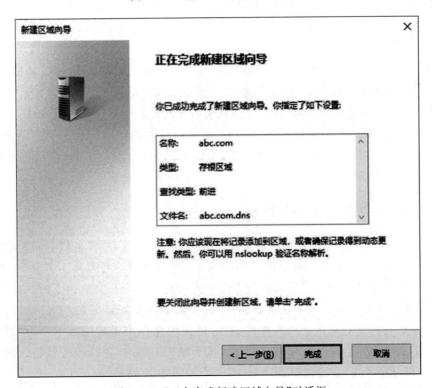

图 5.60　"正在完成新建区域向导"对话框

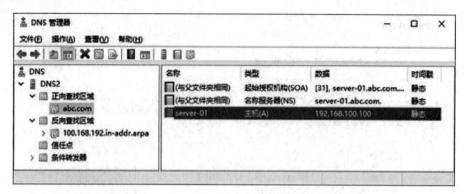

图 5.61　完成存根区域创建窗口

3. 确认 DNS1 是否允许区域传送

如果 DNS1 不允许将区域记录传送给 DNS2，那么 DNS2 向 DNS1 提出区域传送请求时会被拒绝。下面设置让 DNS1 允许区域传送给 DNS2，相关配置如下。

（1）在 DNS1（server-01）上，"DNS 管理器"窗口中选择"正向查找区域"→abc.com 选项，在弹出的快捷菜单中选择"属性"选项，弹出"abc.com 属性"对话框，在"abc.com 属性"对话框中，选择"区域传送"选项卡，勾选"允许区域传送"复选框，选中"只允许到下列服务器"单选按钮，单击"编辑"按钮，弹出"允许区域传送"对话框，在"辅助服务器 IP 地址"区域，输入 IP 地址：192.168.100.101（即 DNS2 服务器的 IP 地址）。

（2）类似地，右击"反向查找区域"选项，添加反向查找区域 100.168.192.addr.arpa，在弹出的快捷菜单中选择"属性"选项，重复以上操作，这里不再赘述。设置让 DNS1 可以将反向查找区域的记录通过区域传送复制给 DNS2。

如果确定所有配置都正确，但一直看不到这些记录；请单击区域 abc.com 后按 F5 键执行刷新操作；如查仍然看不到，可以将"DNS 管理器"控制台关闭再重新打开。

存根区域的 DNS 服务器默认每隔 15 分钟自动请求其主服务器执行区域传送的操作；也可以选中存根区域后右击，在弹出的快捷菜单中选择"从主服务器传输"或"从主服务器传送区域的新副本"选项，选择手动要求执行区域传送的操作，不过它只会传送 NS、SOA 与记载着授权服务器 IP 地址的 A 资源记录。

5.2.5　部署委派 DNS 服务器

DNS 名称解析是通过分布式结构来管理和实现的，它允许将 DNS 名称空间根据层次结构分割成一个或多个区域，并将这些区域委派给不同的 DNS 服务器进行管理。例如，某区域的 DNS 服务器（以下称"委派服务器"）可以将其子域委派给另一台 DNS 服务器（以下称"受委派服务器"）全权管理，由受委派服务器维护该子域的数据库，并负责响应针对该子域的名称解析请求。而委派服务器则无须进行任何针对该子域的管理工作，也无须保存该子域的数据库，只需要保留到达受委派服务器的指向，即当 DNS 客户端请求解析该子域的名称时，委派服务器将无法直接响应该请求，但其明确知道应该由哪个 DNS 服务器（即受委派服务器）来响应该请求。

采用区域委派可有效地均衡负载。将子域的管理和解析任务分配到各个受委派服务器，可以大幅降低父级域或顶级域服务器的负载任务，提高解析效率。同时，这种分布式结构使得真正提供解析的受委派服务器更接近于客户端,从而减少了带宽资源的浪费。部署区域委派需要在委派服务器和受委派服务器中都进行必要的配置。

1. 项目规划

部署委派 DNS 服务器网络拓扑结构图,如图 5.62 所示。

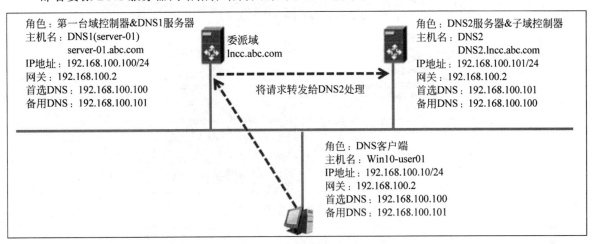

图 5.62 部署委派 DNS 服务器网络拓扑结构图

(1) 在 DNS1 服务器上,首选 DNS:192.168.100.100,备用 DNS:192.168.100.101,建立 A 资源主机记录(FQDN 为 DNS2.abc.com,IP 地址为 192.168.100.101)。

(2) 在 DNS2 服务器上,首选 DNS:192.168.100.101,备用 DNS:192.168.100.100,建立 A 资源主机记录(FQDN 为 DNS2.abc.com,IP 地址为 192.168.100.101)。

(3) 将 DNS2 服务器升级为域控制器,安装 Active Directory 域服务,父域为 abc.com,子域控制域为 lncc.abc.com。

2. 配置受委派服务器(DNS2)

在受委派 DNS 服务器 DNS2 上创建主区域 lncc.abc.com,并且在该域中创建资源记录,然后在委派 DNS 服务器 DNS1 上创建委派域 lncc,具体配置步骤如下。

(1) 在 DNS2 上,选择"服务器管理器"→"添加角色和功能"选项,弹出"添加角色和功能向导"对话框,勾选"DNS 服务器"复选框,按向导在 DNS2 服务器上完成 DNS 服务器的安装。

(2) 在 DNS2 上,选择"服务器管理器"→"工具"→DNS 选项,弹出"DNS 管理器"窗口,右击"正向查找区域"选项,在弹出的快捷菜单中选择"新建区域"选项,弹出"新建区域向导"对话框,单击"下一步"按钮,弹出"区域类型"对话框,如图 5.63 所示;在"区域类型"对话框中,选中"主要区域"单选按钮,单击"下一步"按钮,弹出"区域名称"对话框,如图 5.64 所示。

(3) 在"新建区域向导"对话框中,连续单击"下一步"按钮,最后单击"完成"按钮,创建区域完成后,新建资源记录,如建立主机 client.lncc.abc.com,对应的 IP 地址:192.168.100.10;DNS2.lncc.abc.com 对应的 IP 地址:192.168.100.101。

(4) 创建反向主要区域 100.168.192.in-addr.arpa,如图 5.65 所示。

(5) 将 DNS2 升级为子域控制器。需要说明的是,将 DNS2 升级为子域控制器在部署委派域时并不是必需的步骤。在 DNS2 上安装 Active Directory 域服务,在安装过程中,选择"将新域添加

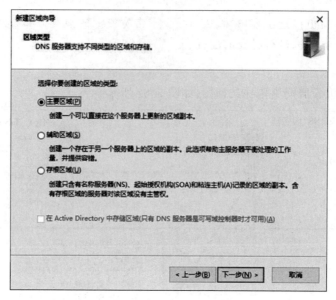

图 5.63 "区域类型"对话框

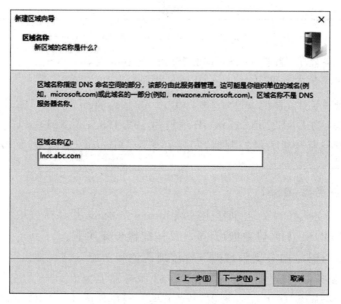

图 5.64 "区域名称"对话框

图 5.65 DNS2 管理器设置完成后的界面

到现有林"单选按钮,选择域类型为"子域",父域为 abc.com,子域为 lncc,完成安装后,计算机自动重启。至此,DNS2 成功升级为子域 lncc.abc.com 的域控制器。

（6）在 DNS1 上,选择"服务器管理器"→"工具"→DNS 选项,弹出"DNS 管理器"窗口,右击"正向查找区域"选项,在弹出的快捷菜单中选择"新建委派"选项,弹出"新建委派向导"对话框,如图 5.66 所示;单击"下一步"按钮,弹出"受委派域名"对话框,如图 5.67 所示。

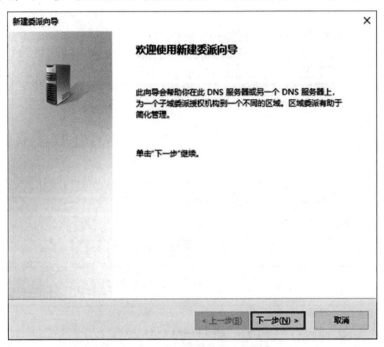

图 5.66 "新建委派向导"对话框

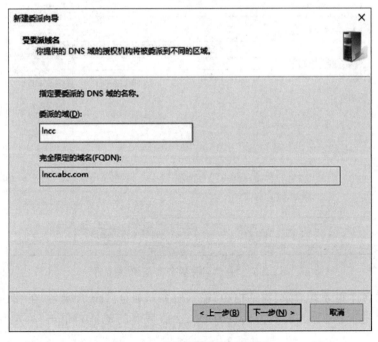

图 5.67 "受委派域名"对话框

（7）在"受委派域名"对话框中，输入委派的域，单击"下一步"按钮，弹出"名称服务器"对话框，如图 5.68 所示；单击"添加"按钮，弹出"新建名称服务器记录"对话框，如图 5.69 所示。

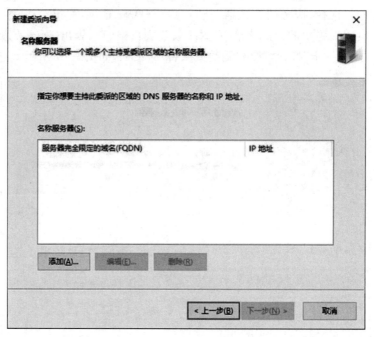

图 5.68　"名称服务器"对话框

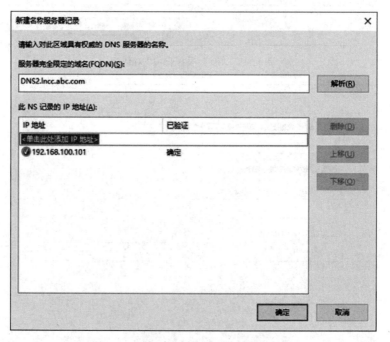

图 5.69　"新建名称服务器记录"对话框

（8）在"新建名称服务器记录"对话框中，输入服务器完全限定的域名，在"此 NS 记录的 IP 地址"区域，输入 IP 地址：192.168.100.101（即 DNS2 服务器的地址），单击"确定"按钮，返回"名称服务器"对话框,如图 5.70 所示;单击"下一步"按钮,弹出"正在完成新建委派向导"对话框,如图 5.71 所示。

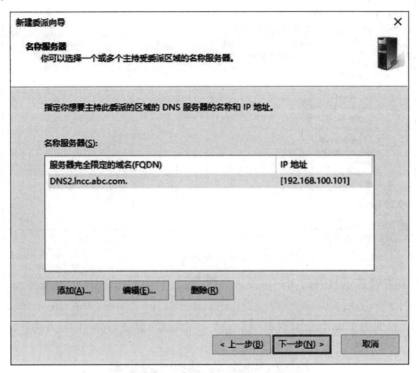

图 5.70　"名称服务器"对话框

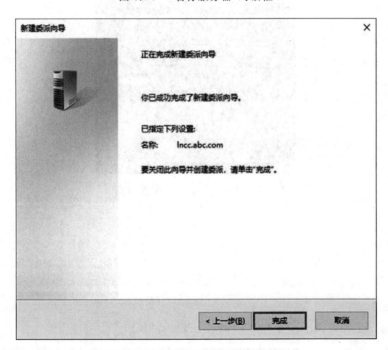

图 5.71　"正在完成新建委派向导"对话框

（9）在"正在完成新建委派向导"对话框中,单击"完成"按钮,返回"DNS 管理器"窗口,可以查看刚刚创建的受委派 DNS 服务器选项,如图 5.72 所示。

图 5.72　受委派 DNS 服务器的界面

（10）使用具有管理员权限的用户账户客户端 Win10-user01,首选 DNS 服务器的 IP 地址设置为 192.168.100.100,使用 nslookup 命令进行测试 DSN2. lncc. abc. com、client. lncc. abc. com。如果成功,说明 IP 地址为 192.168.100.100(DNS1 服务器)的服务器到 IP 地址为 192.168.100.101 (DNS2 服务器)的服务器委派成功,如图 5.73 所示。

图 5.73　测试委派 DNS 服务器成功

课后习题

1. 选择题

（1）域名系统 DNS 提供了一个（　　）命名方案。

    A. 分级　　　　　　　B. 分组　　　　　　　C. 分层　　　　　　　D. 多层

（2）顶级域中表示商业机构组织的是（　　　）。

    A. edu   B. com   C. net   D. org

（3）顶级域中表示教育、学术研究单位组织的是（　　　）。

    A. edu   B. com   C. net   D. org

（4）顶级域中表示网络服务机构组织的是（　　　）。

    A. edu   B. com   C. net   D. org

（5）在 DNS 域名空间中，最上面一层被称为"根域"，用（　　　）表示。

    A. *   B. !   C. &   D. .

（6）在 Windows Server 2019 的 DNS 服务器上不可以新建的区域类型有（　　　）。

    A. 主要区域   B. 辅助区域   C. 存根区域   D. 转换区域

（7）下面表示全限定域名的是（　　　）。

    A. SOA   B. NS   C. FQDN   D. PTR

（8）下面表示邮件交换器的是（　　　）。

    A. CNAME   B. MX   C. NS   D. FQDN

（9）下面表示名称服务器的是（　　　）。

    A. SOA   B. NS   C. FQDN   D. PTR

（10）下面表示别名的是（　　　）。

    A. CNAME   B. MX   C. NS   D. FQDN

（11）下面表示指针记录的是（　　　）。

    A. SOA   B. NS   C. FQDN   D. PTR

（12）下面表示主机记录的是（　　　）。

    A. CNAME   B. MX   C. A   D. NS

2. 简答题

（1）简述根域和顶级域。

（2）简述 DNS 的工作原理。

（3）简述 DNS 服务器的类型。

第6章

DHCP服务器配置管理

学习目标

- 掌握 DHCP 的工作原理。
- 掌握安装 DHCP 服务器、授权 DHCP 服务器、管理 DHCP 作用域相关配置方法。
- 掌握配置 DHCP 中继代理、配置 DHCP 超级作用域相关方法。
- 掌握 DHCP 数据库的备份和还原相关配置方法。

6.1 DHCP 基础知识

动态主机配置协议(Dynamic Host Configuration Protocol,DHCP)是一个应用层协议。当将客户端 IP 地址设置为动态获取时,DHCP 服务器就会根据 DHCP 为客户端分配 IP 地址,使得客户端能够利用此 IP 地址上网。

6.1.1 DHCP 简介

V6-1

DHCP 采用了客户端/服务器模式,使用 UDP 传输,使用端口 67 和端口 68。从 DHCP 客户端到达 DHCP 服务器的报文使用目的端口 67;从 DHCP 服务器到达 DHCP 客户端使用源端口 68。

手动设置每一台计算机的 IP 地址是管理员最不愿意做的一件事,于是出现了自动配置 IP 地址的方式,这就是 DHCP。DHCP 可以自动为局域网中的每一台计算机分配 IP 地址,并完成每台计算机的 TCP/IP 配置,包括 IP 地址、子网掩码、网关以及 DNS 服务器等。DHCP 服务器能够从预先设置的 IP 地址池中自动给主机分配 IP 地址,它不仅能够解决 IP 地址冲突的问题,还能及时回收 IP 地址以提高 IP 地址的利用率。

网络中每一台主机的 IP 地址与相关配置,可以采用手动配置或自动获得(自动向 DHCP 服务器获取)。

在网络主机数目较少的情况下,可以手动为网络中的主机分配静态的 IP 地址,但有时工作量很大,这就是需要动态 IP 地址解决方案。在该方案中,每台计算机并不设定固定的 IP 地址,而是在计算机开机时才被分配一个 IP 地址,这台计算机被称为 DHCP 客户端(DHCP Client)。在网络中提供 DHCP 服务的计算机称为 DHCP 服务器。DHCP 服务器利用动态主机配置协议 DHCP 为网络中的主机分配动态 IP 地址,并提供子网掩码、默认网关以及 DNS 服务器的 IP 地址等。

动态 IP 地址方案可以减少管理员的工作量。只要 DHCP 服务器正常工作,IP 地址就不会发生冲突。如果要大批量更改计算机所在的子网或其他 IP 参数,只要在 DHCP 服务器上进行即可,管理员不必为每一台计算机设置 IP 地址等相关参数。

需要动态分配网络 IP 地址的情况如下。

(1) 网络中的主机很多,而 IP 地址不够用,这时可以使用 DHCP 服务器来解决这一问题。例如,某公司网络有销售部、研发部、财务部、人事部共计 300 台计算机,采用静态 IP 地址时,每台计算机都需要预留一个 IP 地址,即共需要 300 个 IP 地址。然而,这 300 台计算机并不同时使用,尤其是销售部门的员工,常常需要出差工作,能够在公司上班的员工甚至可能不到 100 人,这样就浪费了 200 个 IP 地址资源,这种情况的解决方案就是使用 DHCP 服务。

(2) 网络的规模较大,网络中需要分配 IP 地址的主机很多,特别是要在网络中增加和删除网络主机或都需要重新配置网络时,使用手动分配工作量很大,而且常常会因为用户不遵守规则而出现错误,如导致 IP 地址的冲突。这种问题使用 DHCP 服务就可以解决。

(3) 随着笔记本电脑的普及,移动办公的方式很常见。当计算机从一个网络移动到另一个网络时,每次移动也需要改变 IP 地址,并且移动的计算机在每个网络都需要占用一个 IP 地址。DHCP 服务可以使移动客户在不同的子网中移动,并在其连接到网络时自动获得网络中的 IP 地址。

DHCP 服务器具有以下功能。

(1) 可以给客户端分配永久固定的 IP 地址。

(2) 保证任何 IP 地址在同一时刻只能由一台客户端使用。

(3) 可以与用其他方法获得 IP 地址的客户端共存。

(4) 可以向现有的无盘客户端分配动态 IP 地址。

6.1.2　DHCP 的工作原理

DHCP 的工作原理如图 6.1 所示。

(1) 客户端以广播的形式发送一个 DHCP 的 Discover 报文,用来发现 DHCP 服务器。

(2) DHCP 服务器接收到客户端发送来的 Discover 报文之后,单播一个 DHCP Offer 报文来回复客户端,Offer 报文包含 IP 地址和租约信息。

(3) 客户端收到服务器发送的 Offer 报文之后,以广播的形式向 DHCP 服务器发送 Request 报文,用来请求服务器将该 IP 地址分配给它。之所以要广播发送是

图 6.1　DHCP 工作原理

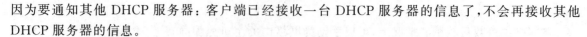

因为要通知其他 DHCP 服务器：客户端已经接收一台 DHCP 服务器的信息了，不会再接收其他 DHCP 服务器的信息。

（4）服务器接收到 Request 报文后，以单播的形式发送 ACK 报文给客户端。

DHCP 客户端获得 IP 地址过程中需要经历以下 3 个阶段。

- DHCP 租期更新：当客户端的租约期剩下 50％时，客户端会向 DHCP 服务器单播一个 Request 报文，请求续约，服务器接收到 Request 报文后，会单播 ACK 报文表示延长租约期。

- DHCP 重绑定：在客户端的租约期超过 50％且原先的 DHCP 服务器没有同意客户端续约 IP 地址后，当客户端的租约期只剩下 12.5％时，客户端会向网络中其他的 DHCP 服务器发送 Request 报文，请求续约。如果其他服务器有关于客户端当前 IP 地址的信息，则单播一个 ACK 报文回复客户端以续约，如果没有，则回复一个 NAK 报文。此时，客户端会申请重新绑定 IP 地址。

- DHCP 的 IP 地址释放：当客户端直到租约期满还未收到服务器的回复时，会停止使用该 IP 地址。当客户端租约期未满但不想再使用服务器提供的 IP 地址时，会发送一个 Release 报文，告知服务器清除相关的租约信息，释放该 IP 地址。

6.1.3 DHCP 地址分配方式

DHCP 允许 3 种方式的 IP 地址分配。

（1）手工分配。客户端的 IP 地址是由网络管理员指定的，DHCP 服务器只是将指定的 IP 地址告知客户端。

（2）自动分配。DHCP 服务器为客户端指定一个永久性的 IP 地址，一旦客户端成功从 DHCP 服务器租用到该 IP 地址，就可以永久地使用该地址。

（3）动态分配。DHCP 服务器给客户端指定一个具有时间限制的 IP 地址，在时间到期或主机明确表示放弃后，该地址可以被其他主机使用。

在 3 种 IP 地址分配方式中，只有动态分配可以重复使用客户端不再需要的 IP 地址。

6.2 技能实践

部署 DHCP 之前应该先进行规划，明确哪些 IP 地址用于自动分配给客户端，作用域中应包含的 IP 地址，哪些 IP 地址用于手动指定给特定的服务器。

若利用虚拟机环境学习，需要注意以下两点。

（1）虚拟机在克隆时（网络安全标识符 SID 是一样的），生成的虚拟机需要执行 C:\Windows\System32\Sysprep 目录下的 sysprep.exe 文件，并勾选"通用"复选框，重新生成 SID。

（2）关闭、禁用或停止虚拟机网络的其他 DHCP 服务器功能，如停用 IP 共享设备或宽带路由器内的 DHCP 服务器功能，这些 DHCP 服务器都会干扰实验结果。

6.2.1 安装 DHCP 服务器

安装 Active Directory 域服务角色时，可以选择一起安装 DHCP 服务器角色；如果没有安装

DHCP 服务器角色,则可以在计算机上通过"服务器管理器"进行安装。

V6-3

安装 DHCP 服务器角色,具体步骤如下。

(1)选择"服务器管理器"→"管理"→"添加角色和功能"选项,连续单击"下一步"按钮,直到出现"选择服务器角色"窗口时,勾选"DHCP 服务器"复选框,弹出"添加角色和功能向导"对话框,如图 6.2 所示;在"添加角色和功能向导"对话框中,单击"添加功能"按钮,返回"选择服务器角色"窗口,持续单击"下一步"按钮,最后单击"安装"按钮,开始安装 DHCP 服务器。安装完毕后,单击"关闭"按钮,完成 DHCP 服务角色的安装。

图 6.2　"添加角色和功能向导"窗口

(2)选择"服务器管理器"→"工具"→DHCP 选项,弹出 DHCP 控制台窗口,如图 6.3 所示,可以在此配置和管理 DHCP 服务器。

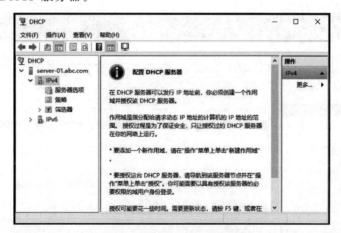

图 6.3　DHCP 控制台窗口

注意:

由于 DHCP 是安装在域控制器上,尚没有被授权,且 IP 作用域尚没有被新建和激活,所以在 IPv4 或 IPv6 选项处显示向下的红色箭头。

6.2.2 授权 DHCP 服务器

Windows Server 2019 为活动目录的网络提供了集成的安全性支持，针对 DHCP 服务器，它提供了授权的功能。使用这一功能，可以对网络中配置正确的合法 DHCP 服务器进行授权，允许它们对客户端自动分配 IP 地址；还能够检测未授权的 DHCP 服务器，以及防止未授权的服务器在网络中启动或运行，从而提高了网络的安全性。

V6-4

1. 为什么要授权 DHCP 服务器

DHCP 服务器为客户端自动分配 IP 地址均采用广播机制，而且客户端在发送 DHCP Request 报文进行 IP 地址租用选择时，也只是简单地选择第一个收到的 DHCP Offer 报文。这意味着在整个 IP 地址租用过程中，网络中所有的 DHCP 服务器都是平等的。如果网络中的 DHCP 服务器都是正确配置的，则网络将能够正常运行；如果网络出现了错误配置的 DHCP 服务器，则可能会引发网络故障。错误配置的 DHCP 服务器可能会为客户端分配不正确的 IP 地址，导致该客户端无法进行正常的网络通信。如果网络中有两台 DHCP 服务器，有一台错误配置的 DHCP 服务器，则客户端将有 50% 的可能性获得一个错误的配置 IP 地址参数，这意味着网络出现故障的可能性将高达 50%。为了解决这一问题，Windows Server 2019 引入了 DHCP 服务器的授权机制。通过授权机制，DHCP 服务器在服务于客户端之前，需要验证是否已在 AD 中被授权。如果未经授权，将不能为客户端分配 IP 地址。这样就避免了由于网络中出现错误配置的 DHCP 服务器而导致大多数意外网络故障。

2. 对域中的 DHCP 服务器进行授权

如果 DHCP 服务器是域的成员，并且在安装 DHCP 服务器的过程中没有选择授权，那么在安装完成后必须先进行授权，才能为客户端计算机提供 IP 地址。独立服务器不需要授权。其授权过程如下。

（1）选择"服务器管理器"→DHCP 选项，右侧窗口显示"SERVER-01 中的 DHCP 服务器 所需的配置"选项，如图 6.4 所示；单击"更多"选项，弹出"所有服务器 任务详细信息"窗口，如图 6.5 所示。

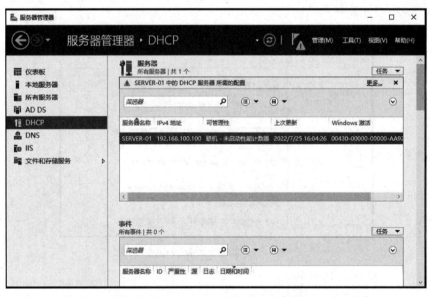

图 6.4 DHCP 服务器所需的配置窗口

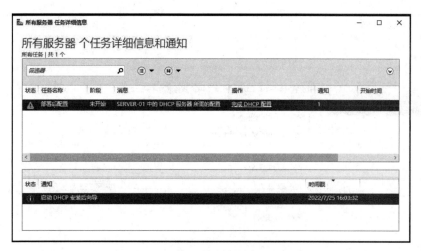

图 6.5　"所有服务器 任务详细信息"窗口

(2) 在所有服务器 任务详细信息窗口中,单击"完成 DHCP 配置"选项,弹出"描述"窗口,如图 6.6 所示;单击"下一步"按钮,弹出"授权"窗口,如图 6.7 所示。

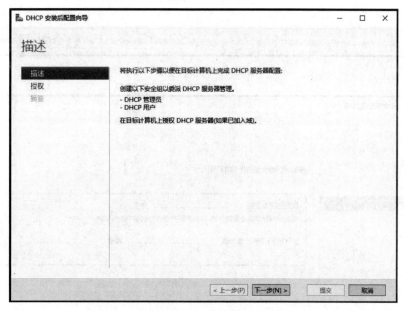

图 6.6　"描述"窗口

(3) 在"授权"窗口中,选中"使用以下用户凭据"单选按钮,选择默认用户名,单击"提交"按钮,弹出"摘要"窗口,如图 6.8 所示;单击"关闭"按钮,返回 DHCP 控制台窗口,此时可以看到在 IPv4 或 IPv6 选项处显示向下的红色箭头变为绿色对勾,如图 6.9 所示。

注意:

(1) 在工作组环境中,DHCP 服务器是独立的服务器,无须授权(也不能授权)也能向客户端提供 IP 地址。

(2) 在域环境中,域控制器或域成员身份的 DHCP 服务器能够被授权,为客户端提供 IP 地址;没有被授权的 DHCP 服务器,则不能为客户端提供 IP 地址。

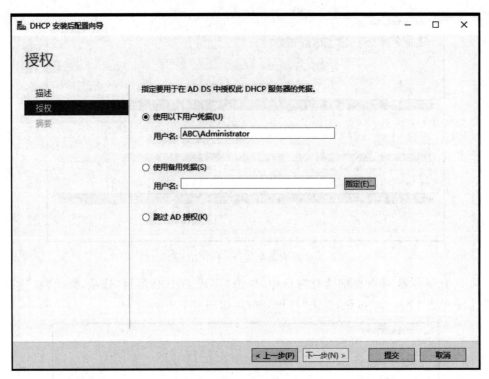

图 6.7 "授权"窗口

图 6.8 "摘要"窗口

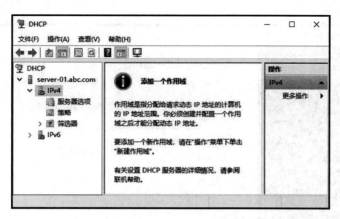

图 6.9　完成 DHCP 服务器授权窗口

6.2.3　管理 DHCP 作用域

作用域是指可以为一个特定的子网中的客户端分配或租借的有效 IP 地址范围。管理员可以在 DHCP 服务器上配置作用域，来确定给 DHCP 客户端的 IP 地址范围。为了使客户端可以使用 DHCP 服务器上的动态 TCP/IP 配置信息，首先必须在 DHCP 服务器上建立并激活作用域，可以根据网络环境的需要在一台 DHCP 服务器上建立多个作用域。每个子网只能创建一个对应作用域，每个作用域具有一个连续的 IP 地址范围。在作用域中可以排除一个特定的地址或一组地址。

1. 创建 DHCP 作用域

Windows Server 2019 中，作用域在 DHCP 控制台中创建，一台 DHCP 服务器可以创建多个不同的作用域，具体操作步骤如下。

（1）选择"服务器管理器"→DHCP 选项，弹出 DHCP 窗口，选择 IPv4 选项，右击，如图 6.10 所示，在弹出的快捷菜单中，选择"新建作用域"选项，弹出"新建作用域向导"对话框，如图 6.11 所示。

V6-5

图 6.10　DHCP 窗口

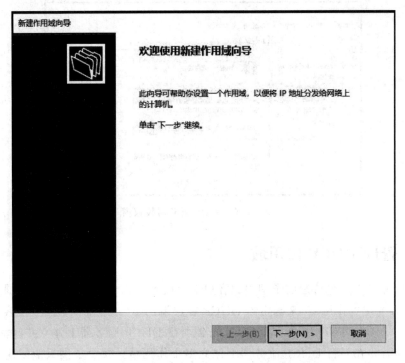

图 6.11 "新建作用域向导"对话框

（2）在"新建作用域向导"对话框中，单击"下一步"按钮，弹出"作用域名称"对话框，如图 6.12 所示；输入名称和描述信息，单击"下一步"按钮，弹出"IP 地址范围"对话框，如图 6.13 所示。

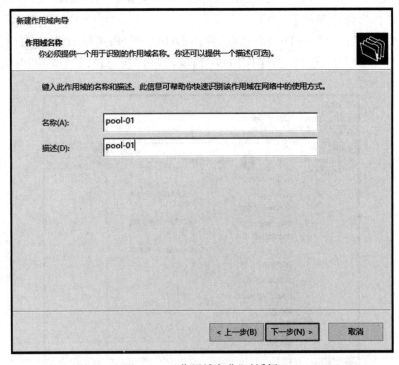

图 6.12 "作用域名称"对话框

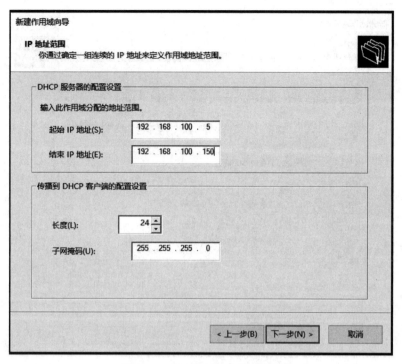

图 6.13 "IP 地址范围"对话框

（3）在"IP 地址范围"对话框中，输入此作用域分配的地址范围，单击"下一步"按钮，弹出"添加排除和延迟"对话框，如图 6.14 所示；输入要排除的 IP 地址范围，单击"下一步"按钮，弹出"租用期限"对话框，如图 6.15 所示。

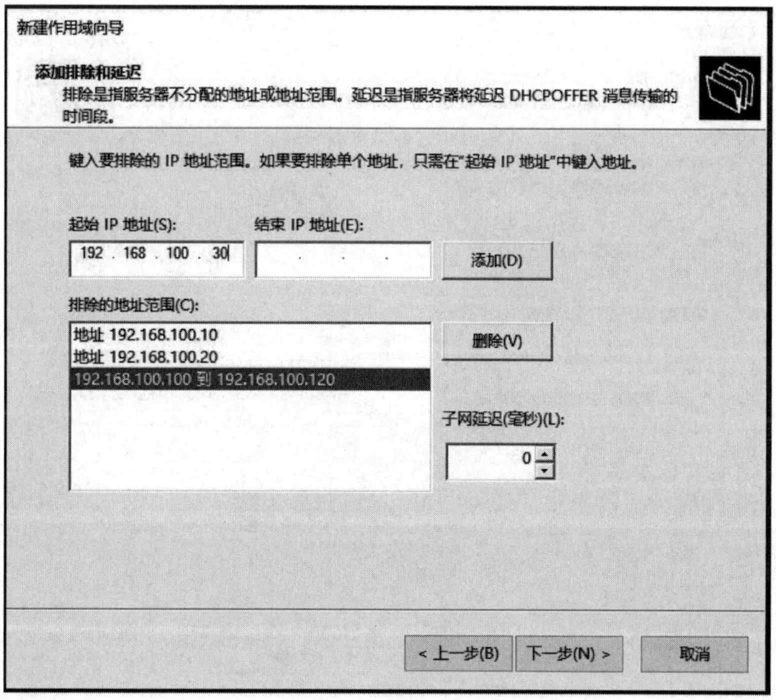

图 6.14 "添加排除和延迟"对话框

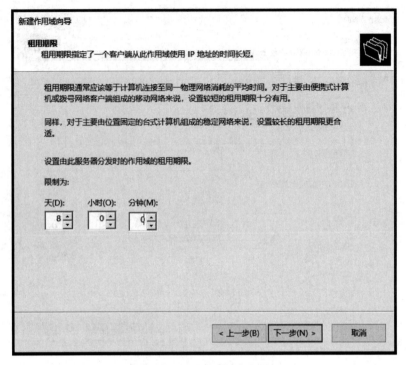

图 6.15　"租用期限"对话框

（4）在"租用期限"对话框中，设置租用期限，单击"下一步"按钮，弹出"配置 DHCP 选项"对话框，如图 6.16 所示；选中"是，我想现在配置这些选项"单选按钮，单击"下一步"按钮，弹出"路由器（默认网关）"对话框，如图 6.17 所示。

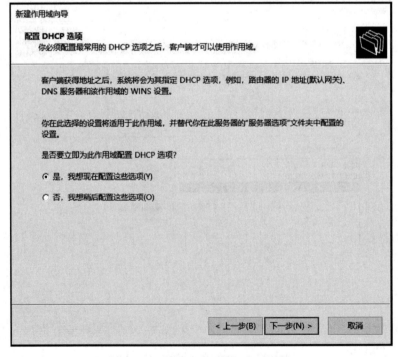

图 6.16　"配置 DHCP 选项"对话框

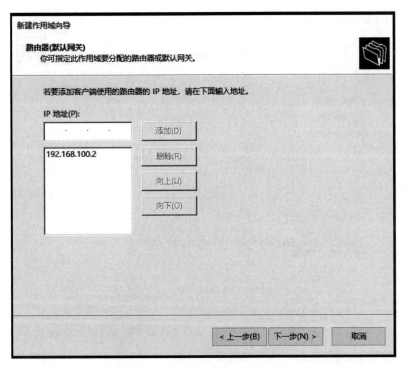

图 6.17　"路由器(默认网关)"对话框

(5) 在"路由器(默认网关)"对话框中，添加路由器(默认网关)IP 地址，单击"下一步"按钮，弹出"域名称和 DNS 服务器"对话框，如图 6.18 所示；输入父域名称，添加服务器名称和 IP 地址，单击"下一步"按钮，弹出"WINS 服务器"对话框，如图 6.19 所示。

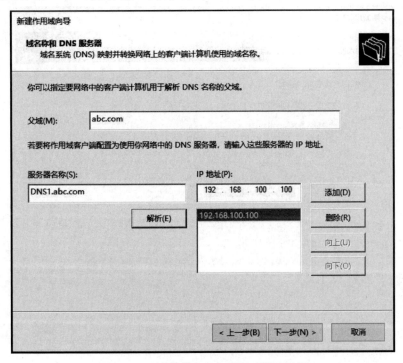

图 6.18　"域名称和 DNS 服务器"对话框

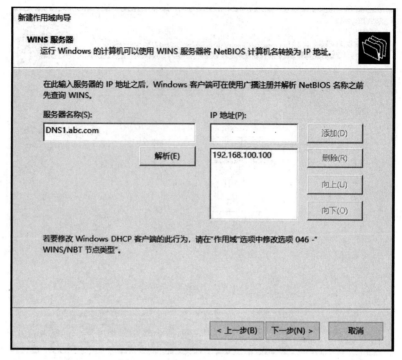

图 6.19　"WINS 服务器"对话框

（6）在"WINS 服务器"对话框中，添加服务器名称和 IP 地址，单击"下一步"按钮，弹出"激活作用域"对话框，如图 6.20 所示；选中"是，我想现在激活此作用域"单选按钮，单击"下一步"按钮，弹出"正在完成新建作用域向导"对话框，如图 6.21 所示，单击"完成"按钮，返回 DHCP 窗口。

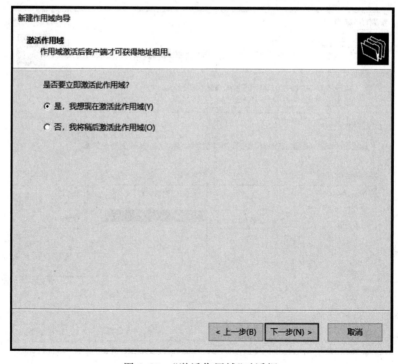

图 6.20　"激活作用域"对话框

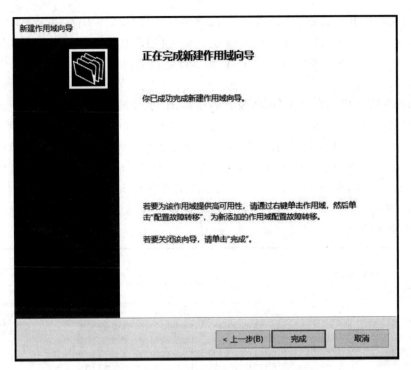

图 6.21 "正在完成新建作用域向导"对话框

2. 创建多个 IP 作用域

可以在一台 DHCP 服务器内建立多个 IP 作用域,以便对多个子网内的 DHCP 客户端提供服务。创建多个 IP 作用域拓扑结构图,如图 6.22 所示。

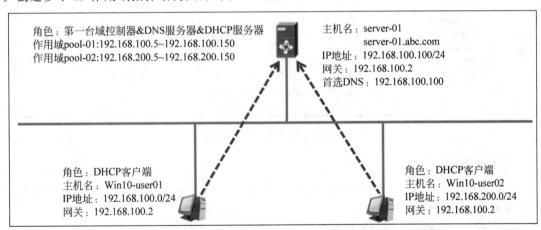

图 6.22 创建多个 IP 作用域拓扑结构图

(1)在 DHCP 服务器上创建两个作用域:一个用来提供 IP 地址作用域给左边网络内的客户端,此网络的网络地址段为 192.168.100.0/24;另一个用来提供 IP 地址作用域给右边网络内的客户端,此网络的网络地址段为 192.168.200.0/24。

(2)左侧网络的客户端在向 DHCP 服务器租用 IP 地址时,DHCP 服务器会选择 192.168.100.0/24 作用域的 IP 地址,而不是 192.168.200.0/24 作用域的 IP 地址。左侧客户端所发出的租用

IP数据包，是直接由DHCP服务器来接收的，因此数据包内的GIADDR（Gateway IP Address）字段中的路由器IP地址为0.0.0.0。当DHCP服务器发现此IP地址为0.0.0.0时，就知道是同一个网段（192.168.100.0/24）内的客户端租用IP地址，因此它会选择192.168.100.0/24作用域的IP地址给客户端。

（3）右侧网络的客户端在向DHCP服务器租用IP地址时，DHCP服务器会选择192.168.200.0/24作用域的IP地址，而不是192.168.100.0/24作用域的IP地址。右侧客户端所发出的租用IP数据包，是通过路由器转的，路由器会在这个数据包内GIADDR字段中填入路由器的IP地址（192.168.200.2），因此DHCP服务器便可以通过此IP地址得知DHCP客户端位于192.168.200.0/24的网段内，选择192.168.200.0/24作用域的IP地址给客户端。

（4）创建作用域pool-02（192.168.200.0/24），创建过程与创建作用域pool-01（192.168.100.0/24）过程类似，这里不再赘述。其创建结果，如图6.23所示。

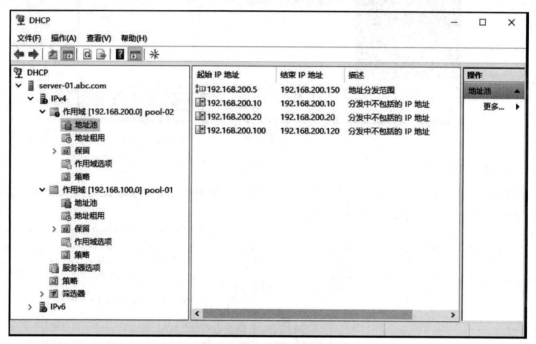

图6.23　创建多个IP作用域

3. 保留特定的IP地址

DHCP保留是指分配一个永久的IP地址，这个IP地址属于一个作用域，并且被永久保留给一个指定的DHCP客户端。

DHCP地址保留的工作原理是将作用域中的某个IP地址与某台客户端的MAC地址进行绑定，使得拥有这个MAC地址的网络适配器每次都能获得一个相同的IP地址。

DHCP保留具有与作用域一样的租期长度。因此，保用保留地址的客户端具有与作用域中其他客户端一样的租约续订过程。

下面以某公司销售部门为例，为销售部经理保留IP地址（192.168.100.88/24），使得销售部经理的计算机每次启动都可以获得这个保留的IP地址。

（1）查看销售部经理计算机的MAC地址。在命令提示符窗口中，使用ipconfig /all命令查看主机的 MAC 地址,如图 6.24 所示。

(2) 选择"服务器管理器"→DHCP 选项,弹出 DHCP 窗口,选择 IPv4→"保留"选项,右击,弹出如图 6.25 所示的快捷菜单。

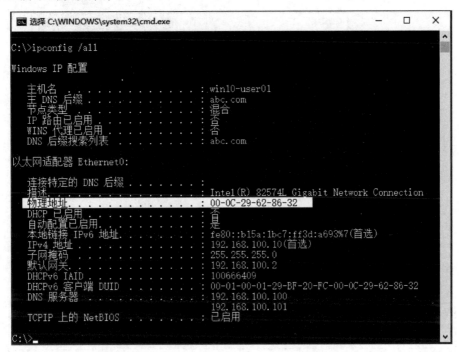

图 6.24　ipconfig /all 命令查看主机的 MAC 地址

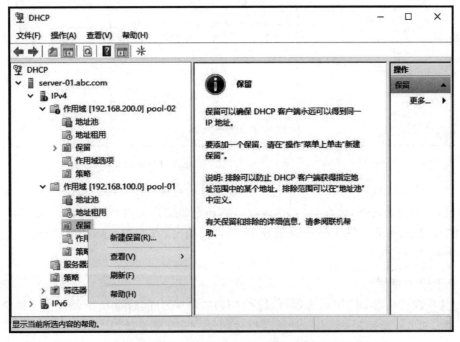

图 6.25　"保留"选项右键快捷菜单

（3）在"保留"选项右键快捷菜单窗口中，选择"新建保留"选项，弹出"新建保留"对话框，如图 6.26 所示；输入保留名称、IP 地址、MAC 地址以及描述等相应信息，在支持类型区域，选中"两者"单选按钮，单击"添加"按钮，返回 DHCP 窗口，完成保留特定的 IP 地址设置，如图 6.27 所示。

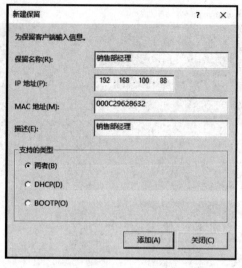

图 6.26　"新建保留"对话框

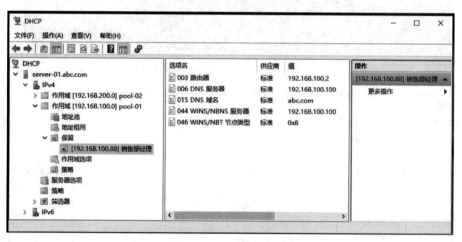

图 6.27　完成保留特定的 IP 地址设置窗口

（4）查看销售部经理计算机的 IP 地址。在命令提示符窗口中，使用 ipconfig /all 命令查看主机的 IP 地址，大部分情况下，计算机的 IP 地址仍然还是以前的。可以使用 ipconfig /release 命令释放现在 IP 地址、ipconfig /renew 命令更新 IP 地址。此时，查看销售部经理计算机的 IP 地址信息，内容如图 6.28 所示。

4. 配置 DHCP 选项

DHCP 选项配置是指 DHCP 服务器可以给 DHCP 客户端分配的除了 IP 地址和子网掩码以外的其他配置参数，如可以设置客户端登录的域名称、路由器、DNS 服务器、WINS 服务器、默认网关等。

使用 DHCP 选项配置能够提高选项客户端在网络中的功能。在租约生成的过程中，服务器为 DHCP 客户端提供 IP 地址和子网掩码，而 DHCP 选项配置可以为 DHCP 客户端提供其他更多的

图 6.28　获得保留 IP 地址信息

IP 配置参数。目前,大多数 DHCP 客户端均不能支持全部的 DHCP 选项,因此在实际应用中,通常只需要对常用的 DHCP 作用域选项进行配置。常用的 DHCP 配置选项,如表 6.1 所示。

表 6.1　常用的 DHCP 配置选项

选项代码	选项名称	描　述
003	路由器	DHCP 客户端所在 IP 子网的默认网关 IP 地址
006	DNS 服务器	DHCP 客户端解析 FQDN 时需要使用的首选和备用 DNS 服务器的 IP 地址
015	DNS 域名	指定 DHCP 客户端在解析只包含主机不包含域名时应使用的默认域名
016	交换服务器	客户端的交换服务器 IP 地址
044	WINS 服务器	DHCP 客户端解析 NetBIOS 名称时需要使用的首选和备用 WINS 服务器的 IP 地址

　　DHCP 服务器支持 4 种级别的配置选项,分别是服务器级别的配置选项、作用域级别的配置选项、类级别的配置选项和保留级别的配置选项。如何应用这些 DHCP 选项,与配置这些选项的位置有直接关系。如表 6.2 所示,描述了 DHCP 配置选项以及它们的作用范围。

表 6.2　DHCP 配置选项及其作用范围

选项名称	作用范围
服务器级别	被分配给 DHCP 服务器的所有客户端
作用域级别	被分配给作用域中的所有客户端
类级别	被分配给一个类里的所有客户端
保留级别	只分配给设置了 IP 地址保留的特定的 DHCP 客户端

　　从表 6.2 中可以看出,服务器级别选项的作用范围最大,保留级别选项作用范围最小。但是如果在服务级别选项和作用域级别选项同时设置了某个选项参数,最后 DHCP 客户端获取的参数将会是作用域级别的选项参数。它们的优先级表示为:保留级别选项＞类级别选项＞作用域级别选项＞服务器级别选项。

　　在服务器级别选项设置 DNS 服务器地址 192.168.100.100,在作用域级别选项设置 003 路由器的地址 192.168.100.2,其配置 DHCP 选项具体过程如下。

（1）打开 DIICP 窗口,选择 server-01.abc.com→IPv4→"服务器选项"选项,右击,在弹出的快捷菜单中选择"配置选项"选项,如图 6.29 所示；弹出"服务器选项"对话框,如图 6.30 所示,在"常规"选项卡中,勾选"006 DNS 服务器"复选框,输入服务器名称进行解析,或是直接输入 IP 地址进行添加。

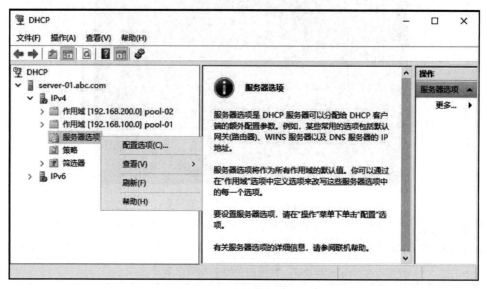

图 6.29　配置选项

图 6.30　"服务器选项"对话框

（2）在"服务器选项"对话框中，单击"确定"按钮，返回 DHCP 窗口，选择"作用域选项"选项，右击，在弹出的快捷菜单中选择"配置选项"选项，弹出"服务器选项"对话框，在"常规"选项卡中，勾选"003 路由器"复选框，输入服务器名称进行解析，或是直接输入 IP 地址进行添加，如图 6.31 所示；单击"确定"按钮，返回 DHCP 窗口，如图 6.32 所示。

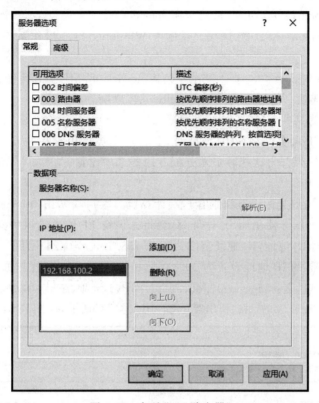

图 6.31　勾选"003 路由器"

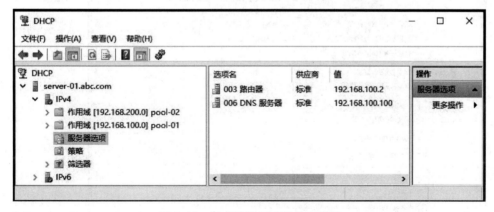

图 6.32　完成配置 DHCP 选项窗口

5. 配置 DHCP 类别选项

通过策略为特定的客户端计算机分配不同的 IP 地址与选项时，可以通过 DHCP 客户端所发送的供应商类别和用户类区分客户端计算机。

（1）类别选项简介。

- 供应商类别。可以根据操作系统厂商所提供的供应商类别标识符来设置选项。Windows Server网络操作系统的DHCP服务器已具备识别Windows客户端的能力，并通过以下4个内置的供应商类别选项来设置客户端的DHCP选项。

  ① DHCP Standard Options。适用于所有的客户端。

  ② Microsoft Windows 2000选项。适用于Windows 2000操作系统（含）及更高版本的客户端。

  ③ Microsoft Windows 98选项。适用于Windows 98/ME操作系统的客户端。

  ④ Microsoft选项。适用于其他的Windows客户端。

- 用户类。可以为某些DHCP客户端计算机设置用户类标识符。例如，标识符为IT，当这些客户端向DHCP服务器租用IP地址时，会将这个类标识符一并发送给服务器，而服务器会依据该类别标识符为这些客户端分配专用的选项设置。

（2）用户类实例操作。

实例操作1：通过用户类标识符识别客户端计算机。客户端Win10-user01的用户类标识符为IT。当客户端向DHCP服务器租用IP地址时，会将标识符IT传递给服务器，希望服务器根据此标识符来分配客户端的IP地址，IP地址范围为192.168.100.140/24～192.168.100.150/24，并且将客户端的DNS服务器的IP地址设置为192.168.100.100。其具体操作如下。

① 打开DHCP窗口，选择server-01.abc.com→IPv4选项，右击，在弹出的快捷菜单中选择"定义用户类"选项，如图6.33所示；弹出"DHCP用户类"对话框，如图6.34所示。

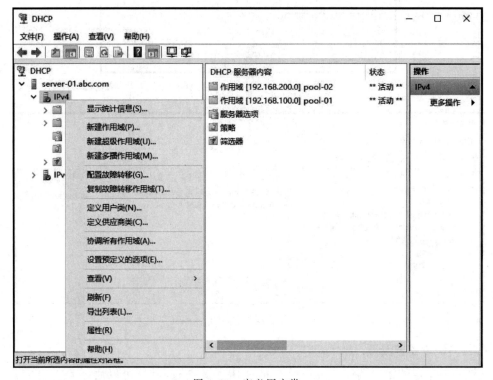

图6.33　定义用户类

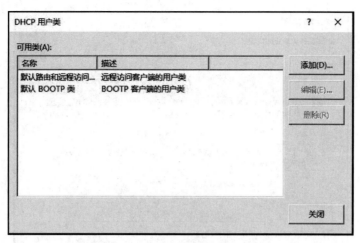

图 6.34　"DHCP 用户类"对话框

② 在"DHCP 用户类"对话框中，单击"添加"按钮，弹出"新建类"对话框，如图 6.35 所示；输入显示名称：研发部，直接在 ASCII 处输入用户类标识符 IT 后，单击"确定"按钮，返回 DHCP 窗口。

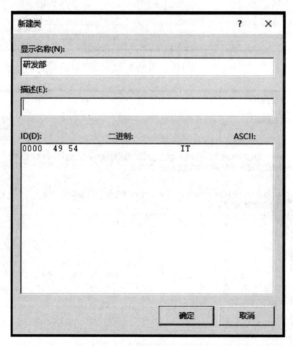

图 6.35　"新建类"对话框

③ 打开 DHCP 窗口，选择 server-01. abc. com→IPv4→"作用域[192.168.100.0]pool-01"→"策略"选项，右击，在弹出的快捷菜单中选择"新建策略"选项，弹出"DHCP 策略配置向导"对话框，如图 6.36 所示。

④ 在"DHCP 策略配置向导"对话框中，输入策略名称 test-IT，单击"下一步"按钮，弹出"为策略配置条件"对话框，如图 6.37 所示；单击"添加"按钮，弹出"添加/编辑条件"对话框，如图 6.38 所示。

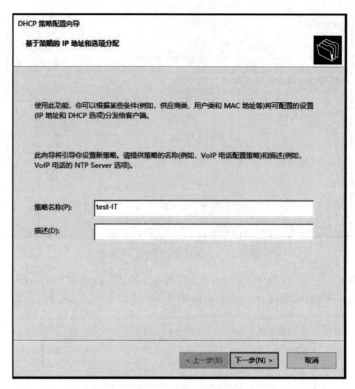

图 6.36 "DHCP 策略配置向导"对话框

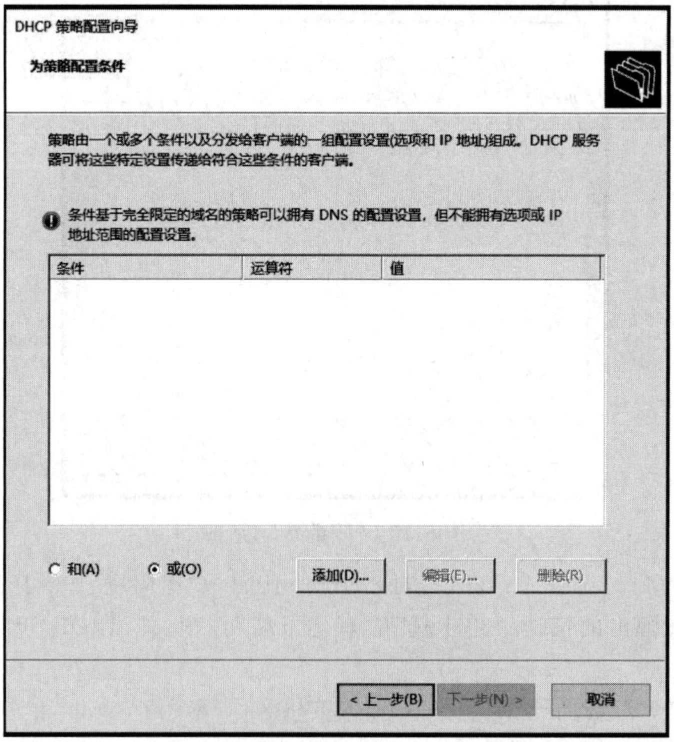

图 6.37 "为策略配置条件"对话框

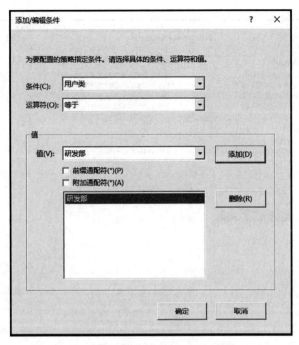

图 6.38 "添加/编辑条件"对话框

⑤ 在"添加/编辑条件"对话框中,在"条件"下拉列表中,选择"用户类"选项;在"运算符"下拉列表中,选择"等于"选项;在"值"区域下拉列表中,选择"研发部"选项;单击"确定"按钮,弹出"为策略配置设置"对话框,如图 6.39 所示;在"是否要为策略配置 IP 地址范围"区域,选中"是"单选按钮;在起始 IP 地址输入 192.168.100.140,结束 IP 地址输入 192.168.100.150;单击"下一步"按钮,弹出"供应商类"选项对话框,如图 6.40 所示。

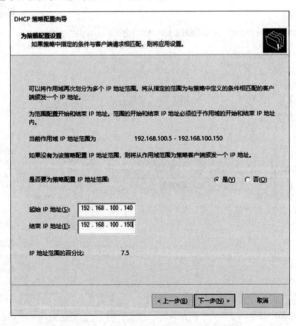

图 6.39 "为策略配置设置"对话框

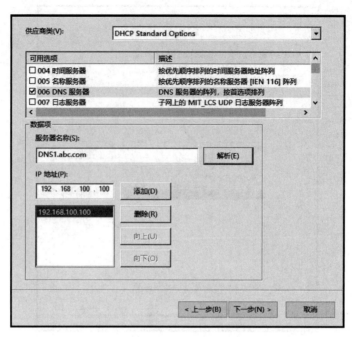

图 6.40 "供应商类"选项对话框

⑥ 在"供应商类"可用选项对话框中，勾选"006 DNS 服务器"复选框，输入服务器名称进行解析，或是直接输入 IP 地址进行添加；单击"下一步"按钮，弹出"摘要"对话框，如图 6.41 所示；单击"完成"按钮，返回 DHCP 窗口，如图 6.42 所示。

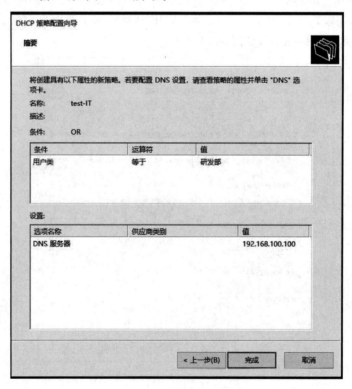

图 6.41 "摘要"对话框

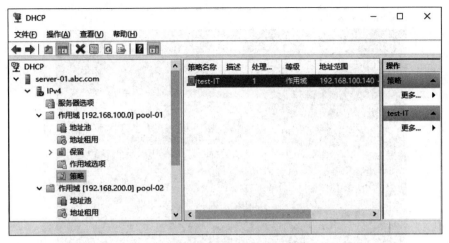

图 6.42　完成策略选项窗口

实例操作 2：DHCP 客户端设置。将客户端 Win10-user01 的用户类标识符设置为 IT，以管理员身份，打开"命令提示符"窗口，利用 ipconfig /setclassid 命令设置用户类标识符（类标识符区分大小写）。

可以使用以下 3 种方法，查看客户端的用户类标识符。

方法 1：在桌面上选择"网络"图标，右击，在弹出的快捷菜单中选择"属性"→"网络和共享中心"→"更改适配器设置"选项，弹出"网络连接"窗口，如图 6.43 所示，可以看到客户端的用户类标识符。

图 6.43　"网络连接"窗口

方法 2：以管理员身份打开"命令提示符"窗口，输入 control 命令，按 Enter 键，选择"网络和 Internet"→"网络和共享中心"→"查看网络状态和任务"→"更改适配器设置"选项，弹出"网络连接"窗口，可以看到 Win10-user01 客户端的用户类标识符为 Ethernet0 2。

方法 3：以管理员身份打开"命令提示符"窗口，输入 ipconfig /renew 命令，也可以看到 Win10-user01 客户端的用户类标识符为 Ethernet0 2。

使用 ipconfig /setclassid"Ethernet0 2"IT 命令来设置本地用户类标识符，执行命令结果，如图 6.44 所示；使用 ipconfig /all 命令可以查看本地 IP 地址信息，如图 6.45 所示；可以看到客户端获得的 IP 地址为 192.168.100.88，DNS 服务器 IP 地址为 192.168.100.100，所得到的 IP 地址在所设置的 IP 地址范围之内。可以在客户端计算机上使用 ipconfig /setclassid "Ethernet0 2"命令来删除用户类标识符。

图 6.44　设置本地用户类标识符

图 6.45　显示本地 IP 地址信息

6. DHCP 客户端的配置与测试

DHCP 的客户端 IP 地址支持手动和自动两种方式设置。使用 DHCP 是为了免除手动设置的大量重复工作和避免在设置中可能出现的差错。

当选择自动获取 DHCP 客户端 IP 地址时，可以同时为该客户端设置一个备用配置；当

DHCP 客户端从一个子网移动另外一个没有 DHCP 服务器的子网时,DHCP 客户端将无法获得 IP 地址,这时备用配置将生效。

DHCP 客户端可以在租用的任何时刻向 DHCP 服务器发送一个 DHCP release 数据包来释放它已有的 IP 地址配置信息,并且通过 DHCP renew 重新获得 IP 地址配置信息。

如果客户端无法向服务器租到 IP 地址,则在没有设置备用配置时,客户端每隔 5 分钟自动搜索 DHCP 服务器租用 IP 地址,在未租到 IP 地址之前,客户端默认配置一个 169.254.0.0/16 网段格式的 IP 地址。

在 Windows 平台中配置 DHCP 客户端非常简单,其操作步骤如下。

(1) 在桌面上选择"网络"图标,右击,在弹出的快捷菜单中选择"属性"→"网络和共享中心"→"更改适配器设置"→"网络连接"窗口,双击 Ethernet0 2 图标,弹出"Ethernet0 2 状态"对话框,如图 6.46 所示;单击"属性"按钮,弹出"Ethernet0 2 属性"对话框,勾选"Internet 协议版本(TCP/IPv4)"复选框,弹出"Internet 协议版本 4(TCP/IPv4)属性"对话框,如图 6.47 所示。

图 6.46　"Ethernet0 2 状态"对话框

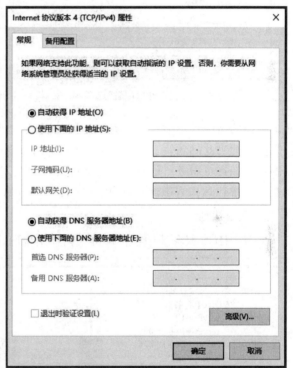

图 6.47　"Internet 协议版本 4(TCP/IPv4)属性"对话框

(2) 在"Internet 协议版本 4(TCP/IPv4)属性"对话框中,选中"自动获得 IP 地址"和"自动获得 DNS 服务器地址"单选按钮;单击"备用配置"选项卡,选中"用户配置"单选按钮,输入相关地址信息,如图 6.48 所示;单击"确定"按钮,返回"Ethernet0 2 状态"对话框,单击"详细信息"按钮,弹出"网络连接详细信息"对话框,如图 6.49 所示,可以查看网络连接详细信息。

6.2.4　配置 DHCP 中继代理

如果 DHCP 服务器与 DHCP 客户端位于不同的网段,由于 DHCP 消息以广播为主,而连接这

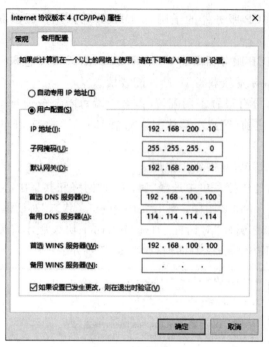

图 6.48　"备用配置"选项卡　　　　图 6.49　"网络连接详细信息"对话框

两个网段的路由并不会广播消息到不同的网段,因此限制了 DHCP 的有效使用范围。可以使用两种方法来解决此问题,一种方法是在每一个网段都安装一台 DHCP 服务器,它们各自对所属网段内的客户端提供服务;另一种方法是在没有 DHCP 服务器的网段将一台 Windows 服务器设置为DHCP 中继代理来解决此问题,因为它具备将 DHCP 消息直接转发给 DHCP 服务器的功能。

1. 项目规划

部署 DHCP 服务器中继代理网络拓扑结构图,如图 6.50 所示。

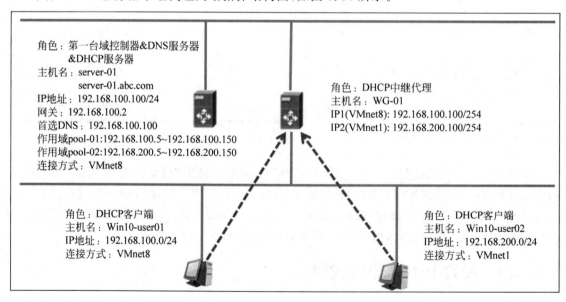

图 6.50　部署 DHCP 服务器中继代理网络拓扑结构图

WG-01担任DHCP服务器中继代理,同时代替路由器实现网络间的路由功能。DHCP1和WG-01的网卡1(对应的IP地址为192.168.100.100/24)的虚拟机网络连接模式使用自定义网络的VMnet8,客户端Win10-user01、Win10-user02和WG-01的网卡2(对应的IP地址为192.168.200.100/24)的虚拟机网络连接模式使用自定义网络的VMnet1。

提示:

自定义网络的子网可以通过选择虚拟机的"编辑"→"虚拟机网络编辑器"→"添加网络"选项进行添加。

2. 在DHCP服务器上新建两个作用域

以管理员身份登录计算机DHCP1(server-01),打开DHCP窗口,新建两个作用域pool-01和pool-02。作用域pool-01范围:192.168.100.5-192.168.100.150,作用域选项"003路由器":192.168.100.100;作用域pool-02范围:192.168.200.5-192.168.200.150,作用域选项"003路由器":192.168.200.100。设置完成后,可以自行测试,保证DHCP服务成功配置。

3. 在WG-01上安装路由和远程访问

需要在WG-01上安装远程访问角色,通过其所提供的路由和远程访问服务来设置DHCP中继代理,WG-01是双网卡,如图6.51所示。

图6.51 WG-01的双网卡

提示:

添加网络适配器(即网卡),可以通过选择虚拟机的"编辑"→"虚拟机设置"→"添加"→"网络适配器"选项进行添加。

在WG-01上安装路由和远程访问的主要操作如下。

(1)选择"服务器管理器"→"管理"→"添加角色和功能"选项,持续单击"下一步"按钮,直到出现"选择服务器角色"窗口时,勾选"远程访问"复选框,如图6.52所示;持续单击"下一步"按钮,直到出现"选择角色服务"窗口,如图6.53所示,勾选"DirectAccess和VPN(RAS)"和"路由"复选框。

(2)选择"服务器管理器"→"工具"→"路由和远程访问"选项,弹出"路由和远程访问"窗口,如图6.54所示,选择"路由和远程访问"→"SERVER-01(本地)"选项,右击,在弹出的快捷菜单中选择"配置并启动路由和远程访问"选项,弹出"路由和远程访问服务器安装向导"对话框,如图6.55所示。

(3)在"路由和远程访问服务器安装向导"对话框中,单击"下一步"按钮,弹出"配置"对话框,如图6.56所示;选中"自定义配置"单选按钮,单击"下一步"按钮,弹出"自定义配置"对话框,如图6.57所示。

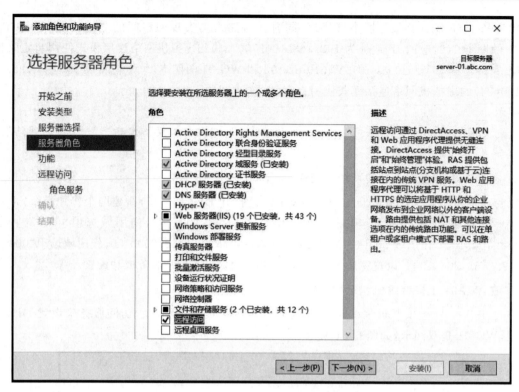

图 6.52 "选择服务器角色"窗口

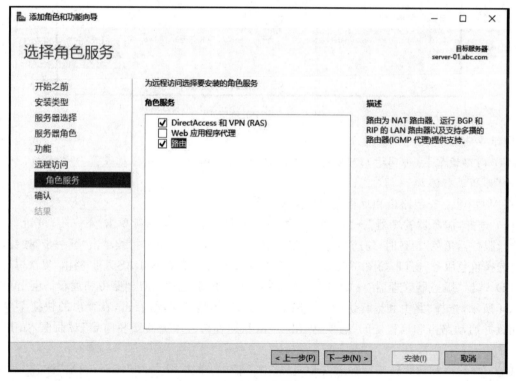

图 6.53 "选择角色服务"窗口

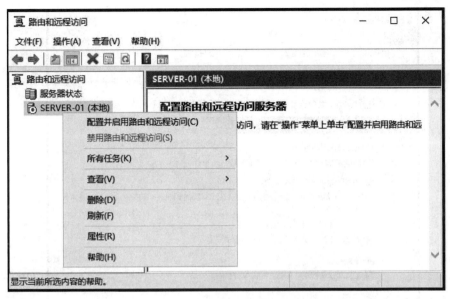

图 6.54 "路由和远程访问"窗口

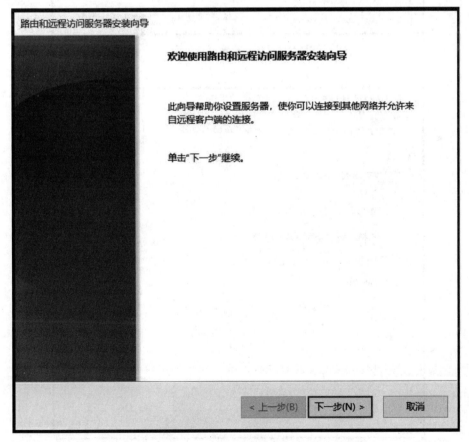

图 6.55 "路由和远程访问服务器安装向导"对话框

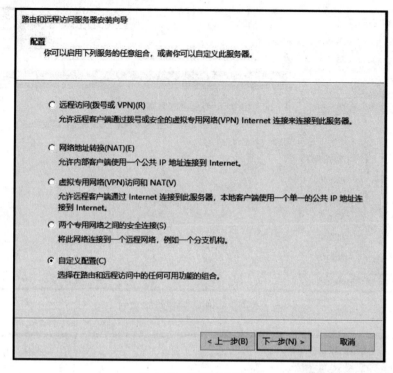

图 6.56 "配置"对话框

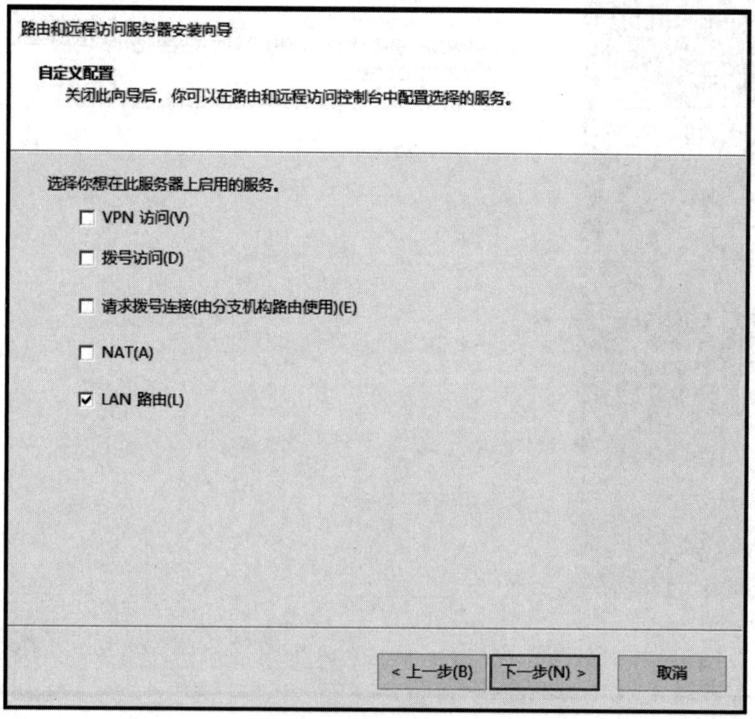

图 6.57 "自定义配置"对话框

（4）在"自定义配置"对话框中，勾选"LAN 路由"复选框，单击"下一步"按钮，弹出"正在完成路由和远程访问服务器安装向导"对话框，如图 6.58 所示；单击"下一步"按钮，弹出"启动服务"对话框，如图 6.59 所示，单击"启动服务"按钮，完成路由和远程访问服务，返回"路由和远程访问"对话框。

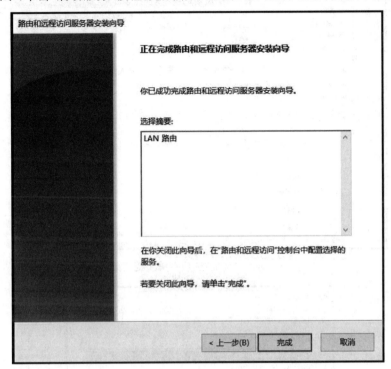

图 6.58 "正在完成路由和远程访问服务器安装向导"对话框

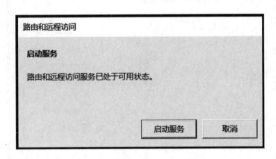

图 6.59 "启动服务"对话框

4．在 WG-01 上设置中继代理

在 WG-01 上设置中继代理，具体操作步骤如下。

（1）在"路由和远程访问"窗口中，选择"路由和远程访问"→"SERVER-01（本地）"→IPv4→"常规"选项，右击，弹出快捷菜单，如图 6.60 所示；选择"新增路由协议"选项，弹出"新路由协议"对话框，如图 6.61 所示。

（2）在"新路由协议"对话框中，选择 DHCP Relay Agent 选项，单击"确定"按钮，返回"路由和远程访问"窗口，选择"DHCP 中继代理"选项，右击，弹出快捷菜单，如图 6.62 所示；选择"属性"选项，弹出"DHCP 中继代理 属性"对话框，如图 6.63 所示。

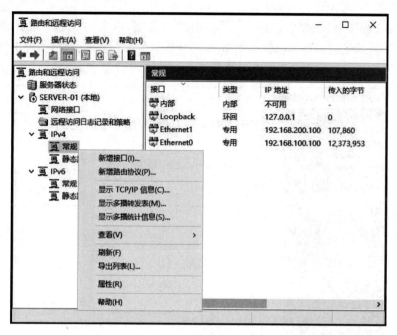

图 6.60 "常规"选项右键快捷菜单

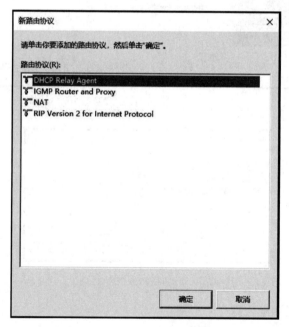

图 6.61 "新路由协议"对话框

（3）在"DHCP 中继代理 属性"对话框中，添加服务器地址，单击"确定"按钮，返回"路由和远程访问"窗口，选择"DHCP 中继代理"选项，右击，在弹出的快捷菜单中选择"新增接口"选项，弹出"DHCP Relay Agent 的新接口"对话框，如图 6.64 所示；选择 Ethernet1 选项，单击"确定"按钮，弹出"DHCP 中继属性-Ethernet1 属性"对话框，如图 6.65 所示。

（4）在"DHCP 中继属性-Ethernet1 属性"对话框中，勾选"中继 DHCP 数据包"复选框，输入跃点计数阈值和启动阈值，单击"确定"按钮，返回"路由和远程访问"窗口，如图 6.66 所示。

图 6.62 "DHCP中继代理"选项右键快捷菜单

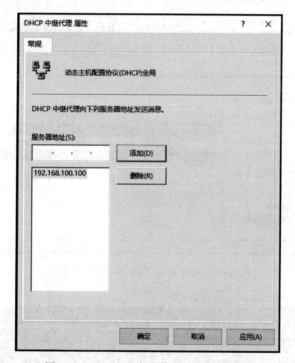

图 6.63 "DHCP中继代理 属性"对话框

（5）配置完成后,在客户端 Win10-user01 进行测试。在命令提示符窗口中,输入 ipconfig /renew 命令,查看当前 DHCP 客户端的 IP 地址分配情况,如图 6.67 所示。

提示:

在实验中 WG-01 由 Windows Server 2019 来代替,需要满足以下两个条件。

（1）安装"路由和远程访问"服务,启用路由。

（2）WG-01 必须和 DCHP 服务器集成到一台 Windows Server 2019 上。因为 Windows Server 2019 替代路由器无法转发 DHCP 广播报文,除非在 WG-01 上部署 DHCP 中继代理。

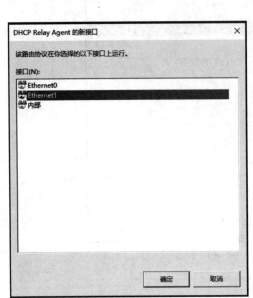
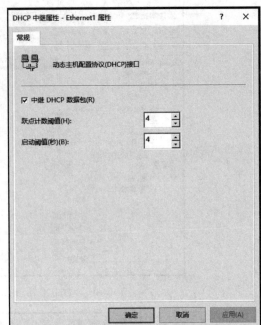

图 6.64　"DHCP Relay Agent 的新接口"对话框　　图 6.65　"DHCP 中继属性-Ethernet1 属性"对话框

图 6.66　完成 DHCP 中继代理新增接口

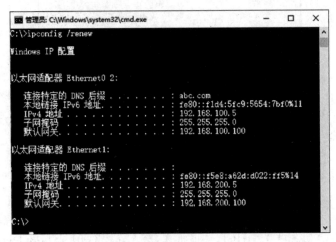

图 6.67　新路由协议窗口

为了实验测试成功,需要在服务器与客户端关闭防火墙功能(系统自带防火墙与单独安装的防火墙都需要关闭),同时关闭虚拟机中所有开启的 DHCP 功能。

6.2.5　配置 DHCP 超级作用域

超级作用域是 Windows Server 2019 的 DHCP 服务器的一种管理功能。当 DHCP 服务器上有多个作用域时,就可组成超级作用域,作为单个实体来管理。超级作用域常用于多网配置。多网是指在同一物理网段上使用两个或多个 DHCP 服务器以管理分离的逻辑 IP 网络。在多网配置中,可以使用 DHCP 超级作用域来组合多个作用域,为网络中的客户端提供来自多个作用域的租约。

在 WG-01 上安装路由和远程访问服务,在 DHCP 服务器上新建作用域 pool-01 和 pool-02,然后新建"超级作用域"。具体操作如下。

(1) 选择"服务器管理器"→"工具"→DHCP 选项,弹出 DHCP 窗口,选择 server-01. abc. com→IPv4 选项,右击弹出快捷菜单,如图 6.68 所示,选择"新建超级作用域"选项,弹出"新建超级作用域向导"对话框,如图 6.69 所示。

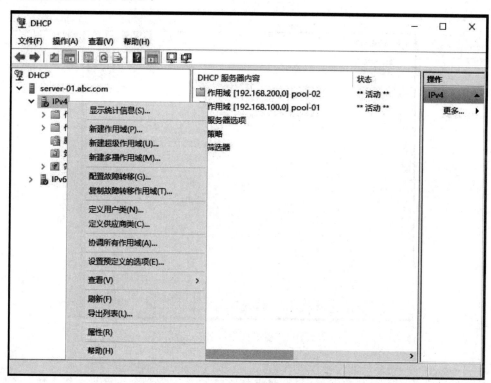

图 6.68　IPv4 选项右键快捷菜单

(2) 在"新建超级作用域向导"对话框中,单击"下一步"按钮,弹出"超级作用域名"对话框,如图 6.70 所示;输入名称 pool-100,单击"下一步"按钮,弹出"选择作用域"对话框,如图 6.71 所示。

(3) 在"选择作用域"对话框中,选择可用作用域,单击"下一步"按钮,弹出"正在完成新建超级作用域向导"对话框,如图 6.72 所示;单击"完成"按钮,返回 DHCP 窗口,可以看到超级作用域 pool-100 创建完成,如图 6.73 所示。

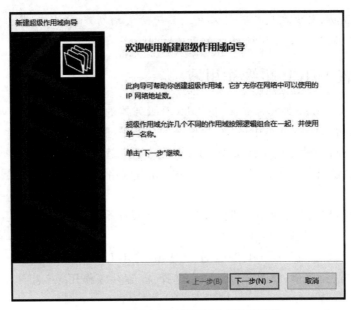

图 6.69　"新建超级作用域向导"对话框

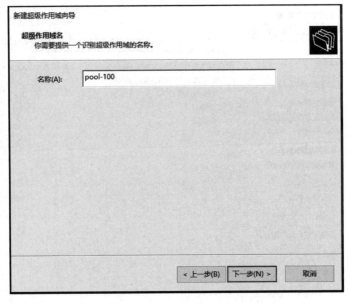

图 6.70　"超级作用域名"对话框

提示：

超级作用域只是一个简单的容器，删除超级作用域时并不会删除其中的子作用域。

6.2.6　DHCP 数据库的备份和还原

DHCP 服务器的数据库文件存储着 DHCP 服务的配置数据，包括 IP 地址、作用域、租约地址、保留地址和配置选项等相关信息，系统默认将数据保存在％Systemroot％\System32\dhcp 文件夹中（％Systemroot％代表系统目录的环境变量。一般情况下，如果系统默认安装在 C 盘，就代表 C:\Windows 这个目录），如图 6.74 所示，其中最重要的文件是 dchp.mdb，其他的是辅助文件。

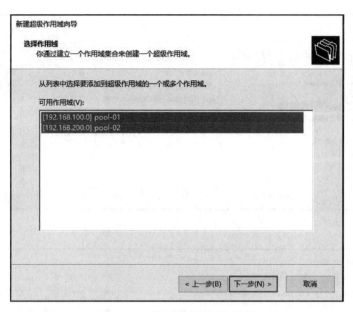

图 6.71　"选择作用域"对话框

图 6.72　"正在完成新建超级作用域向导"对话框

DHCP 服务器默认会每隔 60 分钟自动将 DHCP 数据库文件备份到 backup 文件夹,可以手动将 DHCP 数据库文件备份到指定的文件夹,系统默认备份到 backup 文件夹。

某公司随着业务的发展,公司原来的 DHCP 服务器已经不能满足公司的发展要求,需要将原来的 DHCP 数据库转移到另外一台新的 DHCP 服务器,使用新的 DHCP 服务器接替原来的服务器工作。可以将原来的 DHCP 服务器上的数据库进行备份,再将备份文件存放在一个安全的位置,然后在新的 DHCP 服务器上安装 DHCP 服务,再将原来的 DHCP 服务器的数据库备份复制到新的 DHCP 服务器上,或将新的 DHCP 服务器直接与第三方存储设备连接。其主要操作如下。

选择"服务器管理器"→"工具"→DHCP 选项,弹出 DHCP 窗口,选择 server-01.abc.com 选

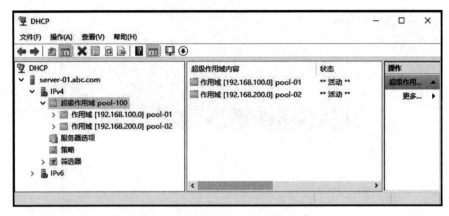

图 6.73　超级作用域 pool-100 创建完成窗口

图 6.74　DHCP 数据库文件

项，右击，在弹出的快捷菜单中选择"备份"或"还原"选项，进行相应的操作，如图 6.75 所示。

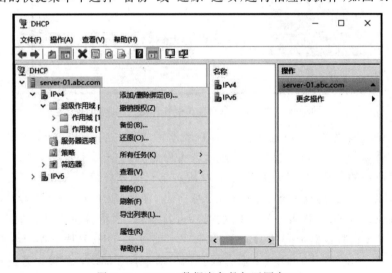

图 6.75　DHCP 数据库备份与还原窗口

课后习题

1. 选择题

（1）DHCP 采用了客户端/服务器模式，使用 UDP 传输，从 DHCP 客户端到达 DHCP 服务器的报文使用目的端口（　　　），从 DHCP 服务器到达 DHCP 客户端使用源端口（　　　）。

（2）在 Windows Server 2019 环境中，使用（　　　）命令可以查看 IP 地址配置，释放 IP 地址使用（　　　）命令，重新获得 IP 地址使用（　　　）命令。

（3）当 DHCP 服务器上有多个作用域时，就可组成（　　　），作为单个实体来管理。

（4）DHCP 服务器默认每隔（　　　）分钟自动将 DHCP 数据库文件备份到（　　　）文件夹，其中最重要的文件是（　　　）。

2. 选择题

（1）DHCP 选项的设置中，不可以设置的是（　　　）。

    A. DNS 域名　　　　　B. DNS 服务器　　　　　C. 路由器　　　　　D. 计算机名

（2）下列命令中，用来释放网络适配器 IP 地址的命令是（　　　）。

    A. ipconfig /all　　　　　　　　　　　B. ipconfig /release

    C. ipconfig /renew　　　　　　　　　　D. ipconfig /setclassid

3. 简答题

（1）简述 DHCP 的工作原理。

（2）简述 DHCP 地址分配类型。

（3）简述保留特定的 IP 地址的作用。

第7章

Web与FTP服务器配置管理

学习目标

- 掌握 Web 与 FTP 服务器基础知识。
- 掌握安装 Web 与 FTP 服务器角色、创建 Web 网站、创建多个 Web 网站、管理 Web 网站虚拟目录方法。
- 掌握创建和管理 FTP 站点、创建 FTP 虚拟目录、创建 FTP 虚拟主机、AD 环境下实现 FTP 多用户隔离方法。

7.1 Web 与 FTP 服务器基础知识

互联网信息服务（Internet Information Services，IIS）提供了基本服务，包括发布信息、传输文件、支持用户通信和更新这些服务所依赖的数据存储。

7.1.1 Web 服务器概述

V7-1

随着互联网的不断发展和普及，Web 服务已经成为人们日常生活中必不可少的组成部分，只要在浏览器的地址栏中输入一个网址，即可进入网络世界，获得几乎所有想要的资源。Web 服务已经成为人们工作、学习、娱乐和社交等活动的重要工具，对于绝大多数的普通用户而言，万维网（World Wide Web，WWW）几乎就是 Web 服务的代名词。Web 服务提供的资源多种多样，可能是简单的文本，也可能是图片、音频和视频等多媒体数据。如今，随着移动网络的迅猛发展，智能手机逐渐成为人们访问 Web 服务的入口，不管是使用浏览器还是使用智能手机，Web 服务的基本原理都是相同的。

1. Web 服务的工作原理

WWW 是互联网中被广泛应用的一种信息服务技术。WWW 采用的是客户端/服务器模式，整理和存储各种 WWW 资源,并响应客户端软件的请求,把所需要的信息资源通过浏览器传送给用户。

Web 服务通常可以分为两种:静态服务和动态服务。Web 服务运行于 TCP 之上,每个网站都对应一台(或多台)Web 服务器,服务器中有各种资源,客户端就是用户面前的浏览器。Web 服务的工作原理并不复杂,一般可分为 4 个步骤,即连接过程、请求过程、应答过程及关闭连接。

- 连接过程:浏览器和 Web 服务器之间建立 TCP 连接的过程。
- 请求过程:浏览器向 Web 服务器发出资源查询请求,在浏览器中输入的 URL 表示资源在 Web 服务器中的具体位置。
- 应答过程:Web 服务器根据 URL 把相应的资源返回给浏览器,浏览器以网页的形式把资源展示给用户。
- 关闭连接:在应答过程完成之后,浏览器和 Web 服务器之间断开连接的过程。

浏览器和 Web 服务器之间的一次交互也被称为一次"会话"。

2. 超文本传输协议

超文本传输协议(HyperText Transfer Protocol,HTTP)是互联网的一个重要组成部分,而 Apache、IIS 服务器是 HTTP 的服务器软件,微软公司的 Edge 和 Mozilla 公司的 Firefox 则是 HTTP 的客户端实现。

3. 简单邮件传输协议

简单邮件传输协议(Simple Mail Transfer Protocol,SMTP)是一组用于从源地址到目的地址传输邮件的规范,通过它来控制邮件的中转方式。通过 SMTP 服务 IIS 能够发送和接收电子邮件。例如,为确认用户提交表格成功,可以对服务器编程以自动发送邮件来响应事件,也可以使用 SMTP 服务接收来自网站客户反馈的消息。

7.1.2 FTP 服务器概述

V7-2

一般来讲,人们将计算机联网的首要目的就是获取资料,而文件传输是一种非常重要的获取资料的方式。今天的互联网是由海量 PC、工作站、服务器、小型机、大型机、巨型机等不同型号、具有不同架构的物理设备共同组成的,即便是个人计算机,也可能会装有 Windows、Linux、UNIX、macOS 等不同的操作系统。为了能够在复杂多样的设备之间解决文件传输问题,文件传输协议(File Transfer Protocol,FTP)应运而生。

1. FTP 简介

FTP 是一种在互联网中进行文件传输的协议,基于客户端/服务器(C/S)模式,默认使用端口 20、21。其中,端口 20(数据端口)用于进行数据传输,端口 21(命令端口)用于接收客户端发出的 FTP 相关命令与参数。FTP 服务器普遍部署于内网,具有容易搭建、方便管理的特点。有些 FTP 客户端工具可以支持文件的多点下载以及断点续传技术,因此 FTP 服务受到了广大用户的青睐。FTP 优点是小巧轻便、安全易用、稳定高效、可伸缩性好、可限制带宽,可创建虚拟用户,支持 IPv6,传输速率高,可满足企业跨部门、多用户的使用需求等。

FTP 服务器是遵循 FTP 在互联网中提供文件存储和访问服务的主机;FTP 客户端则是向服务器发送连接请求,以建立数据传输链路的主机。FTP 有以下两种工作模式。

- 主动模式：FTP服务器主动向客户端发起连接请求。
- 被动模式：FTP服务器等待客户端发起连接请求（FTP的默认工作模式）。

2. FTP工作原理

FTP的目标是提高文件的共享性，提供非直接使用远程计算机，使存储介质对用户透明、可靠、高效地传送数据，它能操作任何类型的文件而不需要进一步处理。但是，FTP有着极高的时延，从开始请求到第一次接收需求数据之间的时间非常长，且必须完成一些冗长的登录过程。

FTP是基于客户端/服务器模型而设计的，其在客户端与FTP服务器之间建立了两个连接。开发任何基于FTP的客户端软件都必须遵循FTP的工作原理。FTP的独特优势是它在两台通信的主机之间使用了两条TCP连接，一条是数据连接，用于传送数据；另一条是控制连接，用于传送控制信息（命令和响应）。这种将命令和数据分开传送的思想大大提高了FTP的效率，而其他客户服务器应用程序一般只有一条TCP连接。

FTP大大简化了文件传输的复杂性，它能使文件通过网络从一台主机传送到另外一台计算机上却不受计算机和操作系统类型的限制，无论是PC、服务器、大型机，还是macOS、Linux、Windows操作系统，只要双方都支持FTP，就可以方便、可靠地进行文件的传输。

FTP服务器的具体工作流程如下。

（1）客户端向服务器发出连接请求，同时客户端系统动态地打开一个大于1024的端口（如3012端口）等候服务器连接。

（2）若FTP服务器在其21端口侦听到该请求，则会在客户端的3012端口和服务器的21端口之间建立一个FTP连接。

（3）当需要传输数据时，FTP客户端动态地打开一个大于1024的端口（如3013端口）连接到服务器的20端口，并在这两个端口之间进行数据的传输。当数据传输完毕后，这两个端口会自动关闭。

（4）当FTP客户端断开与FTP服务器的连接时，客户端会自动释放分配的端口。

7.2 技能实践

目前大部分公司都有自己的网站，用来实现信息发布、资料查询、数据处理、网络办公、远程教育和视频点播等功能，还可以用来实现电子邮件服务。搭建网站需要Web服务来实现，而在小型网络中使用最多的网络操作系统是Windows Server，因此微软公司的IIS系统提供的Web服务和FTP服务也成为使用最为广泛的服务。

7.2.1 安装Web与FTP服务器角色

安装Web与FTP服务器角色，具体步骤如下。

（1）选择"服务器管理器"→"管理"→"添加角色和功能"选项，连续单击"下一步"按钮，直到出现"选择服务器角色"窗口时，勾选"Web服务器"复选框，弹出"添加角色和功能向导"对话框，如图7.1所示；在"添加角色和功能向导"对话框中，单击"添加功能"按钮，返回"选择服务器角色"窗口，连续单击"下一步"按钮，直到出现"选择角色服务"对话框时，勾选全部"安全性"复选框，并勾选"FTP 服务器"复选框,如图 7.2 所示。

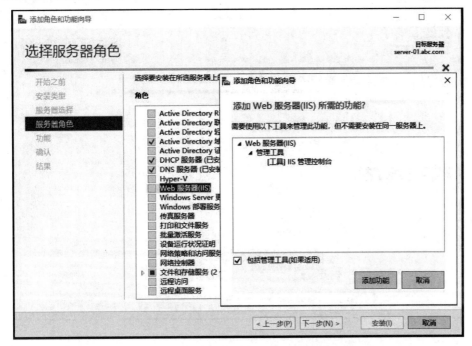

图 7.1　"添加角色和功能向导"对话框

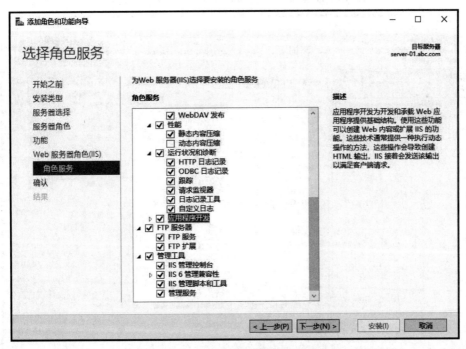

图 7.2　"选择角色服务"对话框

（2）连续单击"下一步"按钮,最后单击"安装"按钮,弹出"安装进度"窗口,开始安装 Web 与 FTP
服务器角色,如图 7.3 所示;安装完毕后,单击"关闭"按钮,完成 Web 与 FTP 服务角色的安装。

（3）选择"服务器管理器"→"工具"→"Internet Information Services（IIS）管理器"选项,弹出

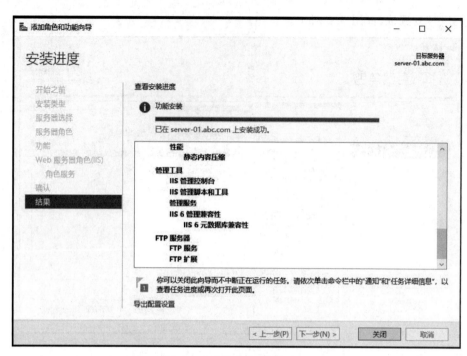

图 7.3 "安装进度"完成窗口

"Internet Information Services(IIS)管理器"窗口，可以配置和管理 Web 与 FTP 服务器，如图 7.4 所示。

图 7.4 "Internet Information Services(IIS)管理器"窗口

（4）安装 IIS 以后，测试 Web 服务器是否正常工作。以客户端 Win10-user01 为例进行测试，在浏览器中可以使用以下 3 种地址格式进行测试。

① IP 地址：http://192.168.100.100/，如图 7.5 所示。

② DNS 域名地址：http:/dns1.abc.com，如图 7.6 所示。

③ 计算机名：http://dns1/。

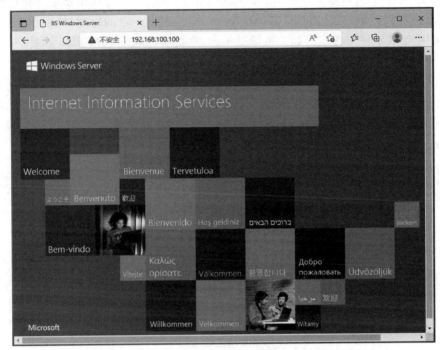

图 7.5　IP 地址方式测试

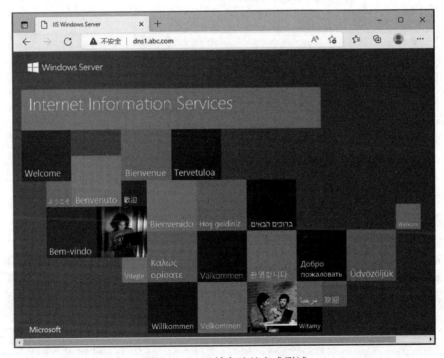

图 7.6　DNS 域名地址方式测试

7.2.2　创建 Web 网站

超文本标记语言（HyperText Markup Language，HTML）是一种用于创建网页的标准标记语言。Web 网站也称为网站（Web Site），是指在 Internet 上根据一定的规则，使用 HTML 等编程语言开发制作的用于展示特定内定的相关资源的集合，这些资源可能包括文本、图片、视频、音频、脚本程序、各种程序接口、数据库等信息。

在使用浏览器 Web 网站时，用户在浏览器的地址栏里输入网站地址，这个地址叫作统一资源定位器（Uniform Resource Locator，URL）。就像每个人都有一个唯一的身份证号码一样，能唯一标识此人的身份，每个 Web 资源也都有一个唯一的 URL 地址。使用 URL 可以将整个 Internet 上的资源用统一的格式来进行定位。URL 的一般格式如下。

> http://主机名：端口号/路径/文件名

例如，http://www.lncc.edu.cn/web/login.html，这个 URL 表示在 www.lncc.edu.cn 这台 Web 服务器的网站主目录下的 web 子目录下的网页文件 login.html。

1. 项目规划

部署 Web 服务器网络拓扑结构图，如图 7.7 所示。

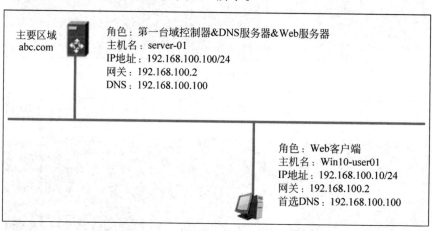

图 7.7　部署 Web 服务器网络拓扑结构图

在部署 Web 服务器之前须完成如下配置。

（1）在服务器 server-01 上部署域环境，域名为 abc.com。

（2）设置 DNS 服务器的 TCP/IP 属性，设置 IP 地址、子网掩码、默认网关和 DNS 服务器地址等相关信息。

（3）设置 Windows 10 客户端主机的 TCP/IP 属性，设置 IP 地址、子网掩码、默认网关和 DNS 服务器地址等相关信息。

2. 管理和创建 Web 网站

选择"服务器管理器"→"工具"→"Internet Information Services（IIS）管理器"选项，弹出"Internet Information Services（IIS）管理器"窗口，选择 SERVER-01 →"网站"→Default Web Site 选项，右击，在弹出的快捷菜单中选择"管理网站"→"启动"或"停止"选项，可以默认网站（Default

Web Site)进行启动和停止等相关操作,如图7.8所示。

图7.8　管理默认网站(Default Web Site)

管理和创建 Web 网站,具体操作步骤如下。

(1) 准备 Web 网站内容。在 D 盘上创建文件夹 D:\web 作为网站的主目录,并在该文件夹中存放网页 index.html 作为网站的首页,网页内容为 welcome to here!,网站首页文件可以使用记事本或 Dreamweaver 等软件进行编写。

(2) 创建 Web 网站。打开"Internet Information Services(IIS)管理器"窗口,选择"网站"选项,右击,在弹出的快捷菜单中选择"添加网站"选项,弹出"添加网站"对话框,如图7.9所示;输入网站名称、选择物理路径、绑定 IP 地址与端口,单击"确定"按钮,返回"Internet Information Services(IIS)管理器"窗口,可以看到新创建的 Web 网站 web-test01,如图7.10所示。

(3) 测试 Web 网站 web-test01。用户在客户端 Win10-user01 上打开浏览器,输入 http://192.168.100.100 或 http://dns1.abc.com 均可访问刚才建立的网站 web-test01,如图7.11所示。

(4) 设置默认文档。默认文档是指在浏览器中输入 Web 网站的 IP 地址或域名即显示出来的 Web 页面,也就是通常所说的主页(Home Page)。Windows Server 2019 中的 IIS 10.0 默认文档的文件名有5种,分别为 Default.htm、Default.asp、index.htm、index.html 和 iisstart.htm。这也是一般网站中最常用的主页名。默认文档既可以是一个,也可以是多个。当设置多个默认文档时,IIS 将按照排列的前后顺序依次调用这些文档。当第一个文档存在时,将直接把它显示在用户的浏览器上,而不是调用后面的文档;第一个文档不存在时,将第二个文件显示给用户,以此类推。

打开"Internet Information Services(IIS)管理器"窗口,选择"网站"→web-test01选项,在右侧窗口中选择"默认文档"图标,显示网站 web-test01 的默认文档,如图7.12所示,在窗口的右侧可以

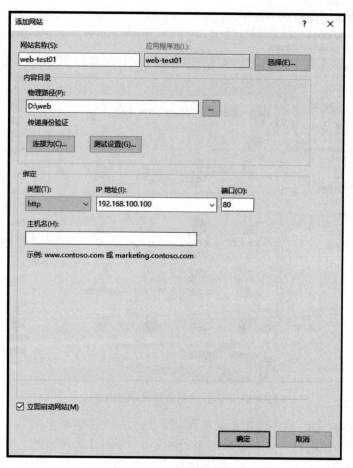

图 7.9 "添加网站"对话框

图 7.10 新创建的 Web 网站 web-test01

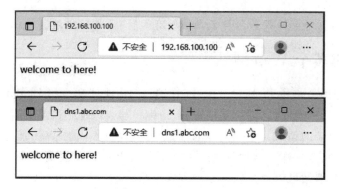

图 7.11 测试 Web 网站 web-test01

图 7.12 "默认文档"窗口

选择"上移"或"下移"选项,调整默认文档的顺序。

如果 Web 网站无法找到这 5 个文件中的任何一个,例如,将 D:\ web\index.html 文件更改为 D:\ web \index01.html,此时用户在客户端再访问 Web 时,将在 Web 浏览器上显示"服务器错误"信息提示,如图 7.13 所示。

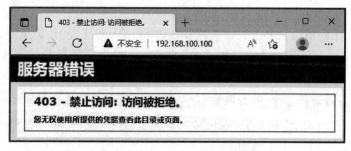

图 7.13 "服务器错误"信息提示

提示:

使用域名访问 Web 网站时,必须正确配置 DNS 服务器,正确创建主机资源或别名记录等相关

内容；建议在测试时，暂时关闭服务器与客户端所有的软/硬件防火墙。

7.2.3 创建多个 Web 网站

使用 IIS 10.0 的虚拟机技术，通过分配 TCP 端口、IP 地址和主机名，可以在一台服务器上建立多个虚拟 Web 网站。每个网站都具有唯一的，由端口号、IP 地址和主机名 3 部分组成的网站标识，用来接收来自客户端的请求。不同的 Web 网站可以提供不同的 Web 服务，而且每一个虚拟主机和一台独立的主机完全一样。这种方式适用于企业或组织需要创建多个网站的情况，可以节省成本。架设多个 Web 网站可以通过以下 3 种方式。

(1) 使用不同端口号架设多个 Web 网站。

(2) 使用不同主机名架设多个 Web 网站。

(3) 使用不同 IP 地址架设多个 Web 网站。

在架设一个 Web 网站时，要根据企业本身现有的条件，如投资的多少、IP 地址的多少、网站性能的要求等，选择不同的虚拟主机技术。

1. 使用不同端口号架设多个 Web 网站

如果在 Web 服务器上架设多个 Web 网站，但计算机只有一个 IP 地址，这该如何解决呢？利用这一个 IP 地址，使用不同的端口号也可以达到架设多个网站的目的。其实，用户访问所有的网站都需要使用相应的 TCP 端口。只不过 Web 服务器默认的 TCP 端口为 80，在用户访问时不需要输入；但如果网站的 TCP 端口不为 80，在输入网址时就必须加上端口号。利用 Web 服务的这个特点，可以架设多个 Web 网站，每个网站均使用不同的端口号。使用这种方式创建的网站，其域名或 IP 地址部分完全相同，仅端口号不同。用户使用网址访问时，必须加上相应的端口号。在同一台 Web 服务器上使用同一个 IP 地址、两个不同的端口号（80、8080）创建两个网站，其具体操作步骤如下。

(1) 准备 Web 网站内容。在 D 盘上创建文件夹 D:\web02 作为网站的主目录，并在该文件夹中存放网页 index.html 作为网站的首页，网页内容为"hello everyone!"。

(2) 以域管理员账户登录 Web 服务器，打开"Internet Information Services(IIS)管理器"窗口，选择"网站"选项，右击，在弹出的快捷菜单中选择"添加网站"选项，弹出"添加网站"对话框，创建第 2 个 Web 网站，网站名称为 web-test02，物理路径为 D:\web02，IP 地址为 192.168.100.100，端口号为 8080，如图 7.14 所示；单击"确定"按钮，返回"Internet Information Services(IIS)管理器"窗口，创建完成 Web 网站 web-test02，如图 7.15 所示。

(3) 在客户端上访问两个网站。在客户端 win10-user01 上打开 IE 浏览器，分别输入 http://192.168.100.100 和 http://192.168.100.100:8080，这时会发现打开了两个不同的网站 web-test01 和 web-test02。

2. 使用不同端口号访问多个 Web 网站

使用 www.abc.com 访问第 1 个 Web 网站 web-test01；使用 www1.abc.com 访问第 2 个 Web 网站 web-test02，具体操作步骤如下。

(1) 以域管理员账户登录 Web 服务器，打开"Internet Information Services(IIS)管理器"窗口，选择"网站"→web-test01 选项，右击，在弹出的快捷菜单中选择"编辑绑定"选项，弹出"编辑网站绑定"对话框，输入 IP 地址：192.168.100.100、端口：80、主机名：www.abc.com，如图 7.16

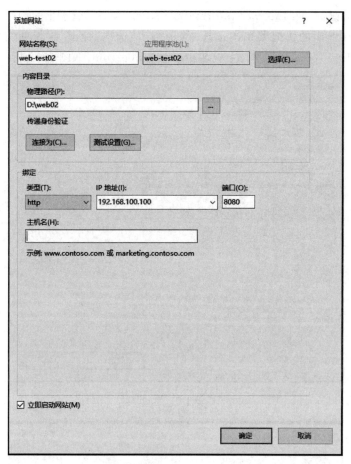

图 7.14　"添加网站"对话框

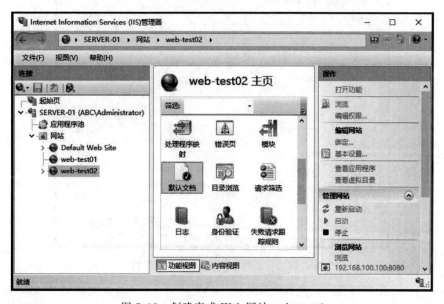

图 7.15　创建完成 Web 网站 web-test02

所示；单击"确定"按钮，返回"Internet Information Services(IIS)管理器"窗口，选择"网站"→web-test02 选项，右击，在弹出的快捷菜单中选择"编辑绑定"选项，弹出"编辑网站绑定"对话框，输入 IP 地址：192.168.100.100、端口：80、主机名：www1.abc.com，如图 7.17 所示。

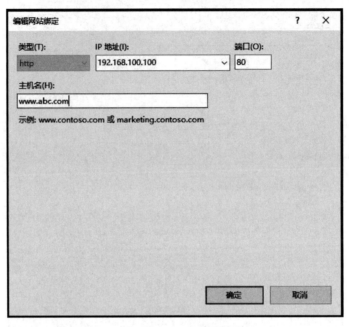

图 7.16　设置第 1 个 Web 网站的主机名

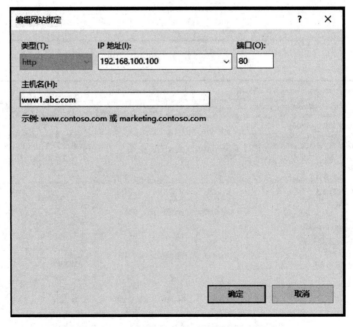

图 7.17　设置第 2 个 Web 网站的主机名

（2）打开"DNS 管理器"窗口，选择 DNS→SERVER-01→"正向查找区域"→abc.com 选项，创建别名记录，右击右侧空白区域，在弹出的快捷菜单中选择"新建别名"选项，出现"新建资源记录"

窗口,在"别名"文本框中输入 www1,在"目标主机的完全合格的域名(FQDN)"文本框中输入 DNS1.abc.com,单击"确定"按钮,别名创建完成,如图 7.18 所示。

图 7.18　DNS 配置完成窗口

(3) 在客户端上访问两个网站。在客户端 win10-user01 上打开 IE 浏览器,分别输入 http://www.abc.com 和 http://www1.abc.com,这时会发现打开了两个不同的网站 web-test01 和 web-test02,访问网站 web-test02 的结果,如图 7.19 所示。

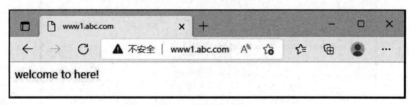

图 7.19　访问网站 web-test02 的结果

3. 使用不同 IP 地址架设多个 Web 网站

如果要在一台 Web 服务器上创建多个网站,为了使每个网站域名都能对应于独立的 IP 地址,一般都使用多个 IP 地址来实现,这种方案称为 IP 虚拟主机技术,也是比较传统的解决方案。当然,为了使用户在浏览器中可使用不同的域名来访问不同的 Web 网站,必须将主机名及其对应的 IP 地址添加到 DNS 中。要使用多个 IP 地址架设多个网站,需要在一台服务器上绑定多个 IP 地址。一张网卡可以绑定多个 IP 地址,再将这些 IP 地址分配给不同的虚拟网站,就可以达到一台服务器利用多个 IP 地址来架设多个 Web 网站的目的。例如,要在一台服务器上创建 www.abc.com 和 www1.abc.com 两个网站,对应的 IP 地址分别为 192.168.100.100 和 192.168.100.101,需要在

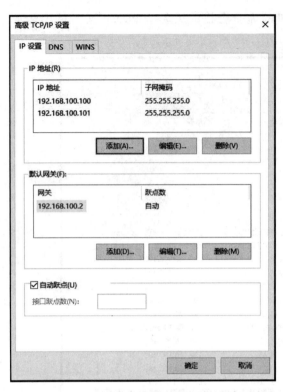

图 7.20 "高级 TCP/IP 设置"对话框

服务器网卡中添加这两个地址，具体操作步骤如下。

（1）以域管理员账户登录 Web 服务器，在桌面上选择"网络"图标，右击，在弹出的快捷菜单中，选择"属性"选项，弹出"网络和共享中心"对话框，双击"更改适配器设置"选项，弹出"网络连接"对话框，双击 Ethernet0 网卡，弹出 Ethernet0 对话框，勾选"Internet 协议版本 4（TCP/IPv4）"复选框，弹出"Internet 协议版本 4（TCP/IPv4）属性"对话框，单击"高级"按钮，弹出"高级 TCP/IP 设置"对话框，单击"添加"按钮，弹出"TCP/IP 地址"对话框，输入 IP 地址：192.168.100.101，子网掩码：255.255.255.0，单击"添加"按钮，返回"高级 TCP/IP 设置"对话框，如图 7.20 所示。

（2）更改第 2 个网站的 IP 地址和端口号。以域管理员账户登录 Web 服务器，打开"Internet Information Services（IIS）管理器"窗口，选择"网站"→web-test02 选项，右击，在弹出的快捷菜单中选择"编辑绑定"选项，弹出"编辑网站绑定"对话框，如图 7.21 所示，输入 IP 地址：192.168.

100.101、端口：80，单击"确定"按钮即可。

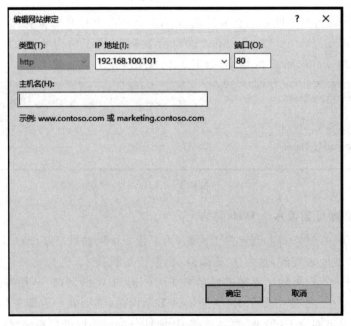

图 7.21 "编辑网站绑定"对话框

（3）在客户端上访问两个网站。在客户端 Win10-user01 上打开 IE 浏览器，分别输入 http://

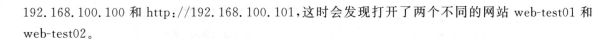

192.168.100.100 和 http://192.168.100.101,这时会发现打开了两个不同的网站 web-test01 和 web-test02。

7.2.4　管理 Web 网站虚拟目录

在 Web 站点中,Web 内容文件会保存在一个或多个目录树下,包括 HTML 内容文件、Web 应用程序和数据库等,甚至有的会保存在多个计算机上的多个目录中。因此,为了使其他目录中的内容和信息也能够通过 Web 网站发布,可通过创建虚拟目录来实现,也可以在物理目录下直接创建目录来管理内容。

1. 虚拟目录与物理目录

在 Internet 浏览网页时,经常会看到一个网站下面有许多子目录,这就是虚拟目录。虚拟目录只是一个文件夹,并不一定位于主目录内,但在浏览 Web 网站的用户看来就像位于主目录中一样。对于任何一个网站,都需要使用目录来保存文件,即将所有的网页及相关文件都存放到网站的主目录之下,也就是在主目录之下建立文件夹,然后将文件存放到这些子文件夹内,这些文件夹也称物理目录。也可以将文件保存到其他物理文件夹内,如保存在本地计算机或其他计算机内,然后通过虚拟目录映射到这个文件夹上,每个虚拟目录都有一个别名。虚拟目录的好处是在不需要改变别名的情况下,可以随时改变其他对应的文件夹。

在 Web 网站中,默认发布主目录中的内容。如果要发布其他物理目录中的内容,就需要创建虚拟目录。虚拟目录也就是网站的子目录,每个网站都可能会有多个子目录,不同的子目录内容不同。在磁盘中会用不同的文件夹来存放不同的文件。例如,image 文件夹存放网站图片等,bbs 文件夹存放论坛文件等。

2. 创建虚拟目录

在 www.abc.com 对应的网站上创建一个名为 bbs 的虚拟目录,其路径为本地磁盘中的 D:\web03 文件夹,该文件夹下有文档 index.html,其网页内容为"hello my friend!",其具体操作步骤如下。

(1) 准备 Web 网站内容。在 D 盘上创建文件夹 D:\web03 作为网站的主目录,并在该文件夹中存放网页 index.html 作为网站的首页,网页内容为"hello my friend!"。

(2) 以域管理员账户登录 Web 服务器,打开"Internet Information Services(IIS)管理器"窗口,选择"网站"→web-test02 选项,右击,在弹出的快捷菜单中选择"添加虚拟目录"选项,弹出"添加虚拟目录"对话框,在别名中输入 bbs,物理路径选择为 D:\web03",如图 7.22 所示;单击"确定"按钮,返回"Internet Information Services(IIS)管理器"窗口,可以看到已经创建完成 bbs 虚拟目录,如图 7.23 所示。

(3) 在客户端上访问网站。在客户端 Win10-user01 上打开 IE 浏览器,输入 http://www1.abc.com/bbs 就可以访问 D:\web03 目录中的默认网站,如图 7.24 所示。

7.2.5　创建和管理 FTP 站点

在架设 FTP 服务器之前,需要了解项目规划和部署环境。FTP 服务器配置完成之后,就可以在客户端浏览器使用 IP 地址访问 FTP 服务器。

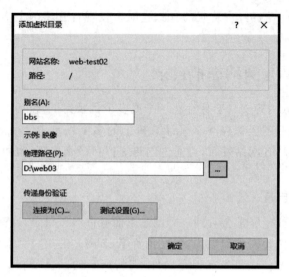

图 7.22 "添加虚拟目录"对话框

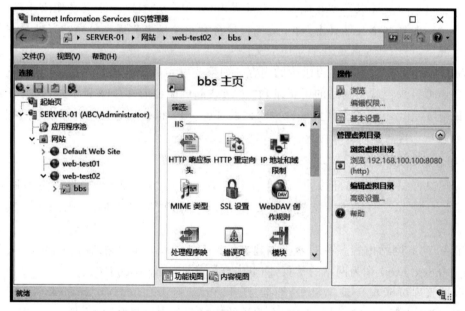

图 7.23 创建完成 bbs 虚拟目录窗口

图 7.24 访问虚拟目录网站

1. 项目规划

部署 FTP 服务器网络拓扑结构图，如图 7.25 所示。

（1）部署域环境，域名为 abc.com，设置 FTP 服务器的 TCP/IP 属性，手动指定 IP 地址、子网

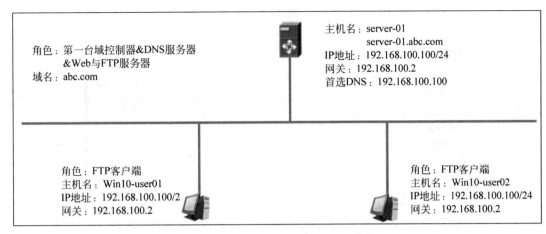

角色：第一台域控制器&DNS服务器
&Web与FTP服务器
域名：abc.com

主机名：server-01
server-01.abc.com
IP地址：192.168.100.100/24
网关：192.168.100.2
首选DNS：192.168.100.100

角色：FTP客户端
主机名：Win10-user01
IP地址：192.168.100.100/2
网关：192.168.100.2

角色：FTP客户端
主机名：Win10-user02
IP地址：192.168.100.100/24
网关：192.168.100.2

图 7.25　部署 FTP 服务器网络拓扑结构图

掩码、默认网关和 DNS 服务器 IP 地址等相关信息。

（2）设置 FTP 客户端主机的 TCP/IP 属性，手动指定 IP 地址、子网掩码、默认网关和 DNS 服务器 IP 地址等相关信息。

2. 创建使用 IP 地址访问 FTP 站点

在 FTP 服务器上创建一个新站点 ftp-test01，使用户在客户端计算机上能通过 IP 地址和域名进行访问，具体操作步骤如下。

（1）准备 FTP 主目录。在 D 盘上创建文件夹 D:\ftp 作为 FPT 的主目录，并在该文件夹内存放一个文件 test-01.txt，供用户在客户端计算机上下载和上传测试使用。

（2）创建 FTP 站点。以域管理员账户登录 FTP 服务器，打开"Internet Information Services (IIS)管理器"窗口，选择 SERVER-01（ABC\Administrator）选项，右击，在弹出的快捷菜单中选择"添加 FTP 站点"选项，如图 7.26 所示；弹出"添加 FTP 站点"对话框，如图 7.27 所示。

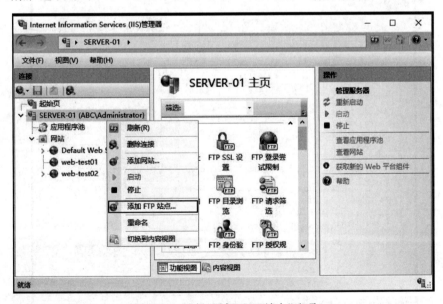

图 7.26　选择"添加 FTP 站点"选项

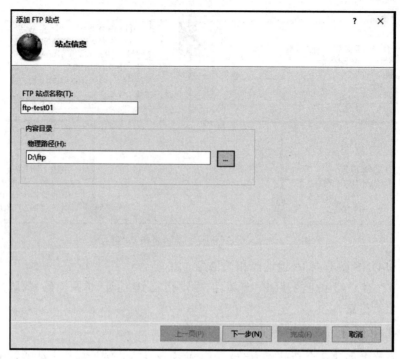

图 7.27　"添加 FTP 站点"对话框

（3）在"添加 FTP 站点"对话框中，输入 FTP 站点名称，选择物理路径，单击"下一步"按钮，弹出"绑定和 SSL 设置"对话框，如图 7.28 所示；绑定 IP 地址与端口，选中"无 SLL"单选按钮，单击"下一步"按钮，弹出"身份验证和授权信息"对话框，如图 7.29 所示。

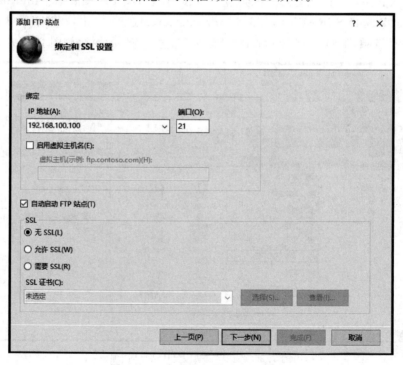

图 7.28　"绑定和 SSL 设置"对话框

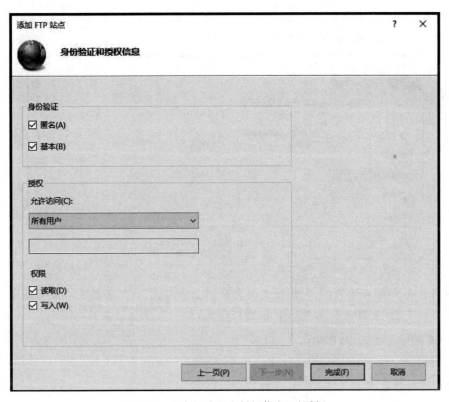

图 7.29　"身份验证和授权信息"对话框

（4）在"身份验证和授权信息"对话框中，单击"完成"按钮，返回"Internet Information Services
（IIS）管理器"窗口，可以看到创建完成 FTP 站点 ftp-test01，如图 7.30 所示。

图 7.30　创建完成 FTP 站点 ftp-test01

（5）测试 FTP 站点。在客户端 Win10-user01 的文件资源管理器中，输入 ftp://192.168.100.100，这时就可以访问 FTP 站点 ftp test01，如图 7.31 所示。

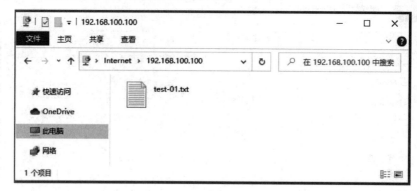

图 7.31　使用 IP 地址访问 FTP 站点

注意：

本案例允许用户匿名访问，也允许特定用户访问。访问 FTP 服务器主目录的最终权限由此处的权限与用户对 FTP 主目录的 NTFS 权限共同作用，哪一个严格就采用哪一个。

3. 创建使用域名访问 FTP 站点

创建使用域名访问 FTP 站点，其具体操作步骤如下。

（1）以域管理员账户登录 DNS 服务器，打开"DNS 管理器"窗口，选择 DNS→SERVER-01→"正向查找区域"→abc. com 选项，右击右侧空白处，在弹出的快捷菜单中选择"新建别名（CNAME）"选项，弹出"新建资源记录"对话框，输入别名和目标主机的完全合格的域名，如图 7.32 所示。

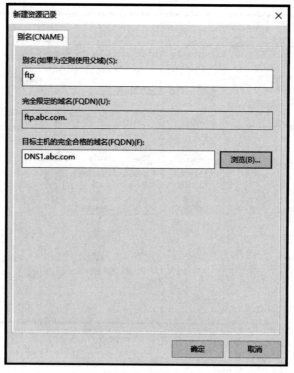

图 7.32　"新建资源记录"对话框

　　(2) 测试 FTP 站点。在客户端 win10-user01 的文件资源管理器中，输入 ftp://ftp.abc.com，这时就可以访问 FTP 站点 ftp-test01，如图 7.33 所示。

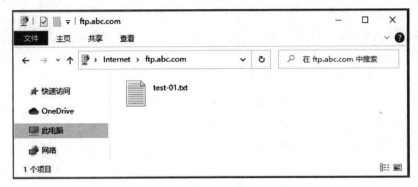

图 7.33　使用域名访问 FTP 站点

7.2.6　创建 FTP 虚拟目录

　　使用虚拟目录可以在服务器硬盘上创建多个物理目录，或者引用其他计算机上的主目录，从而为不同上传或下载服务的用户提供不同的目录，并且可以为不同的目录分别设置不同的权限，如读取、写入等。使用 FTP 虚拟目录时，由于用户不知道文件的具体存储位置，所以文件存储更加安全。

　　在 FTP 站点上创建虚拟目录 virdir 的具体操作步骤如下。

　　(1) 准备虚拟目录内容。在 FTP 服务器上，创建文件夹 D:\virtual-dir01，作为 FTP 虚拟目录的主目录，在该文件夹下存入一个文件 vir-test-01.txt 供用户在客户端计算机上下载使用。

　　(2) 创建虚拟目录。以域管理员账户登录 FTP 服务器，打开"Internet Information Services (IIS)管理器"窗口，选择"网站"→ftp-test01 选项，右击，在弹出的快捷菜单中选择"添加虚拟目录"选项，弹出"添加虚拟目录"对话框，在别名中输入 virdir，物理路径选择为 D:\virtual-dir01，如图 7.34 所示；单击"确定"按钮，返回"Internet Information Services(IIS)管理器"窗口，可以看到创建完成虚拟目录 virdir，如图 7.35 所示。

图 7.34　"添加虚拟目录"对话框

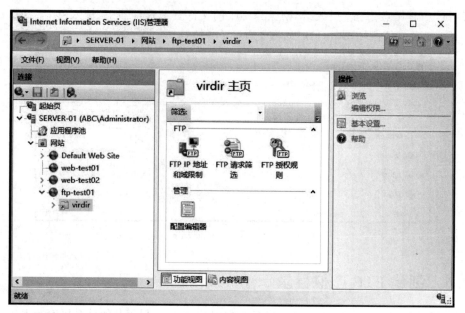

图7.35　创建完成虚拟目录virdir

　　（3）测试FTP站点的虚拟目录。在客户端Win10-user01的文件资源管理器中，输入ftp://ftp.abc.com/virdir或ftp://192.168.100.100/virdir，这时就可以访问FTP站点虚拟目录virdir，如图7.36和图7.37所示。

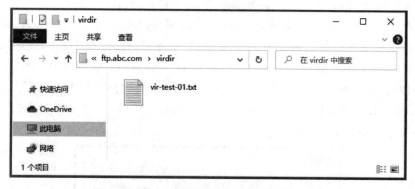

图7.36　域名方式测试FTP站点的虚拟目录

图7.37　IP地址方式测试FTP站点的虚拟目录

7.2.7 创建 FTP 虚拟主机

一个 FTP 站点是由一个 IP 地址和一个端口号唯一标识的,改变其中任意一项均标识不同的 FTP 站点。在 FTP 服务器上,通过"Internet Information Services(IIS)管理器"控制台只能控制创建一个 FTP 站点。在实际应用环境中,有时需要一台服务器上创建两个不同的 FTP 站点,这就涉及虚拟主机的问题。

在一台服务器上创建两个 FTP 站点,默认只能启动其中一个,用户可以通过更改其 IP 地址或端口号两种方法来解决这个问题。可以使用多个 IP 地址和多个端口来创建多个 FTP 站点。尽管使用多个 IP 地址来创建多个站点是常见并且推荐的操作,但在默认情况下使用 FTP 时,客户端会调用端口 21,这样情况会变得非常复杂。因此,如果要使用多个端口来创建多个 FTP 站点,就需要将端口号通知用户,以便其 FTP 客户能够找到并连接到该端口。

1. 使用相同 IP 地址不同端口号创建两个 FTP 站点

在同一台服务器上使用相同的 IP 地址不同的端口号(21、2121)同时创建两个 FTP 站点,其具体操作步骤如下。

(1) 以域管理员账户登录 FTP 服务器,创建 D:\ftp02 文件夹作为第 2 个 FTP 站点的主目录,并在该文件夹内创建 ftp-test02.txt 文件用于进行测试。

(2) 在 FTP 服务器上创建第 2 个 FTP 站点 ftp-test02,站点的创建,可参见章节"7.2.5 创建和管理 FTP 站点"的相关内容,这里不再赘述,只是将端口号设置为 2121,如图 7.38 所示。

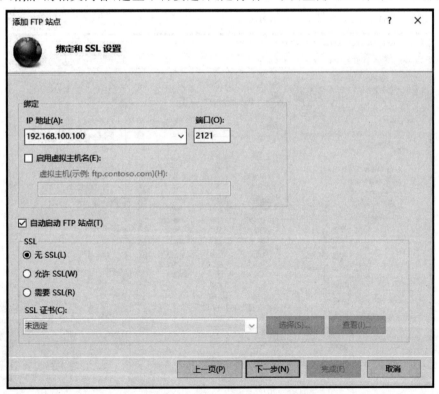

图 7.38 "添加 FTP 站点"对话框

（3）测试 FTP 站点。在客户端 win10-user01 的文件资源管理器，输入 ftp://192.168.100. 100:2121，这时就可以访问刚才建立的第 2 个 FTP 站点，如图 7.39 所示。

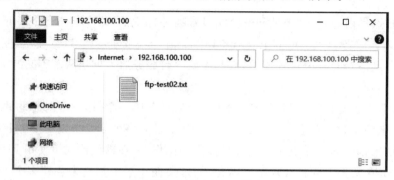

图 7.39　不同端口号访问 FTP 站点 ftp-test02

2. 使用两个不同的 IP 地址创建两个 FTP 站点

在同一台服务器上使用相同的端口号不同的 IP 地址（192.168.100.100、192.168.100.101）同时创建两个 FTP 站点，其具体操作步骤如下。

（1）设置 FTP 服务器网卡的两个 IP 地址，即 192.168.100.100、192.168.100.101，这里不再赘述。

（2）更改第 2 个 FTP 站点的 IP 地址和端口号。打开"Internet Information Services(IIS)管理器"窗口，选择"网站"→ftp-test02 选项，右击，弹出的快捷菜单如图 7.40 所示；选择"编辑绑定"选项，弹出"网站绑定"对话框，如图 7.41 所示。

图 7.40　ftp-test02 右键快捷菜单

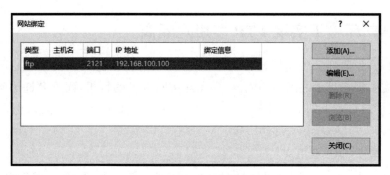

图 7.41　"网站绑定"对话框

（3）在"网站绑定"对话框中，选择 ftp 类型，单击"编辑"按钮，弹出"编辑网站绑定"对话框，如图 7.42 所示，修改 IP 地址为 192.168.100.101，端口修改为 2121。单击"确定"按钮，返回"网站绑定"对话框，单击"关闭"按钮，完成更改。

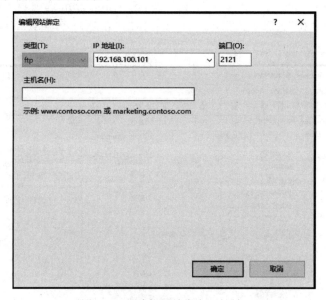

图 7.42　"编辑网站绑定"对话框

（4）测试 FTP 站点。在客户端 Win10-user01 的文件资源管理器，输入 ftp://192.168.100.101，这时就可以访问刚才建立的第 2 个 FTP 站点，如图 7.43 所示。

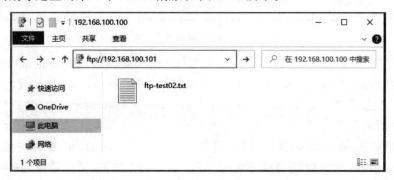

图 7.43　不同的 IP 地址访问 FTP 站点 ftp-test02

7.2.8 AD环境下实现FTP多用户隔离

某公司FTP服务器已经搭建好域环境，因业务需求，需要在FTP服务器上存储相关业务数据，但业务数据需要用户目录之间互相隔离（只允许访问自己的目录，而不允许访问其他用户的目录），不影响其他用户目录下的业务数据，每一个用户允许使用的FTP空间大小为200MB。公司决定通过AD中的FTP隔离来实现此应用。

1. 创建组织单位（OU）及用户

以域管理员账户登录FTP服务器，在"服务器管理器"窗口中，选择"工具"→"Active Directory用户和计算机"选项，打开"Active Directory用户和计算机"窗口。创建组织单位org_unit01，在组织单位org_unit01中创建用户ftp_user-01、ftp_user-02和ftp_unit01-master，用户密码均为Lncc@123。

（1）在"Active Directory用户和计算机"窗口中，选择abc.com选项，右击，在弹出的快捷菜单中选择"新建"→"组织单位"选项，如图7.44所示；弹出"新建对象-组织单位"对话框，如图7.45所示。

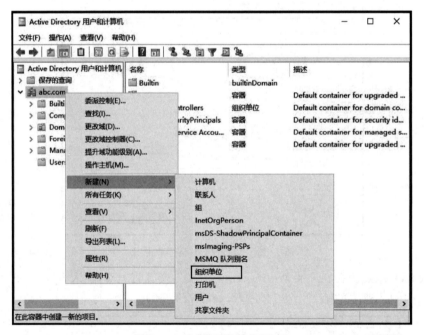

图7.44 选择"组织单位"选项

（2）在"新建对象-组织单位"对话框中，输入名称org_unit01，勾选"防止窗口被意外删除"复选框，单击"确定"按钮，返回"Active Directory用户和计算机"窗口，右击刚创建的组织单位org_unit01，在弹出的快捷菜单中选择"新建"→"用户"选项，如图7.46所示；弹出"新建对象-用户"对话框，如图7.47所示。

（3）在"新建对象-用户"对话框中，输入用户登录名ftp_user-01，单击"下一步"按钮，弹出如图7.48所示的对话框；输入密码和确认密码，单击"下一步"按钮，弹出用户创建完成对话框，如图7.49所示。

图 7.45 "新建对象-组织单位"对话框

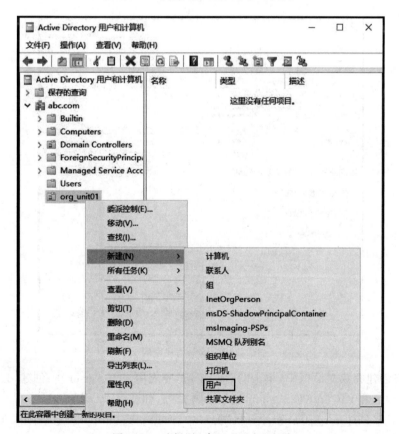

图 7.46 选择"新建"→"用户"选项

图 7.47 "新建对象-用户"对话框

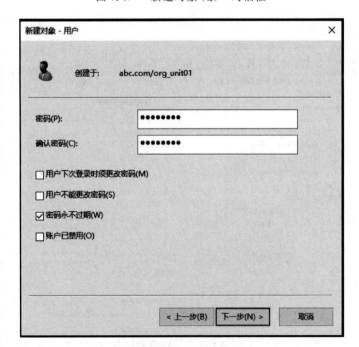

图 7.48 输入用户密码

（4）在用户创建完成对话框中，单击"完成"按钮，完成用户 ftp_user-01 创建，以相同的方法创建用户 ftp_user-02 和 ftp_unit01-master，这里不再赘述，如图 7.50 所示。

（5）在"Active Directory 用户和计算机"窗口中，选择 org_unit01 选项，右击，在弹出的快捷菜单中选择"委派控制"选项，弹出"控制委派向导"对话框，如图 7.51 所示；单击"下一步"按钮，弹出"用户或组"对话框，如图 7.52 所示。

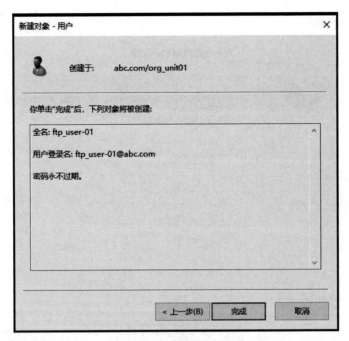

图 7.49 用户创建完成对话框

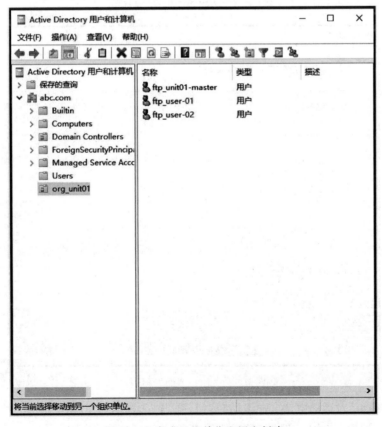

图 7.50 完成组织单位和用户创建

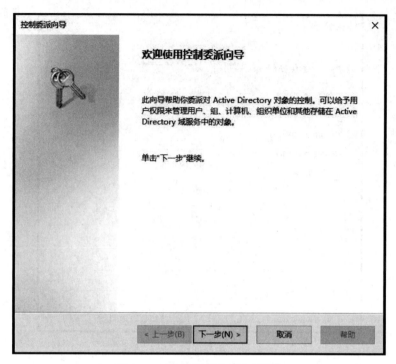

图 7.51 "控制委派向导"对话框

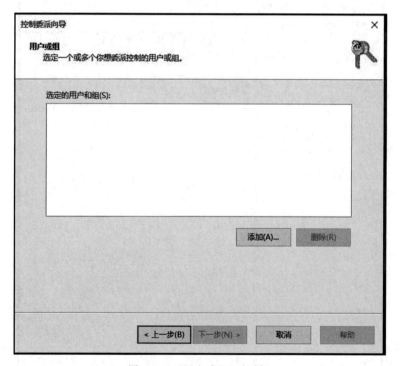

图 7.52 "用户或组"对话框

（6）在"用户或组"对话框中，单击"添加"按钮，弹出"选择用户、计算机或组"对话框，如图 7.53 所示；单击"高级"按钮，弹出"一般性查询"选项卡，如图 7.54 所示。

（7）在"一般性查询"选项卡中，单击"立即查找"按钮，选择用户 ftp_unit01-master，单击"确

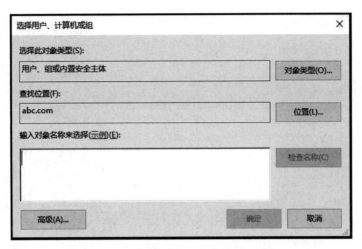

图 7.53 "选择用户、计算机或组"对话框

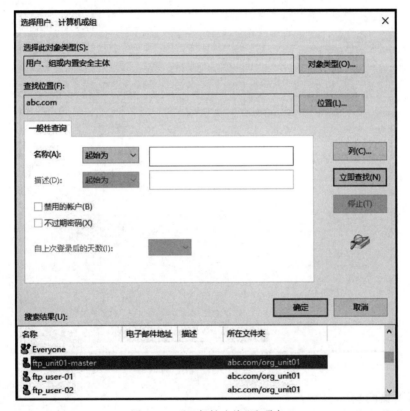

图 7.54 "一般性查询"选项卡

定"按钮,弹出"选择用户、计算机或组"对话框,如图 7.55 所示;单击"确定"按钮,返回"用户或组"
对话框,如图 7.56 所示。

（8）在"用户或组"对话框中,选择用户 ftp_unit01-master,单击"下一步"按钮,弹出"要委派的
任务"对话框,如图 7.57 所示;选中"委派下列常见任务"单选按钮,勾选"读取所有用户信息"复选
框,单击"下一步"按钮,弹出"完成控制委派向导"对话框,如图 7.58 所示。

图 7.55　添加用户 ftp_unit01-master

图 7.56　"用户或组"对话框

2. FTP 服务器配置

以域管理员账户登录 FTP 服务器,该服务器集域控制器、DNS 服务器和 FTP 服务器于一身,在真实环境中可能需要单独的 FTP 服务器,FTP 服务器角色和功能已经添加。

(1) 在 D 盘创建主目录 ftp_unit01,在 ftp_unit01 中分别创建用户名对应的文件夹 ftp_user-01 和 ftp_user-02,如图 7.59 所示;为了测试方便,分别在文件夹 ftp_user-01 创建文件 ftp_user-01.txt,在文件夹 ftp_user-02 创建文件 ftp_user-02.txt。

(2) 打开"Internet Information Services(IIS)管理器"窗口,选择"网站"选项,右击,在弹出的快捷菜单中选择"添加 FTP 站点"选项,弹出"添加 FTP 站点"对话框,如图 7.60 所示;单击"下一

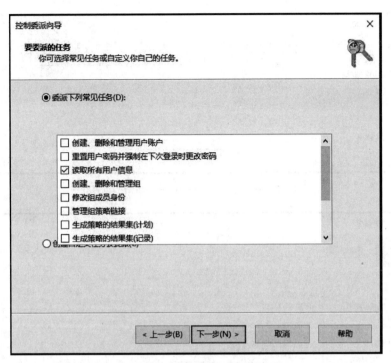

图 7.57　"要委派的任务"对话框

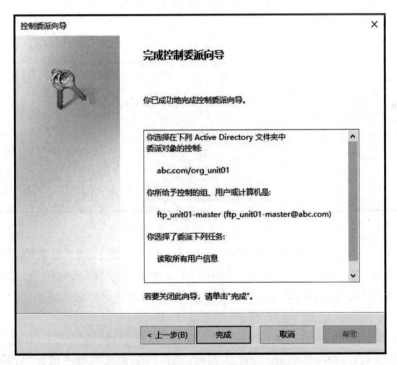

图 7.58　"完成控制委派向导"对话框

步"按钮,弹出"绑定和 SLL 设置"对话框,如图 7.61 所示。

（3）在"绑定和 SLL 设置"对话框中,选择绑定 IP 地址和端口,选中"无 SLL"单选按钮,单击

图 7.59　建立文件夹 ftp_user01 和 ftp_user02

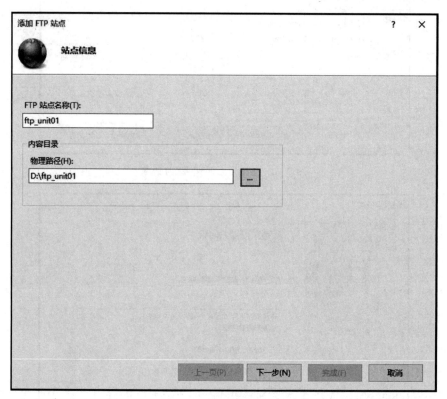

图 7.60　"添加 FTP 站点"对话框

"下一步"按钮，弹出"身份验证和授权信息"对话框，如图 7.62 所示，在"身份验证"区域，勾选"匿名"和"基本"复选框，在"授权"区域，在"允许访问"下拉列表中选择"所有用户"选项，在"权限"区域，勾选"读取"和"写入"复选框，单击"完成"按钮，返回"Internet Information Services(IIS)管理器"窗口。

（4）在"Internet Information Services(IIS)管理器"窗口中，停止其他 FTP 站点服务，开启刚创建的 FTP 站点 ftp_unit01，右击 ftp_unit01 选项，在弹出的快捷菜单中选择"管理 FTP 站点"→"启动"选项，如图 7.63 所示。

（5）在"Internet Information Services(IIS)管理器"窗口中选择 ftp_unit01 选项和"FTP 用户隔离"选项，如图 7.64 所示。

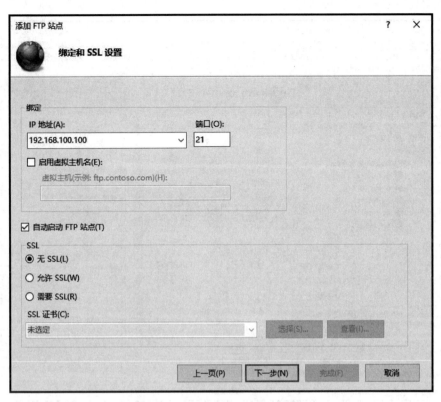

图 7.61　"绑定和 SLL 设置"对话框

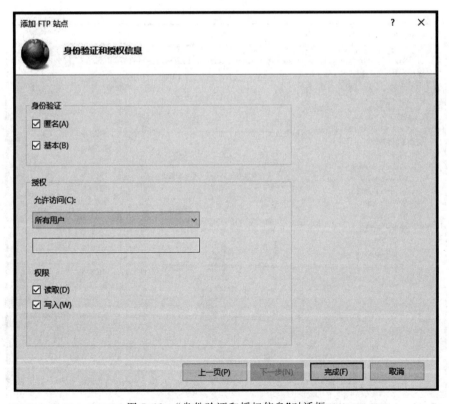

图 7.62　"身份验证和授权信息"对话框

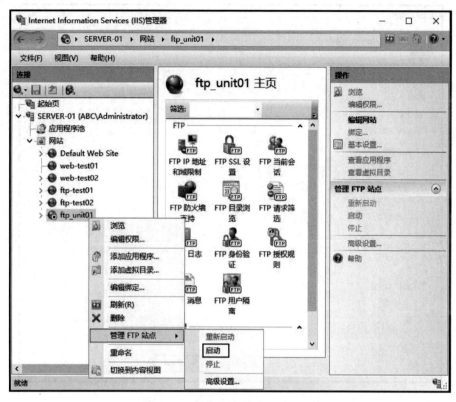

图 7.63　启动 FTP 站点 ftp_unit01

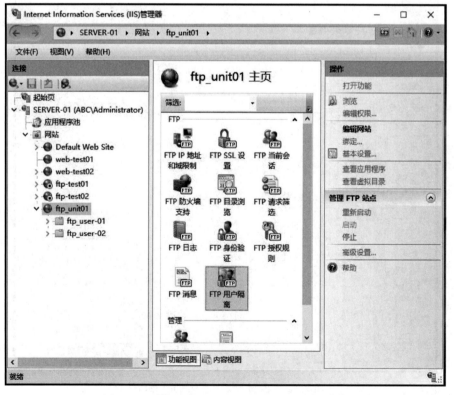

图 7.64　选择 ftp_unit01 和"FTP 用户隔离"选项

（6）双击"FTP用户隔离"选项，弹出"FTP用户隔离"窗口，如图7.65所示。

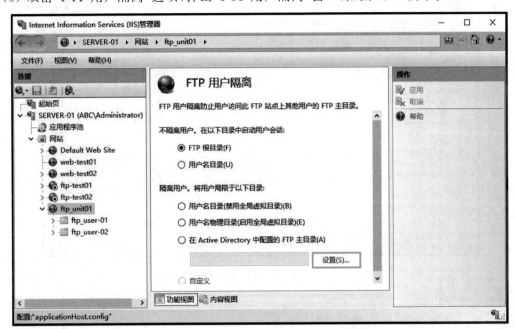

图7.65　"FTP用户隔离"窗口

（7）在"FTP用户隔离"窗口中，在"隔离用户。将用户局限于以下目录"区域，选中"在Active Directory中配置的FTP主目录"单选按钮，单击"设置"按钮，弹出"设置凭据"对话框，如图7.66所示；输入刚刚委派的用户ftp_unit01-master和密码Lncc@123，单击"确定"按钮，返回"FTP用户隔离"窗口，在最右侧窗口的"操作"区域，单击"应用"按钮，如图7.67所示。

（8）选择"服务器管理器"→"工具"→"ADSI编辑器"→"操作"→"连接到"选项，如图7.68所示；弹出"连接设置"对话框，如图7.69所示。

图7.66　"设置凭据"对话框

（9）在"连接设置"对话框中，单击"确定"按钮，返回"ADSI编辑器"窗口，如图7.70所示；展开左子树，右击组织单位org_unit01中的用户ftp_user-01，在弹出的快捷菜单中选择"属性"选项，弹出"CN=ftp_user-01属性"对话框，如图7.71所示，找到msIIS-FTPDir选项，该选项设置用户对应的目录，将其修改为ftp_user-01；msIIS-FTPRoot选项，用于设置用户对应的路径，将其设置为D:\ftp_unit01，使用同样的方式配置用户ftp_user-02。

注意：

msIIS-FTPRoot对应于用户的FTP根目录，msIIS-FTPDir对应于用户的FTP主目录，用户的FTP主目录必须是FTP根目录的子目录。

3. 配置磁盘配额

在FTP服务器上，在D盘上右击，在弹出的快捷菜单中选择"属性"选项，在弹出的"本地磁盘（D:）属性"窗口中，单击"配额"选项卡，勾选"启用配额管理"和"拒绝将磁盘空间给超过配额限制的

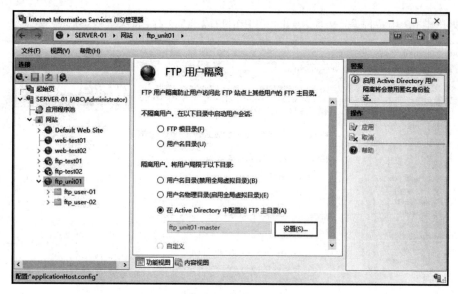

图 7.67 设置委派的用户 ftp_unit01-master

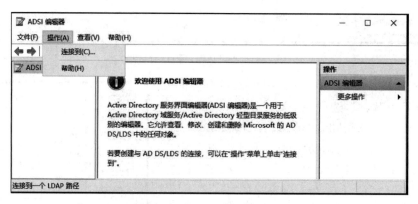

图 7.68 "ADSI 编辑器"窗口

图 7.69 "连接设置"对话框

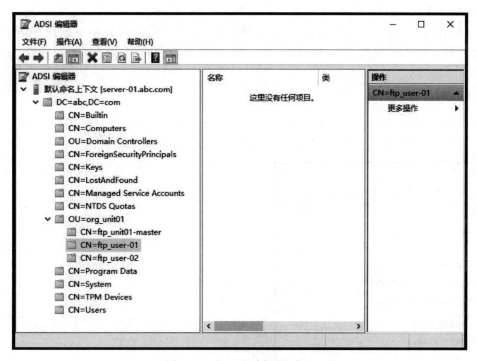

图 7.70 "ADSI 编辑器"窗口

图 7.71 "CN＝ftp_user-01 属性"对话框

用户"复选框；在"为该卷上的新用户选择默认配额限制"区域，选中"将磁盘空间限制为"单选按钮，设置磁盘配额；在"选择该卷的配额记录选项"区域，勾选"用户超出配额限制时记录事件"和"用户超过警告等级时记录事件"复选框，单击"确定"按钮，完成磁盘配额设置，如图7.72所示。

4. 测试验证

在客户端Win10-user01的文件资源管理器中，输入ftp://192.168.100.100，使用ftp_user-01用户账户和密码登录FTP服务器，弹出登录窗口，如图7.73所示。

图7.72　设置磁盘配额

图7.73　用户ftp_user-01登录FTP服务器

注意:

必须使用abc\ftp_user-01或ftp_user-01@abc.com登录，为了不受防火墙的影响，建议在测试时，暂时关闭服务器与客户端所有的软/硬件防火墙。

（1）在客户端Win10-user01上，用户ftp_user-01访问FTP服务器，并成功上传文件，如图7.74所示；用户ftp_user-02访问FTP服务器，并成功上传文件，如图7.75所示。

（2）当用户ftp_user-01上传文件超过200MB时，弹出"FTP文件夹错误"对话框，提示"将文件复制到FTP服务器时发生错误，请检查是否有权限将文件放到该服务器上。"信息，如图7.76所示。

（3）在FTP服务器上，双击"此电脑"图标，在D盘上右击，在弹出的快捷菜单中选择"属性"选项，在弹出的"本地磁盘(D:)属性"窗口中选择"配额"选项卡，单击"配额项"按钮，弹出"(D:)的配

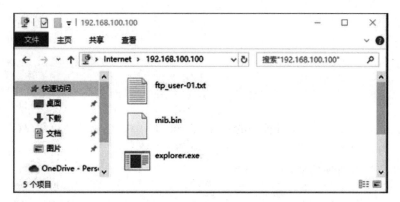

图 7.74 用户 ftp_user-01 访问 FTP 服务器

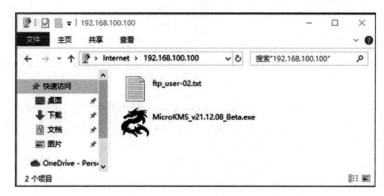

图 7.75 用户 ftp_user-02 访问 FTP 服务器

额项"对话框,可以查看磁盘配额设置以及用户的登录使用情况,如图 7.77 所示。

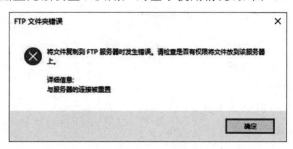

图 7.76 "FTP 文件夹错误"对话框

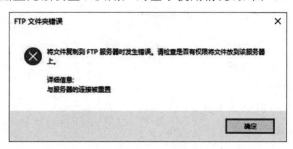

图 7.77 "(D:)的配额项"对话框

课后习题

1. 填空题

（1）FTP 是在互联网中进行文件传输的协议，基于（　　）模式，默认使用端口（　　）和（　　）。

（2）FTP 分为两种工作模式：（　　）和（　　）。

（3）Web 目录分为两种类型：（　　）和（　　）。

2. 选择题

（1）FTP 服务使用的端口号是（　　）。

    A. 21   B. 23   C. 25   D. 27

（2）从 Internet 上获得软件最常采用（　　）。

    A. DHCP   B. DNS   C. FTP   D. Telnet

（3）虚拟目录不具备的特点是（　　）。

    A. 便于扩展   B. 易于配置   C. 增删灵活   D. 动态分配空间

（4）【多选】Windows Server 2019 中的 IIS 10.0 默认文档的文件有（　　）。

    A. Default.htm   B. Default.asp   C. index.htm   D. index.html

（5）【多选】架设多个 Web 网站可以采用的方式有（　　）。

    A. 使用不同端口号架设多个 Web 网站

    B. 使用不同主机名架设多个 Web 网站

    C. 使用不同 IP 地址架设多个 Web 网站

    D. 使用不同计算机名架设多个 Web 网站

3. 简答题

（1）简述 Web 服务的工作原理。

（2）简述 FTP 工作原理。

（3）简述创建多个 Web 网站的方式。

（4）简述虚拟目录与物理目录。

第8章

VPN服务器配置管理

学习目标

- 掌握 VPN 技术的概述、VPN 的分类以及 VPN 使用的主要技术。
- 掌握规划部署 VPN 服务器、安装路由和远程访问服务的方法。
- 掌握配置与管理 VPN 服务器、配置 VPN 服务器的网络策略的方法。

8.1 VPN 基础知识

随着企业网应用的不断扩大,企业网的范围也不断扩大,从一个本地网络到一个跨地区、跨城市甚至是跨国的网络。采用传统的广域网方式建立企业专网,往往需要租用昂贵的跨地区数字专线网络。利用公共网络,信息安全的问题又得不到保证。虚拟专用网络(Virtual Private Network,VPN)是企业网在公共网络上的延伸,它可以提供与专用网络一样的安全性、可管理性和传输性能,而建设、运转和维护网络的工作也从企业内部的 IT 部门剥离出来,交由运营商来负责。

8.1.1 VPN 技术的概述

VPN 属于远程访问技术,简单地说就是利用公用网络架设专用网络。例如,某公司员工出差到外地,他想访问企业内网的服务器资源,这种访问就属于远程访问。

在传统的企业网络配置中,要进行远程访问,传统的方法是租用数字数据网专线或帧中继,这样的通信方案必然导致高昂的网络通信和维护费用。对于移动用户(移动办公人员)与远端个人用户而言,一般会通过拨号线路(Internet)进入企业的局域网,但这样必然带来安全上的隐患。

让外地员工访问内网资源,利用 VPN 的解决方法是在内网架设一台 VPN 服务器。外地员工在当地连上互联网后,通过互联网连接 VPN 服务器,然后通过 VPN 服务器进入企业内网。为了保证数据安全,VPN 服务器和客户端之间的通信数据进行了加密处理。有了数据加密,就可以认

V8-1

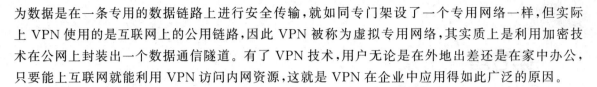

为数据是在一条专用的数据链路上进行安全传输，就如同专门架设了一个专用网络一样，但实际上 VPN 使用的是互联网上的公用链路，因此 VPN 被称为虚拟专用网络，其实质上是利用加密技术在公网上封装出一个数据通信隧道。有了 VPN 技术，用户无论是在外地出差还是在家中办公，只要能上互联网就能利用 VPN 访问内网资源，这就是 VPN 在企业中应用得如此广泛的原因。

1. VPN 定义

VPN 是指通过综合利用访问控制技术和加密技术，并通过一定的密钥管理机制，在公共网络中建立起安全的"专用"网络，保证数据在"加密管道"中进行安全传输的技术。VPN 可以利用公共网络来发送专用信息，形成逻辑上的专用网络，其目标就是在不安全的公共网络上建立一个安全的专用通信网络。

VPN 利用公共网络来构建专用网络，它是将特殊设计的硬件和软件直接通过共享的 IP 网络所建立的隧道来完成的。通常将 VPN 当作广域网（WAN）解决方案，但它也可以简单地用于局域网（LAN）。VPN 类似于点到点直接拨号连接或租用线路连接，尽管它是以交换和路由的方式工作的。

2. VPN 主要特点

VPN 是平衡 Internet 适用性和价格优势的最有前途的通信手段之一。利用共享的 IP 网络建立 VPN 连接，可以使企业减少对昂贵租用线路和复杂远程访问方案的依赖性。VPN 具有以下几方面的特点。

（1）安全性。用加密技术对经过隧道传输的数据进行加密，以保证数据仅被指定的发送者和接收者了解，从而保证了数据的私有性和安全性。

（2）专用性。在非面向连接的公用 IP 网络中建立一个逻辑的、点对点的连接，称为建立一个隧道。隧道的双方进行数据的加密传输，就好像真正的专用网络一样。

（3）经济性。它可以使移动用户和一些小型的分支机构的网络开销减少，不仅可以大幅度削减传输数据的开销，同时可以削减传输语音的开销。

（4）扩展性和灵活性。能够支持通过 Internet 和 Extranet 的任何类型的数据流，方便增加新的节点，支持多种类型的传输介质，可以满足同时传输语音、图像、数据等应用对高质量传输，以及带宽增加的需求。

3. VPN 工作过程

一条 VPN 连接由客户端、隧道和服务器 3 部分组成。VPN 系统可以使分布在不同地方的专用网络在不可信任的公共网络上安全地通信。它采用复杂的算法来加密传输的信息，使得敏感的数据不会被窃听，其工作过程如下。

（1）要保护的主机发送明文信息到连接公共网络的 VPN 设备。

（2）VPN 设备根据网络管理员设置的规则，确定对数据是进行加密还是直接传输。

（3）对需要加密的数据，VPN 设备将其整个数据包（包括要传输的数据、源 IP 地址和目的 IP 地址）进行加密并附上数据签名，加上新的数据报头（包括目的地 VPN 设备需要的安全信息和一些初始化参数）重新封装。

（4）将封装后的数据包通过隧道在公共网络上传输。

（5）数据包到达目的 VPN 设备后，将其解封，核对数字签名无误后，对数据包解密。

V8-2

8.1.2　VPN 的分类

根据不同的划分标准,VPN 可以按以下 3 个标准进行分类划分。

1. 按 VPN 的协议分类

VPN 的隧道协议主要有 PPTP、L2TP、L2F、GRE 和 IPSec,其中 PPTP、L2TP 和 L2F 协议工作在 OSI 模型的第二层,又称为二层隧道协议;GRE、IPSec 工作在网络层,又称为三层隧道协议。

2. 按 VPN 的实现方式分类

VPN 的实现有很多种方法,常用的有以下 4 种。

(1) VPN 服务器:在大型局域网中,可以通过在网络中心搭建 VPN 服务器的方法实现 VPN。

(2) 软件 VPN:可以通过专用的软件实现 VPN。

(3) 硬件 VPN:可以通过专用的硬件实现 VPN。

(4) 集成 VPN:某些硬件设备,如路由器、防火墙等,均含有 VPN 功能,但是一般拥有 VPN 功能的硬件设备通常都比没有这一功能的要贵。

3. 按 VPN 的服务类型分类

VPN 按照服务类型可以分为远程接入虚拟网(Access VPN)、企业内部虚拟网(Intranet VPN)和企业扩展虚拟网(Extranet VPN)3 种类型。

(1) Access VPN(远程接入 VPN)。

客户端到网关,使用公网作为骨干网在设备之间传输 VPN 数据流量。如图 8.1 所示,Access VPN 通过一个拥有与专用网络相同策略的共享基础设施,提供对企业内部网或外部网的远程访问。Access VPN 能使用户随时随地以其所需的方式访问企业资源。Access VPN 包括模拟、拨号、综合业务数字网、数字用户线路 xDSL、移动 IP 和电缆技术,能够安全地连接移动用户、远程工作者或分支机构。

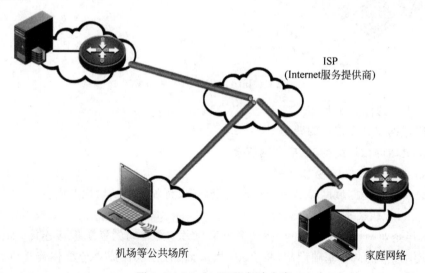

ISP
(Internet服务提供商)

机场等公共场所　　　　　　　　　　　家庭网络

图 8.1　Access VPN 解决方案

Access VPN 最适用于公司内部经常有流动人员远程办公的情况。出差员工利用当地 ISP 提供的 VPN 服务,就可以和公司的 VPN 网关建立私有的隧道连接。RADIUS 服务器可对员工进行验证和授权,保证连接的安全,同时负担的电话费用大大降低。

Access VPN 的优点如下。

① 减少用于相关的调制解调器和终端服务设备的资金及费用,简化网络。

② 实现本地拨号接入的功能来取代远距离接入或 800 电话接入,这样能显著降低远距离通信的费用。

③ 极大的可扩展性,简便地对加入网络的新用户进行调度。

④ 远端验证拨入用户服务(RADIUS)基于标准、基于策略功能的安全服务。

(2) Intranet VPN(内联网 VPN)。

网关到网关,通过公司的网络架构连接来自同公司的资源。它是企业的总部与分支机构之间通过公网构筑的虚拟网,是一种网络到网络以对等的方式连接起来所组成的 VPN。这种方式可以减少广域网(WAN)带宽的费用,能使用灵活的拓扑结构,而且新的站点能更快、更容易被连接,如图 8.2 所示。

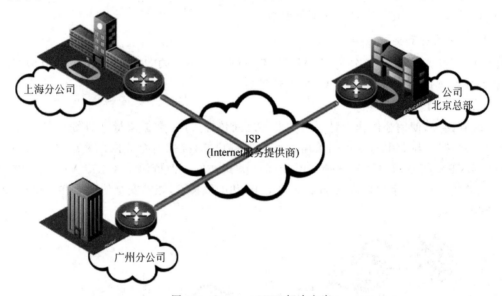

图 8.2　Intranet VPN 解决方案

Intranet VPN 的优点如下。

① 减少广域网 WAN 带宽的费用。

② 能使用灵活的拓扑结构,包括全网连接。

③ 新的站点能更快、更容易被连接。

④ 通过设备供应商广域网 WAN 的连接冗余,可以延长网络的可用时间。

(3) Extranet VPN(外联网 VPN)。

与合作伙伴企业网构成 Extranet,将一个公司与另一个公司的资源进行连接,如图 8.3 所示。它通过一个使用连接的共享基础设施,将客户、供应商、合作伙伴或兴趣群体连接到企业内部网。企业拥有与专用网络相同的政策,包括安全、服务质量、可管理性和可靠性。这种方式能容易地对外部网进行部署和管理,外部网络的连接可以使用与部署内部网络和远端访问 VPN 相同的架构和协议进行部署。

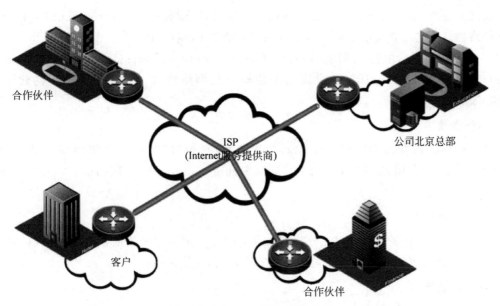

图 8.3　Extranet VPN 解决方案

Extranet VPN 优点如下。

① 能容易地对外部网进行部署和管理,外部网的连接可以使用与部署内部网和远端访问 VPN 相同的架构和协议进行部署。

② 主要的不同是接入许可,外部网的用户被许可只有一次机会连接到其合作人的网络。

8.1.3　VPN 使用的主要技术

VPN 主要采用隧道技术(Tunneling)、加解密技术(Encryption & Decryption)、密钥管理技术 (Key Management)和身份认证技术(Authentication)4 项技术。

1. 隧道技术

网络隧道技术指的是利用一种网络协议来传输另一种网络协议,它主要利用网络隧道协议来 实现这种功能,如图 8.4 所示。

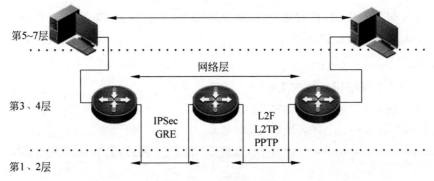

图 8.4　VPN 隧道技术解决方案

网络隧道技术涉及两种类型的隧道协议。

(1) 二层隧道协议,主要有点对点隧道协议(Point to Point Tunneling Protocol,PPTP)、二层

隧道协议(Layer 2 Tunneling Protocol,L2TP)和二层转发(Layer 2 Forwarding,L2F)协议用于传输二层网络协议。它主要应用于构建 Access VPN 和 Extranet VPN。

(2) 三层隧道协议,主要有通用路由封装(Generic Routing Encapsulation,GRE)、互联网安全(Internet Protocol Security,IPSec)协议用于传输三层网络协议。它主要应用于构建 Intranet VPN 和 Extranet VPN。

2. 加解密技术

为确保私有资料在传输过程中不被其他人浏览、窃取或篡改,可以使用安全外壳(Secure Shell,SSH)、安全/多用途 Internet 邮件扩展(Secure Multipurpose Internet Mail Extensions, S/MIME)协议。

3. 密钥管理技术

密钥管理的主要任务就是确保在开放网络环境中安全地传输密钥而不被黑客窃取。Internet 密钥交换协议(IKE)用于通信双方协商和建立安全联盟,交换密钥。

4. 身份认证技术

网络上的用户与设备都需要确定性的身份认证,可以使用用户名和密码方式(PAP、CHAP)、数字证书签发中心(Certificate Authority)所发出的符合 X.509 规范的标准数字证书(Certificate)、IKE 提供的共享验证字(Pre-shared Key)、公钥加密验证、数字签名验证等验证方法。后两种方法通过对 CA(Certificate Authority)中心的支持来实现。

8.2 技能实践

实现远程访问最常用的连接方式就是 VPN 技术。目前,Internet 中多个企业网络常常选择 VPN 技术连接起来,就可以在 Internet 上建立一个专用网络,让远程用户通过 Internet 安全地访问网络内部的网络资源。

8.2.1 规划部署 VPN 服务器

在部署 VPN 服务器之前,读者需要了解实例部署的项目规划需求和实验环境。本节使用 VMware Workstation 构建虚拟环境。

1. 项目规划

部署 VPN 服务器网络拓扑结构图如图 8.5 所示。

在部署 VPN 服务器之前,需完成如下配置。

(1) 在服务器 server-01 上部署域环境,域名为 abc.com。

(2) 设置 VPN 服务器的 TCP/IP 属性,设置 IP 地址、子网掩码、默认网关和 DNS 服务器地址等相关信息。

(3) 设置 Windows 10 客户端主机的 TCP/IP 属性,设置 IP 地址、子网掩码、默认网关和 DNS 服务器地址等相关信息。

(4) VPN 服务器必须有两个网络连接,一个连接内部网络使用(VMnet1 为仅主机模式),另

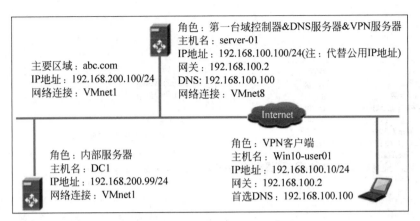

图 8.5　部署 VPN 服务器网络拓扑结构图

一个连接外部网络使用(VMnet8 为 NAT 模式)。

(5) 使用提供远程访问 VPN 服务的 Windows Server 2019 网络操作系统。

(6) 合理规划分配给 VPN 客户端的 IP 地址(地址池:192.168.200.101~192.168.200.200)。

2. 配置 VPN 服务器网卡相关信息

(1) 为 VPN 服务器添加第二块网卡。在 VMware Workstation 虚拟机中,选中 VPN 服务器,选择"虚拟机"→"设置"选项,弹出"虚拟机设置"对话框;单击"添加"按钮,弹出"添加硬件向导"对话框,如图 8.6 所示;选择"网络适配器"选项,单击"完成"按钮,返回"虚拟机设置"对话框;选择刚添加的"网络适配器 2"选项,选中"仅主机模式(H):与主机共享的专用网络"单选按钮,如图 8.7 所示。

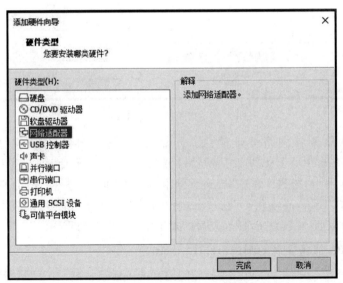

图 8.6　"添加硬件向导"对话框

(2) 查看虚拟机网络地址信息。在 VMware Workstation 虚拟机中,选中 VPN 服务器,选择"编辑"→"虚拟网络编辑器"选项,弹出"虚拟网络编辑器"对话框,如图 8.8 所示;选择查看 VMnet8 网卡信息,单击"NAT 设置"单选按钮,弹出"NAT 设置"对话框,如图 8.9 所示。

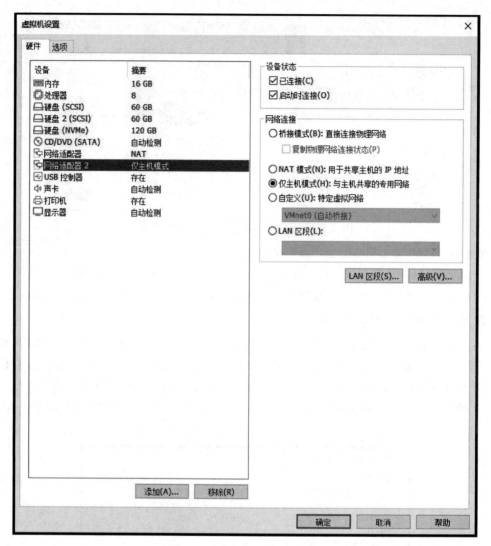

图 8.7　"虚拟机设置"对话框

（3）查看 VPN 服务器网络地址信息。开启 VPN 服务器，选择"控制面板"→"网络和 Internet"→"网络和共享中心"→"更改适配器设置"选项，弹出"网络连接"窗口，如图 8.10 所示；选择查看 Ethernet0 网卡（外网）和 Ethernet1 网卡（内网）地址配置信息，分别双击 Ethernet0 与 Ethernet1 选项，弹出"Ethernet0 状态"窗口，选择"属性"→"Internet 协议版本 4（TCP/IPv4）"选项，弹出"Internet 协议版本 4（TCP/IPv4）属性"对话框，如图 8.11 所示。

3. 未连接到 VPN 服务器时的测试（Win10-user01）

以管理员身份登录客户端 Win10-user01，使用 Ctrl＋R 组合键，打开"运行"窗口，输入 cmd 命令，弹出"命令提示符"窗口，使用 ping 命令测试与 VPN 服务器地址信息，如图 8.12 所示；可以看到客户端与 VPN 服务器的 IP 地址：192.168.100.100、网关地址：192.168.100.2，均可相互访问。而与 VPN 服务器的 IP 地址：192.168.200.100 无法相互访问（即内网无法相互访问），如图 8.12 所示。

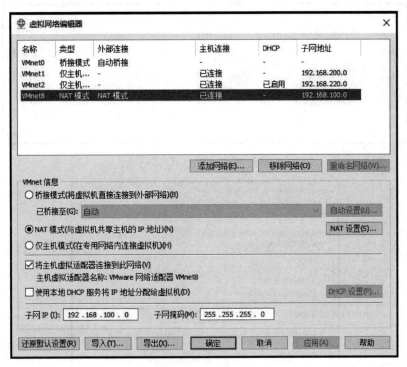

图 8.8　"虚拟网络编辑器"对话框

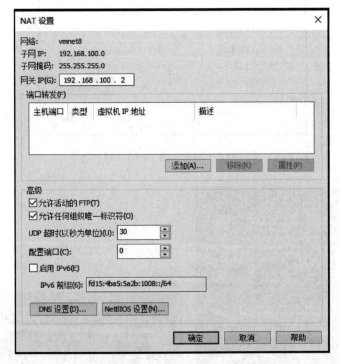

图 8.9　"NAT 设置"对话框

图 8.10　"网络连接"窗口

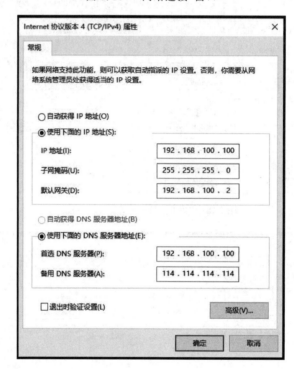

图 8.11　"Internet 协议版本 4（TCP/IPv4）属性"对话框

图 8.12　未连接到 VPN 服务器时的测试结果

8.2.2 安装路由和远程访问服务

在部署 VPN 服务器之前,必须安装"路由和远程访问服务"。Windows Server 2019 中路由和远程访问包括在"网络策略和访问服务"和"远程访问"角色中,并且默认没有安装。用户可以根据自己的需要选择同时安装网络策略和访问服务中的所有组件,或者只安装路由和远程访问服务。

安装路由和远程访问服务,其具体操作步骤如下。

(1) 以管理员身份登录 VPN 服务器,打开"服务器管理器"窗口,选择"管理"→"添加角色和功能"选项,弹出"添加角色和功能向导"窗口,继续单击"下一步"按钮,直到出现"选择服务器角色"窗口,如图 8.13 所示,勾选"网络策略和访问服务"和"远程访问"复选框。

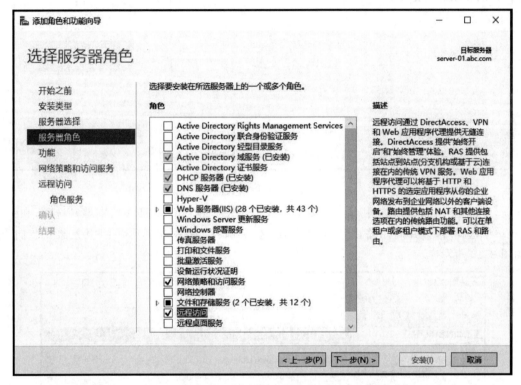

图 8.13 "选择服务器角色"窗口

(2) 在"选择服务器角色"窗口中,单击"下一步"按钮,直到出现"角色服务"窗口,如图 8.14 所示,勾选"DirectAccess 和 VPN(RAS)""Web 应用程序代理"和"路由"复选框,单击"下一步"按钮,直到完成安装路由和远程访问服务的安装。

8.2.3 配置 VPN 服务器

在已经安装"路由和远程访问"角色的计算机 VPN 服务器上通过"路由和远程访问"控制台配置并启用路由和远程访问,其具体操作步骤如下。

1. 配置并启用 VPN 服务

(1) 以管理员身份登录 VPN 服务器,打开"服务器管理器"窗口,选择"工具"→"路由和远程访

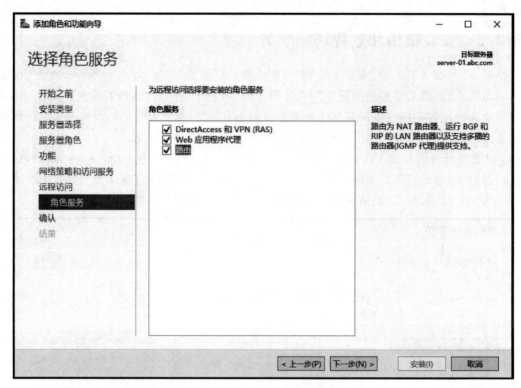

图 8.14 "角色服务"窗口

问"选项，弹出"路由和远程访问"窗口，如图 8.15 所示；右击"SERVER-01（本地）"选项，在弹出的快捷菜单中选择"配置并启用路由和远程访问"选项，弹出"路由和远程访问服务器安装向导"窗口，如图 8.16 所示。

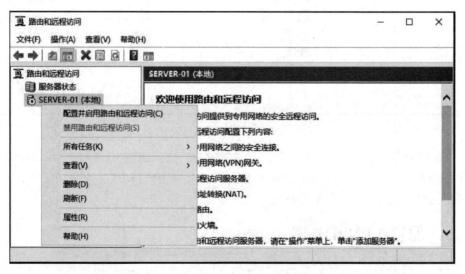

图 8.15 "路由和远程访问"窗口

（2）在"路由和远程访问服务器安装向导"窗口中，单击"下一步"按钮，弹出"配置"窗口，如图 8.17 所示；选中"远程访问（拨号或 VPN）"单选按钮，单击"下一步"按钮，弹出"远程访问"窗口，如图 8.18 所示。

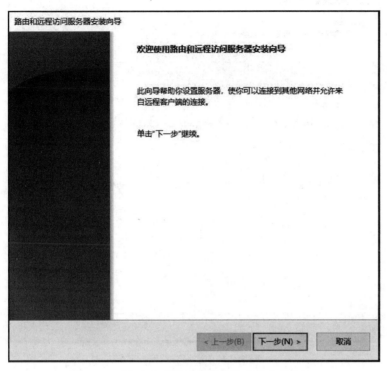

图 8.16 "路由和远程访问服务器安装向导"窗口

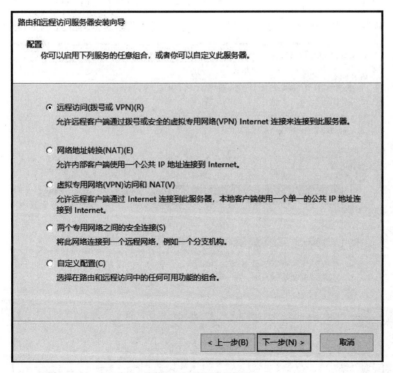

图 8.17 "配置"窗口

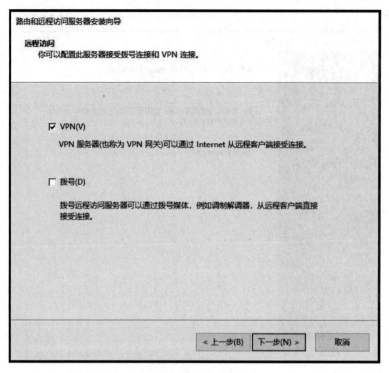

图 8.18　"远程访问"窗口

　　（3）在"远程访问"窗口中，勾选"VPN"复选框，单击"下一步"按钮，弹出"VPN 连接"窗口，如图 8.19 所示；选择 Ethernet0 网卡选项，用于 VPN 连接外网使用，单击"下一步"按钮，弹出"地址范围分配"窗口，单击"新建"按钮，弹出"新建 IPv4 地址范围"对话框，如图 8.20 所示。

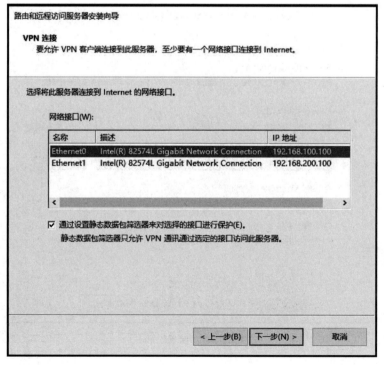

图 8.19　"VPN 连接"窗口

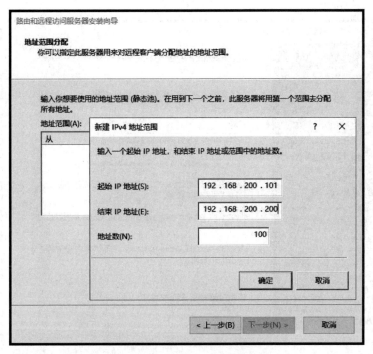

图 8.20　"新建 IPv4 地址范围"对话框

（4）在"新建 IPv4 地址范围"对话框中，输入分配访问内网的 IP 地址池，单击"确定"按钮，返回"地址范围分配"窗口，单击"下一步"按钮，弹出"管理多个远程访问服务器"窗口，如图 8.21 所示；选中"否，使用路由和远程访问来对连接请求进行身份验证"单选按钮，单击"下一步"按钮，弹出"正在完成路由和远程访问服务器安装向导"窗口，如图 8.22 所示；单击"完成"按钮，返回"路由和远程访问"窗口。

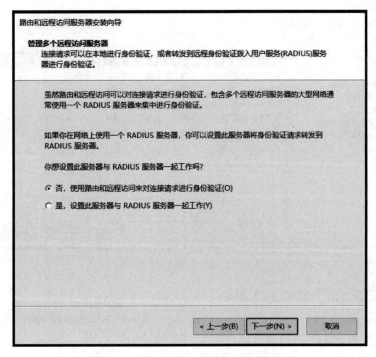

图 8.21　"管理多个远程访问服务器"窗口

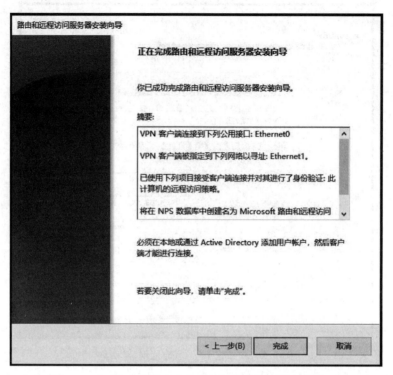

图 8.22　"正在完成路由和远程访问服务器安装向导"窗口

（5）在"路由和远程访问"窗口中，展开服务器，单击"网络接口"选项，在控制台右侧界面中显示 VPN 服务器上的所有网络接口，如图 8.23 所示；单击"端口"选项，在控制台右侧界面中显示 VPN 服务器上的所有端口的状态为"不活动"，如图 8.24 所示。

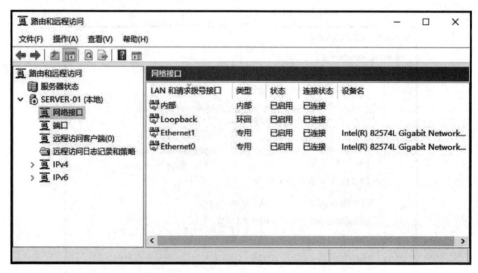

图 8.23　查看网络接口窗口

2. 配置域用户账户允许连接 VPN 服务

在域控制器（server-01）上设置允许用户 administrator@abc.com 使用 VPN 连接到 VPN 服务器，其具体操作步骤如下。

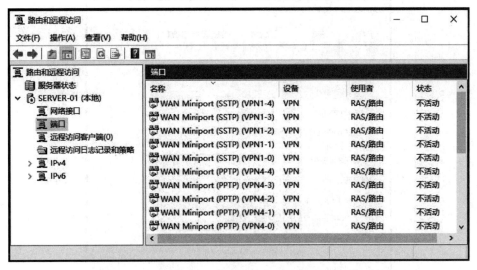

图 8.24　查看端口状态窗口

（1）以管理员身份登录 VPN 服务器，打开"服务器管理器"窗口，选择"工具"→"Active Directory 域用户和计算机"选项，弹出"Active Directory 用户和计算机"窗口，如图 8.25 所示，依次打开 abc.com→Users 选项，右击用户 Administrator，在弹出的快捷菜单中选择"属性"选项，打开"Administrator 属性"对话框。

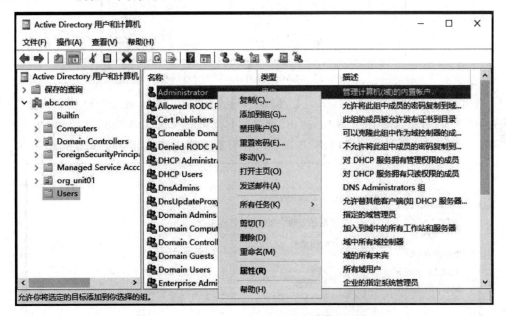

图 8.25　"Active Directory 用户和计算机"窗口

（2）在"Administrator 属性"对话框中，单击"拨入"选项卡，在"网络访问权限"区域，选中"允许访问"单选按钮，单击"确定"按钮，完成设置，如图 8.26 所示。

3. 在客户端建立 VPN 连接

在 VPN 客户端以管理员身份登录计算机 Win10-user01，建立 VPN 连接到 VPN 服务器，其具体操作步骤如下。

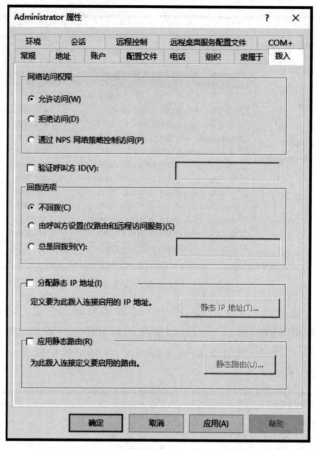

图 8.26　"Administrator 属性"对话框

（1）在客户端计算机 Win10-user01 上，选择"开始"→"Windows 系统"→"控制面板"→"网络和 Internet"→"网络和共享中心"选项，弹出"网络和共享中心"窗口，如图 8.27 所示；在"更改网络设置"区域，选择"设置新的连接或网络"选项，弹出"设置连接或网络"窗口，如图 8.28 所示。

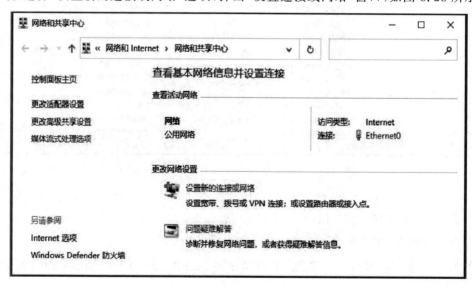

图 8.27　"网络和共享中心"窗口

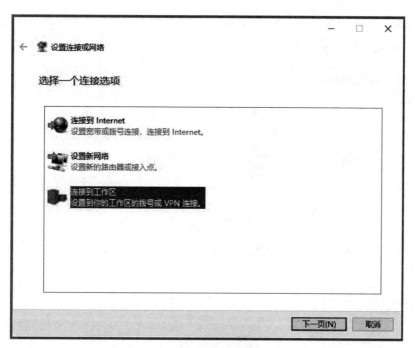

图 8.28 "设置连接或网络"窗口

（2）在"设置连接或网络"窗口中，选择"连接到工作区"选项，单击"下一步"按钮，弹出"连接到工作区"窗口，如图 8.29 所示；选择"我将稍后设置 Internet 连接"选项，弹出"你希望如何连接？"窗口，如图 8.30 所示。

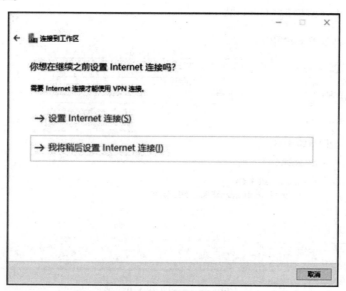

图 8.29 "连接到工作区"窗口

（3）在"你希望如何连接？"窗口中，选择"使用我的 Internet 连接（VPN）"选项，弹出"键入要连接的 Internet 地址"窗口，输入 Internet 地址和目标名称，如图 8.31 所示；单击"创建"按钮，完成创建 VPN 连接。

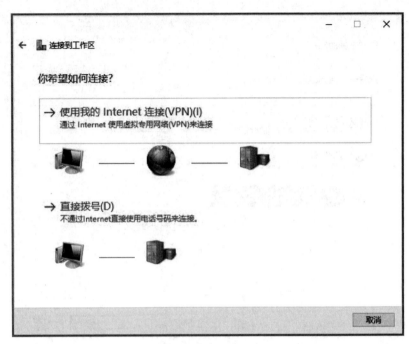

图 8.30 "你希望如何连接?"窗口

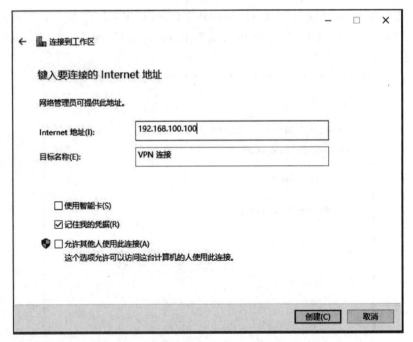

图 8.31 "键入要连接的 Internet 地址"窗口

（4）选择"开始"→"Windows 系统"→"控制面板"→"网络和 Internet"→"网络和共享中心"→"更改适配器设置"选项，弹出"网络连接"窗口，可以查看刚刚创建的 VPN 连接，如图 8.32 所示。

4. 在客户端测试 VPN 连接

在 VPN 客户端以管理员身份登录计算机 Win10-user01，测试连接到 VPN 服务器，其具体操

图 8.32 "网络连接"窗口

作步骤如下。

（1）右击"开始"菜单，在弹出的快捷菜单中单击"网络连接"→VPN→"VPN 连接"选项，弹出 VPN 窗口，如图 8.33 所示；单击"连接"按钮，弹出"登录"对话框，如图 8.34 所示。

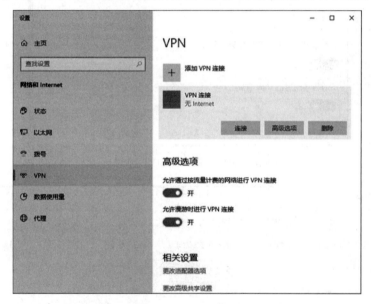

图 8.33 VPN 窗口

图 8.34 "登录"对话框

（2）在"登录"对话框中，输入用户账户和密码，单击"确定"按钮，进行 VPN 连接，在 VPN 窗口中显示"已连接"，如图 8.35 所示；也可以在"网络连接"窗口查看 VPN 连接状态，如图 8.36 所示。

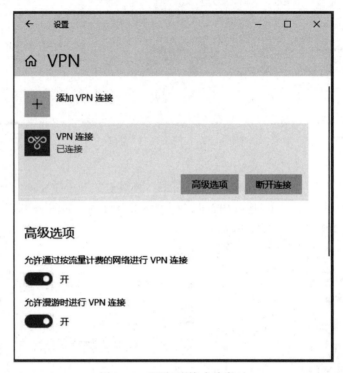

图 8.35　VPN 连接成功窗口

图 8.36　VPN 连接状态窗口

（3）在"命令提示符"窗口中，使用 ipconfig /all 命令，查看此时的 IP 地址信息，可以看到 VPN 客户端获得的 VPN 连接的 IP 地址：192.168.200.102，如图 8.37 所示；使用 ping 命令访问内部网络地址 192.168.200.100 已经可以访问，如图 8.38 所示。

5. 在 VPN 服务器上进行验证

以管理员身份登录 VPN 服务器，打开"服务器管理器"窗口，选择"工具"→"路由和远程访问"选项，弹出"路由和远程访问"窗口，展开服务器节点，选择"远程访问客户端"选项，在控制台右侧界面中显示连接时间以及连接的账户，这表明已经有一个客户建立了 VPN 连接，如图 8.39 所示；选择"端口"选项，在控制台右侧界面中可以看到一个端口的状态是"活动"，表明有客户端连接到 VPN 服务器，如图 8.40 所示。

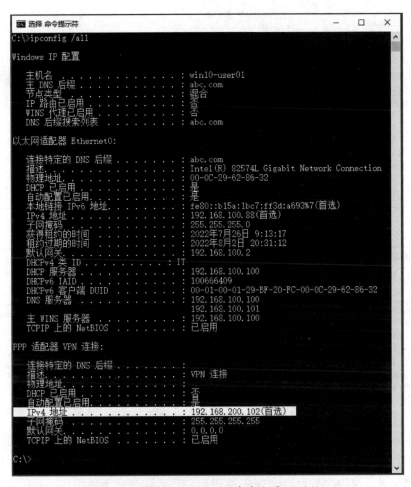

图 8.37　使用 ipconfig /all 命令查看 IP 地址

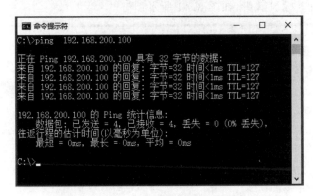

图 8.38　使用 ping 命令访问内部网络地址

6. 停止和启动路由和远程访问

要启动或停止 VPN 服务,可以使用"路由和远程访问"控制台、"服务"控制台或"net 命令"3 种方法来实现。具体操作步骤如下。

(1) 使用"路由和远程访问"控制台。在"路由和远程访问"控制台窗口中,右击服务器"SERVER-01(本地)"选项,在弹出的快捷菜单中选择"所有任务"→"停止"或"启动"选项,即可停

图 8.39　"远程访问客户端(1)"选项窗口

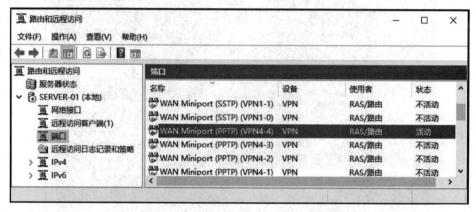

图 8.40　"端口"选项窗口

止或启动 VPN 服务。VPN 服务停止，服务器图标会显示红色向下标识箭头；VPN 服务启动，服务器图标会显示绿色向上标识箭头，如图 8.41 所示。

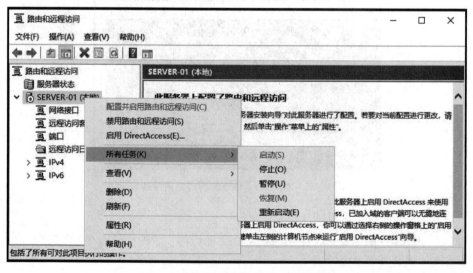

图 8.41　"路由和远程访问"控制台窗口

（2）使用"服务"控制台。选择"服务器管理器"→"工具"→"服务"选项，弹出"服务"控制台窗口，找到 Routing and Remote Access 选项，在"服务（本地）"区域，单击"停止此服务"或"重启动此服务"选项即可停止或启动 VPN 服务，如图 8.42 所示，在"运行"窗口中，输入"services.msc"命令，也可以调出"服务"控制台窗口。

图 8.42　"服务"控制台窗口

（3）使用 net 命令。以管理员身份登录 VPN 服务器，在"命令提示符"窗口中，输入命令 net stop remote access 停止 VPN 服务，输入命令 net start remote access 启动 VPN 服务。

8.2.4　配置 VPN 服务器的网络策略

在 VPN 服务器上创建网络策略，使用户在进行 VPN 连接时使用该网络策略。其具体操作步骤如下。

1. 新网络策略

（1）以管理员身份登录 VPN 服务器，打开"服务器管理器"窗口，选择"工具"→"网络策略服务器"选项，弹出"网络策略服务器"窗口，如图 8.43 所示；选择"网络策略"→"新建"选项，弹出"新建网络策略"对话框，如图 8.44 所示。

（2）在"新建网络策略"对话框中，输入策略名称 VPN-policy01，选中"网络访问服务器的类型"单选按钮，在下拉列表中，选择"远程访问服务器（VPN 拨号）"选项，单击"下一步"按钮，弹出"指定条件"对话框，如图 8.45 所示；单击"添加"按钮，弹出"选择条件"对话框，选择"日期和时间限制"选项，弹出"日期和时间限制"对话框，如图 8.46 所示。

（3）在"日期和时间限制"窗口中选中"允许"单选按钮，选择允许的日期和时间，单击"确定"按

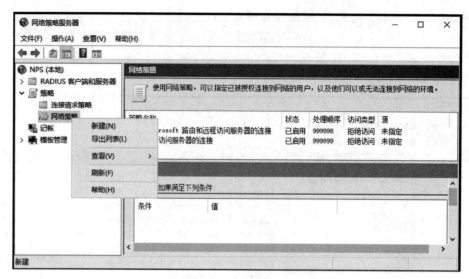

图 8.43　"网络策略服务器"窗口

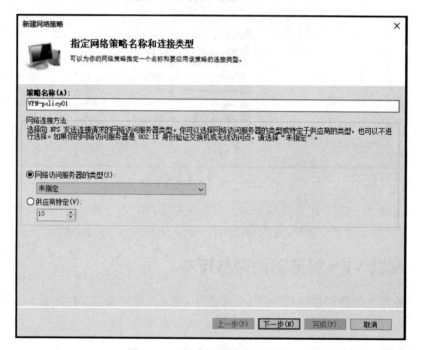

图 8.44　"新建网络策略"对话框

钮,返回"指定条件"对话框,如图 8.47 所示;单击"下一步"按钮,弹出"指定访问权限"对话框,如图 8.48 所示。

（4）在"指定访问权限"对话框中,选中"已授予访问权限"单选按钮,单击"下一步"按钮,弹出"配置身份验证方法"对话框,如图 8.49 所示;在"安全级别较低的身份验证方法"区域,勾选相应的复选框,单击"下一步"按钮,弹出"配置约束"对话框,如图 8.50 所示。

（5）在"配置约束"对话框中,选择"日期和时间限制"选项,勾选"仅允许在这些日期和时间访问"复选框,单击"下一步"按钮,弹出"配置设置"窗口,如图 8.51 所示;在该窗口中可以配置上网络

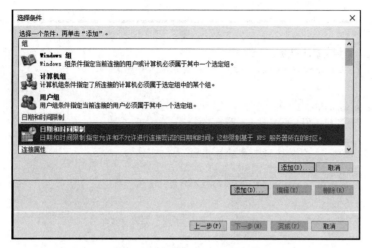

图 8.45　"选择条件"对话框

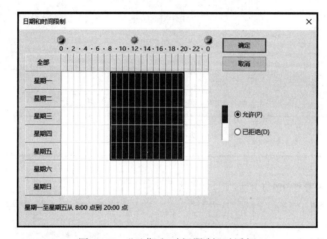

图 8.46　"日期和时间限制"对话框

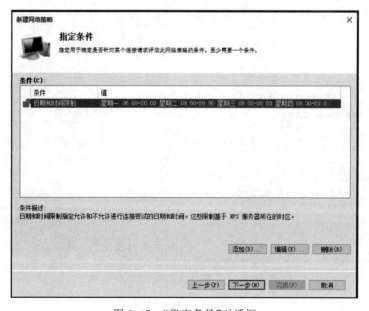

图 8.47　"指定条件"对话框

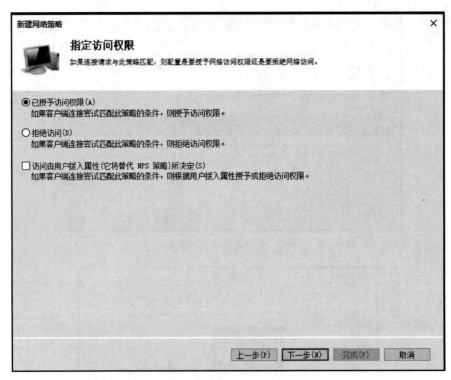

图 8.48 "指定访问权限"对话框

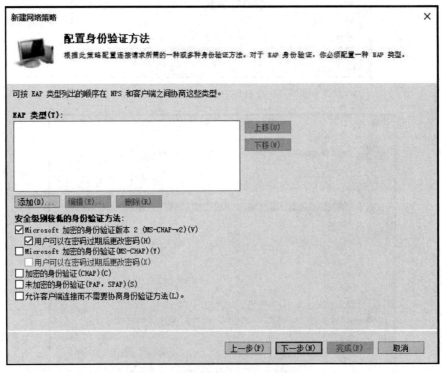

图 8.49 "配置身份验证方法"对话框

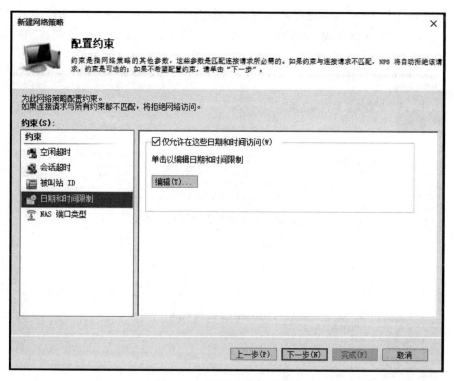

图 8.50　"配置约束"对话框

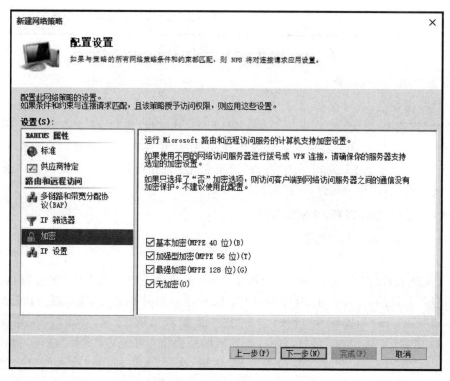

图 8.51　"配置设置"对话框

策略的设置，如 RADIUS 属性、多链路和带宽分配协议、IP 筛选器、加密、IP 设置，单击"下一步"按钮，弹出"正在完成新建网络策略"对话框，如图 8.52 所示；单击"完成"按钮，完成网络策略的创建。

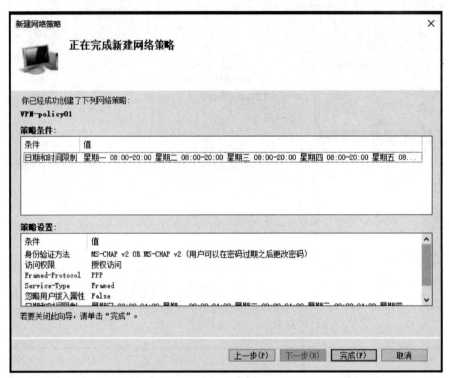

图 8.52 "正在完成新建网络策略"对话框

2. 设置用户远程访问权限

以管理员身份登录 VPN 服务器，打开"服务器管理器"窗口，选择"工具"→"Active Directory 域用户和计算机"选项，弹出"Active Directory 域用户和计算机"窗口，依次打开 abc. com→Users 选项，右击用户 Administrator，在弹出的快捷菜单中选择"属性"选项，打开"Administrator 属性"对话框，如图 8.53 所示；在该窗口单击"拨入"选项卡，在"网络访问权限"区域，选中"通过 NPS 网络策略控制访问"单选按钮，单击"确定"按钮，完成设置。

3. 测试客户端能否连接到 VPN 服务器

在 VPN 客户端以管理员身份登录计算机 Win10-user01，测试能否连接到 VPN 服务器。其操作如下。

打开 VPN 连接，以用户 administrator@abc. com 账户登录连接到 VPN 服务器，此时是按网络策略进行身份验证的，验证成功，连接到 VPN 服务器。如果不成功，则出现 VPN 连接错误提示，如图 8.54 所示；在"相关设置"区域，单击"更改适配器选项"选项，弹出"网络连接"窗口，如图 8.55 所示；选择"VPN 连接"选项，右击，在弹出的快捷菜单中选择"属性"选项，弹出"VPN 连接 属性"对话框，如图 8.56 所示；在"身份验证"区域，选择"允许使用这些协议"单选按钮，单击"确定"按钮，完成相应配置。

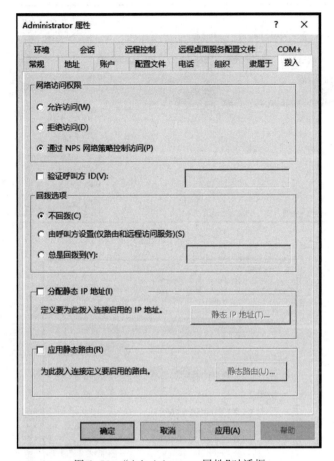

图 8.53 "Administrator 属性"对话框

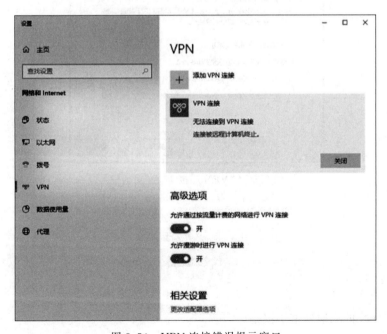

图 8.54 VPN 连接错误提示窗口

图 8.55 "网络连接"窗口

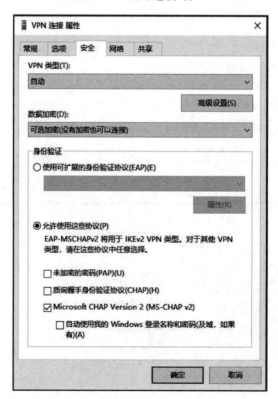

图 8.56 "VPN 连接 属性"对话框

1. 选择题

（1）【多选】VPN 的三层隧道协议是（ ）。

A. PPTP　　　　　　B. L2TP　　　　　　C. GRE　　　　　　D. IPSec

（2）【多选】VPN 的二层隧道协议是（　　）。

A. PPTP　　　　　　B. L2TP　　　　　　C. GRE　　　　　　D. IPSec

（3）【多选】VPN 主要特点是（　　）。

A. 安全性　　　　　B. 专用性　　　　　C. 经济性　　　　　D. 扩展性和灵活性

（4）【多选】VPN 按照服务类型可以分为（　　）。

A. Access VPN　　　B. Intranet VPN　　　C. Extranet VPN　　　D. 以上都不是

2. 简答题

（1）简述 VPN 主要特点。

（2）简述 VPN 工作过程。

（3）简述 VPN 的服务类型分类。

（4）简述 VPN 使用的主要技术。

第9章

NAT服务器配置管理

学习目标

- 掌握 NAT 技术概述以及 NAT 的工作过程。
- 掌握规划部署 NAT 服务器、配置路由和远程访问、配置和测试 NAT 客户端计算机。
- 掌握外部网络主机访问内部 Web 服务器、配置 DHCP 分配器与 DNS 中继代理。

9.1 NAT 基础知识

随着网络技术的发展，接入 Internet 的计算机数量不断增加，Internet 中空闲的 IP 地址越来越少，IP 地址资源也就越来越紧张。事实上，除了中国教育和科研计算机网（China Education and Research Network，CERNET）外，一般用户几乎申请不到整段的 C 类 IP 地址。其他互联网服务提供商（Internet Service Provider，ISP）即使是拥有几百台计算机的大型局域网用户，当他们申请 IP 地址时，所分配到的地址也很有限。显然，这么少的 IP 地址根本无法满足网络用户的需求，于是产生了网络地址转换（Network Address Translation，NAT）技术。目前，NAT 技术有效地解决了此问题，使得私有网络 IP 可以访问外网。

9.1.1 NAT 技术概述

V9-1

网络地址转换技术是 1994 年被提出的。简单来说，它就是把内部私有 IP 地址翻译成合法有效的网络公有 IP 地址的技术。若专用网内部的一些主机本来已经分配到了本地 IP 地址（即仅在本专用网内使用的专用地址），但现在又想和 Internet 上的主机通信（并不需要加密），可使用 NAT 技术，这种技术需要在专用网连接到 Internet 的路由器上安装 NAT 软件。装有 NAT 软件的路由器叫作 NAT 路由器，它至少有一个有效的外部全球 IP 地址。这样，所有使用本地 IP 地址的主机在和外界通信时，都要在 NAT 路由器上将其本地 IP 地址转换成全球 IP 地址，才能和 Internet

连接。

NAT技术不仅能解决IP地址不足的问题,而且还能够有效地避免来自外部网络的攻击,隐藏并保护内部网络的计算机。

NAT技术的特点如下。

(1)作用。通过将内部网络的私有IP地址翻译成全球唯一的公有IP地址,使内部网络可以连接到互联网等外部网络上。

(2)优点。节省公共合法IP地址;处理地址重叠;增强了灵活性与安全性。

(3)缺点。延迟增加;增加了配置和维护的复杂性;不支持某些应用,但可以通过静态NAT映射来避免。

要真正了解NAT就必须先了解现在IP地址的使用情况。私有IP地址是指内部网络或主机的IP地址,公有IP地址是指在Internet上全球唯一的IP地址。RFC1918为私有网络预留出了3个IP地址块,如下所示。

A类:10.0.0.0～10.255.255.255。

B类:172.16.0.0～172.31.255.255。

C类:192.168.0.0～192.168.255.255。

上述3个范围的地址不会在Internet上被分配,因此不必向ISP或注册中心申请并在公司或企业内部自由使用。

9.1.2　NAT的工作过程

NAT地址转换协议的工作过程如下。

(1)内部客户端主机将数据包发送给NAT服务器。

(2)NAT服务器将数据包中的端口号和专用IP地址转换成它自己的端口号和公用的IP地址,然后将数据包发给外部网络的目的主机,同时记录一个跟踪信息在映像表中,以便向客户端主机发送回答信息。

V9-2

(3)外部网络发送回答信息给NAT服务器。

(4)NAT服务器将所收到的数据包的端口号和公用IP地址转换为客户端的端口号和内部网络使用的专用IP地址并转发给客户端主机。

NAT的工作过程网络拓扑结构图,如图9.1所示。NAT服务器有两块网卡、两个IP地址,IP地址分为192.168.1.1/24和100.1.1.1/24。

下面举例说明NAT的工作过程。

(1)用户主机192.168.1.2访问Web服务器100.1.2.1,则用户主机将创建带有下列信息的IP数据包。

目标IP地址:100.1.2.1,目标端口:TCP端口80。

源IP地址:192.168.1.2,源端口:TCP端口1580。

(2)IP数据包转发到运行NAT服务器上,它将传出的数据包地址转换成下面的形式,用自己的IP地址重新打包后转发出去。

目标IP地址:100.1.2.1,目标端口:TCP端口80。

源IP地址:100.1.1.1,源端口:TCP端口2580。

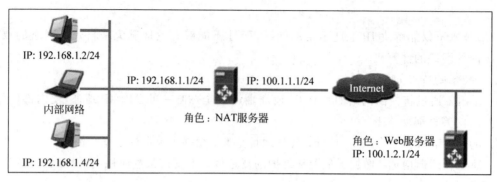

图 9.1　NAT 的工作过程网络拓扑结构图

（3）NAT 协议在表中保留了{192.168.1.2,TCP 端口 1580}到{100.1.1.1,TCP 端口 2580}的映射，以便回传数据包。

（4）转发的 IP 数据包是通过 Internet 发送的。Web 服务器通过 NAT 协议发送和接收。当接收时，数据包包含下面的公用地址信息。

目标 IP 地址：100.1.1.1,目标端口：TCP 端口 2580。

源 IP 地址：100.1.2.1,源端口：TCP 端口 80。

（5）NAT 协议检查转发表，将公用地址映射到专用地址，并将数据包转发给 IP 地址为 192.168.1.2 的用户主机，转发的数据包包含以下地址信息。

目标 IP 地址：192.168.1.2,目标端口：TCP 端口 1580。

源 IP 地址：100.1.2.1,源端口：TCP 端口 80。

9.2　技能实践

NAT 位于使用专用地址的 Intranet 和使用公用地址 Internet 之间。从 Intranet 传出的数据包由 NAT 将它们的专用地址转换为公有地址，从 Internet 传入的数据包由 NAT 将它们的公用地址转换为专用地址。这样，在内网中计算机使用未注册的专用 IP 地址，而在与外部网络通信时使用注册的公用 IP 地址，大大降低了连接成本；同时 NAT 也起到将内部网络隐藏起来，保护内部网络的作用，因为对外部用户来说只有使用公用地址的 NAT 是可见的。

9.2.1　规划部署 NAT 服务器

在部署 NAT 服务器之前，读者需要了解 NAT 服务器配置实例部署的需要和实训环境。

1. 项目规划

部署 NAT 服务器网络拓扑结构图如图 9.2 所示。

在部署 VPN 服务器之前，需完成如下配置。

（1）在服务器 server-01 上部署域环境，域名为 abc.com。

（2）设置 VPN 服务器的 TCP/IP 属性，设置 IP 地址、子网掩码、默认网关和 DNS 服务器地址等相关信息。

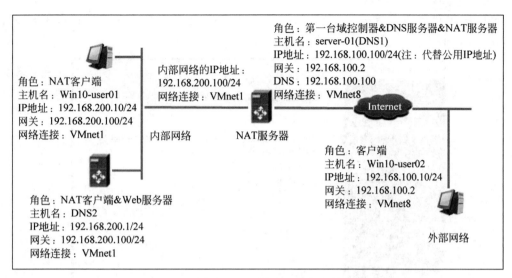

图 9.2　部署 NAT 服务器网络拓扑结构图

（3）设置 Windows 10 客户端主机的 TCP/IP 属性，设置 IP 地址、子网掩码、默认网关和 DNS 服务器地址等相关信息。

（4）VPN 服务器必须有两个网络连接，一个连接内部网络使用（VMnet1 为仅主机模式），另一个连接外部网络使用（VMnet8 为 NAT 模式）。

2. 环境部署

NAT 服务器主机名为 server-01，该服务器连接内部局域网卡的 IP 地址为 192.168.200.100/24，内部网络地址为 192.168.200.0/24；

连接外部网络网卡的 IP 地址为 192.168.100.100/24，默认网关为 192.168.100.2/24；

内部网络 NAT 客户端主机 Win10-user01 的 IP 地址为 192.168.200.10/24，网关为 192.168.200.100/24；

内部网络 Web 服务器主机 DNS2 的 IP 地址为 192.168.200.1/24，网关为 192.168.200.100/24；

在 Internet 上的客户端主机 Win10-user02 的 IP 地址为 192.168.100.10/24，网关为 192.168.100.2。

9.2.2　配置路由和远程访问

在安装"路由和远程访问"服务器之前，如图 9.2 所示，配置各计算机的 IP 地址参数，安装"路由和远程访问"角色服务，具体操作步骤参见 8.2.2 节，这里不再赘述。

在 NAT 服务器上通过"路由和远程访问"控制台配置并启用 NAT 服务，其具体操作步骤如下。

（1）禁用路由和远程访问。以管理员账户登录需要添加 NAT 服务的计算机，打开"服务器管理器"窗口，选择"工具"→"路由和远程访问"选项，打开"路由和远程访问"窗口，右击服务器 SERVER-01，在弹出的快捷菜单中选择"禁用路由和远程访问"选项（清除 VPN 实验的影响）。

（2）右击服务器 SERVER-01，在弹出的快捷菜单中选择"配置并启动路由和远程访问"选项，弹出"路由和远程访问服务器安装向导"对话框,如图 9.3 所示；单击"下一步"按钮,弹出"配置"对话框,如图 9.4 所示。

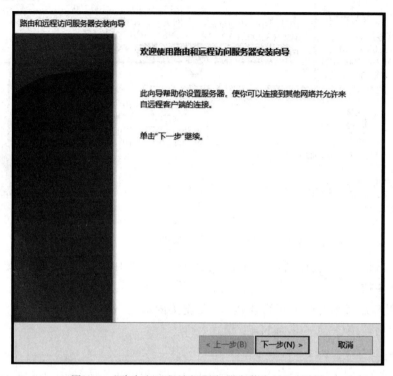

图 9.3 "路由和远程访问服务器安装向导"对话框

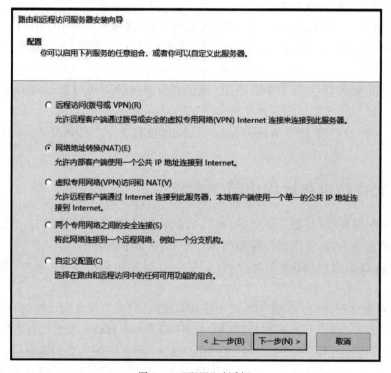

图 9.4 "配置"对话框

（3）在"配置"对话框中，选中"网络地址转换 NAT"单选按钮，单击"下一步"按钮，弹出"NAT Internet 连接"对话框，如图 9.5 所示；选中"使用此公共接口连接到 Internet"单选按钮，在"网络接口"列表中，选择 Ethernet0（外网）连接外部网络；单击"下一步"按钮，弹出"正在完成路由和远程访问服务器安装向导"对话框，如图 9.6 所示，单击"完成"按钮。

图 9.5　"NAT Internet 连接"对话框

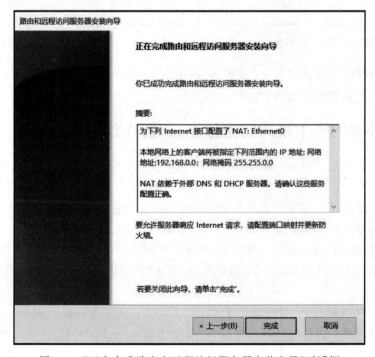

图 9.6　"正在完成路由和远程访问服务器安装向导"对话框

9.2.3 配置和测试 NAT 客户端

配置 NAT 客户端，并测试内部网络和外部网络计算机之间的连通性，其具体操作步骤如下。

（1）外部网络客户端的 IP 地址相关参数，如图 9.7 所示；内部网络 NAT 客户端的 IP 地址相关参数，如图 9.8 所示。

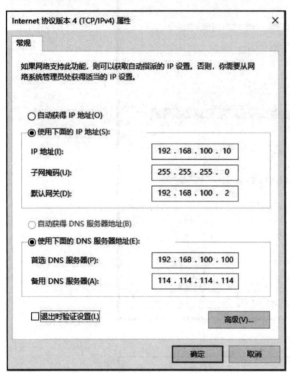
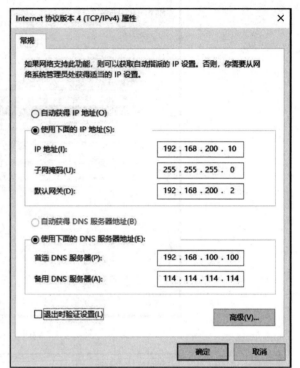

图 9.7　外部网络客户端的 IP 地址相关参数　　　图 9.8　内部网络 NAT 客户端的 IP 地址相关参数

（2）测试外部网络计算机与 NAT 服务器、网关的连通性，如图 9.9 所示；测试内部网络 NAT 客户端与外部网络计算机的连通性，如图 9.10 所示。

9.2.4 外部网络主机访问内部 Web 服务器

若要外部网络的主机 Win10-user02 能够访问内部网络 Web 服务器 DNS2，其具体操作步骤如下。

（1）在内部网络计算机 DNS2 上安装 Web 服务器，其安装过程参见 7.2.1 节，这里不再赘述。

（2）将内部网络计算 DNS2 配置成 NAT 客户端。以管理员账户登录 NAT 客户端 DNS2，打开"Internet 协议版本 4(TCP/IPv4)属性"窗口，设置其默认网关的 IP 地址为 NAT 服务器的内网网卡的 IP 地址，输入 192.168.200.100，最后单击"确定"按钮即可。

注意：

使用端口映射等功能时，内部网络计算机一定要配置成为 NAT 客户端。

（3）设置端口转换。以管理员账户登录 NAT 服务器(server-01)，打开"路由和远程访问"窗口，

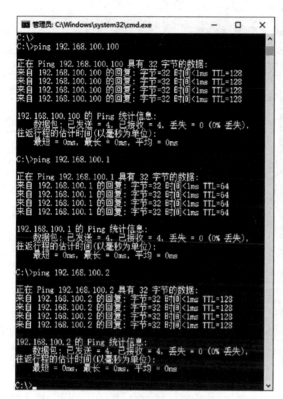 

图 9.9　测试外部网络的连通性　　　　　图 9.10　测试内部网络的连通性

依次展开"SERVER-01(本地)"→IPv4→NAT 选项,在右侧窗口中,右击 NAT 服务器的外网网卡"Ethernet0(外网)"选项,在弹出的快捷菜单中选择"属性"选项,如图 9.11 所示;打开"Ethernet0(外网)属性"对话框,如图 9.12 所示;在 NAT 选项卡"接口类型"区域,选中"公用接口连接到Internet"单选按钮,勾选"在此接口上启用 NAT"复选框;选择"地址池"选项卡,可以添加地址池,接入 Internet 时服务提供商(ISP)分配此地址池,如图 9.13 所示。

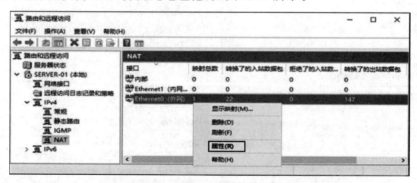

图 9.11　"Ethernet0(外网)"右键快捷菜单

(4) 在"Ethernet0(外网)属性"对话框中,选择"服务和端口"选项卡,勾选"服务"列表中的"Web 服务器"复选框,单击"编辑"按钮,如图 9.14 所示;弹出"编辑服务"对话框,如图 9.15 所示;在"专用地址"文本框中输入安装 Web 服务器的内部网络计算的 IP 地址,在此输入 192.168.200.1,

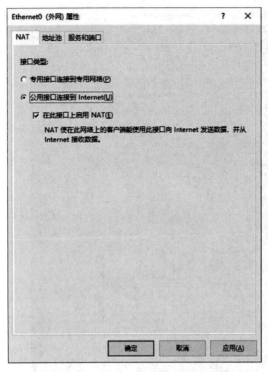

图 9.12 "Ethernet0（外网）属性"对话框

图 9.13 "地址池"选项卡

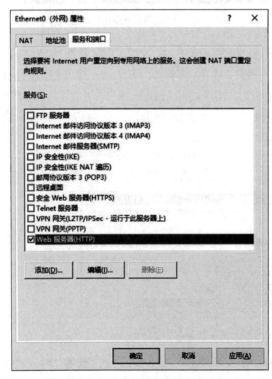

图 9.14 "服务和端口"选项卡

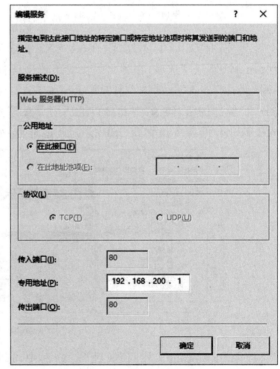

图 9.15 "编辑服务"对话框

最后单击"确定"按钮即可。

（5）从外部网络访问内部主机 DNS2 上的 Web 服务器。以管理员账户登录外部网络客户端 Win10-user01 上，打开浏览器，输入 http://192.168.100.100，打开内部计算机 DNS2 上的 Web 网站，如图 9.16 所示。

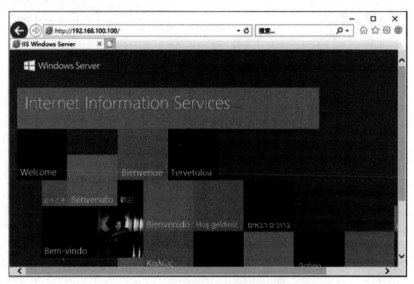

图 9.16 访问内部主机 DNS2 上的 Web 服务器

注意：

"192.168.100.100"是 NAT 服务器外部网卡的 IP 的地址。

（6）在 NAT 服务器上查看地址转换信息。以管理员账户登录 NAT 服务器（server-01），打开 "路由和远程访问"窗口，依次展开"SERVER-01（本地）"→IPv4→NAT 选项，在控制台右侧界面中显示 NAT 服务器正在使用的连接内部网络的网络接口。右击"Ethernet0（外网）"选项，在弹出的快捷菜单中选择"显示映射"选项，弹出"SERVER-01-网络地址转换会话映射表格"窗口，如图 9.17 所示。

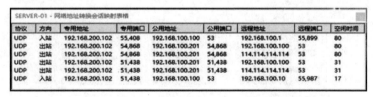

协议	方向	专用地址	专用端口	公用地址	公用端口	远程地址	远程端口	空闲时间
UDP	入站	192.168.200.102	55,408	192.168.100.100	53	192.168.100.1	55,899	80
UDP	出站	192.168.200.102	54,868	192.168.100.201	54,868	192.168.100.100	53	80
UDP	出站	192.168.200.102	54,868	192.168.100.201	54,868	114.114.114.114	53	80
UDP	出站	192.168.200.102	51,438	192.168.100.201	51,438	192.168.100.100	53	31
UDP	出站	192.168.200.102	51,438	192.168.100.201	51,438	114.114.114.114	53	31
UDP	入站	192.168.200.102	51,438	192.168.100.100	53	192.168.100.10	55,987	17

图 9.17 "SERVER-01-网络地址转换会话映射表格"窗口

9.2.5 配置 DHCP 分配器与 DNS 中继代理

NAT 服务器除了具备网络地址转换功能外，还具备以下两个功能。

（1）DHCP 分配器（DHCP Allocator）。此功能用来分配 IP 地址给内部的局域网客户端计算机。

（2）DNS 中继代理（DNS Proxy）。此功能可以替局域网内的计算机来查询 IP 地址。

1. DHCP 分配器

DHCP 分配器扮演着类似 DHCP 服务器的角色，用来给内部网络的客户端分配 IP 地址。主要操作如下。

(1) 修改 DHCP 分配器的设置。打开"路由和远程访问"窗口，依次展开"SERVER-01(本地)"→IPv4 选项，右击 NAT 选项，弹出快捷菜单，如图 9.18 所示；选择"属性"选项，弹出"NAT 属性"对话框，如图 9.19 所示。

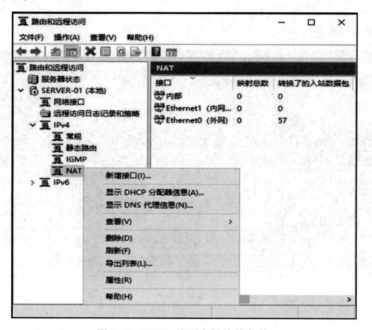

图 9.18　NAT 选项右键快捷菜单

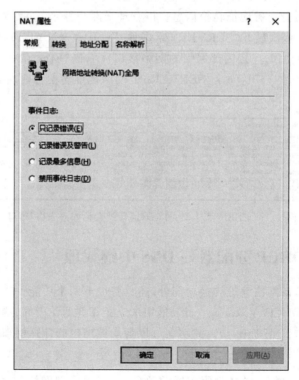

图 9.19　"NAT 属性"对话框

（2）在"NAT 属性"对话框中，选择"转换"选项卡，如图 9.20 所示；选择"地址分配"选项卡，勾选"使用 DHCP 分配器自动分配 IP 地址"复选框，输入 IP 地址网段和掩码，如图 9.21 所示。

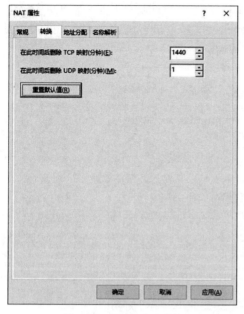 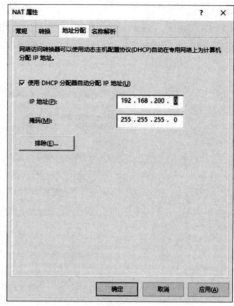

图 9.20 "转换"选项卡   图 9.21 "地址分配"选项卡

（3）在"地址分配"选项卡中，单击"排除"按钮，弹出"排除保留的地址"对话框，如图 9.22 所示；在"保留地址"区域，单击"添加"按钮，弹出"添加 IP 地址"窗口，输入要保留的 IP 地址单击"确定"按钮，返回"NAT 属性"窗口。

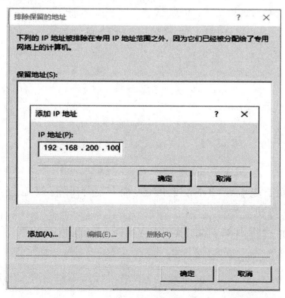

图 9.22 "排除保留的地址"对话框

2. DNS 中继代理

当内部计算机需要查询主机的 IP 地址时，它们可以将查询请求发送到 NAT 服务器，然后由

NAT服务器的DNS中继代理来替它们查询IP地址。具体操作如下。

在"NAT属性"对话框中，选择"名称解析"选项卡，启动或修改DNS中继代理的设置，勾选"使用域名系统(DNS)的客户端"复选框，表示要启用DNS中继代理的功能，如图9.23所示；启用DNS中继代理功能后，客户端要查询主机的IP地址时(这些主机可能位于Internet或内部网络)，NAT服务器就可以代替客户端来向DNS服务器查询。

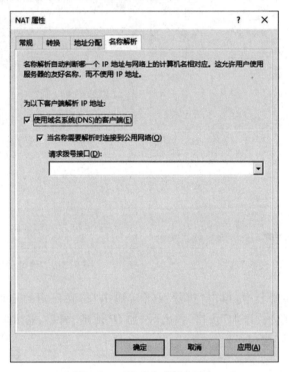

图9.23 "名称解析"选项卡

课后习题

1. 填空题

（1）NAT中文全称是（　　　）。

（2）NAT技术不仅能解决（　　　）不足的问题，而且还能够有效地避免来自（　　　）的攻击，隐藏并保护（　　　）网络的计算机。

（3）NAT的作用是通过将内部网络的（　　　）翻译成全球唯一的（　　　），使内部网络可以连接到互联网等外部网络上。

2. 简答题

（1）简述NAT的作用。

（2）简述NAT的优缺点。

（3）简述NAT的工作过程。

第10章

证书服务器配置管理

学习目标

- 掌握 PKI 的定义及组成以及 PKI 技术的优势与应用。
- 掌握数字证书及其应用、数字签名概述以及数字签名的实现方法。
- 掌握规划部署 CA 服务器、安装证书服务并部署独立根 CA、配置客户端计算机浏览器信任 CA、Web 服务器上配置证书服务的方法。

10.1 公钥基础设施和数字证书

公钥基础设施(Public Key Infrastructure,PKI)是一种遵循既定标准的密钥管理平台,是目前网络安全建设的基础与核心,是电子商务、政务系统安全实施的基本保障。它能够为所有网络应用提供加密和数字签名等密码服务及所必需的密钥和证书管理体系,简单来说,PKI 就是利用公钥理论和技术建立的提供安全服务的基础设施。PKI 技术是信息安全技术的核心,也是电子商务的关键和基础技术。

10.1.1 PKI 的定义及组成

PKI 是利用公钥密码理论和技术建立的,它不针对具体的某一种网络应用,而是提供一个通用性的基础平台,并对外提供友好的接口。PKI 采用证书管理公钥,通过证书颁发机构(Certificate Authority,CA)把用户的公钥和其他标识信息进行绑定,实现用户身份认证。用户可以利用 PKI 所提供的安全服务,保证传输信息的保密性、完整性和不可否认性,从而实现安全的通信。

V10-1

PKI 的基础技术包括加密、数字签名、数据完整性机制、数字信封、双重数字签名等。PKI 用公钥概念和技术实施,支持公开密钥的管理并提供真实性、保密性、完整性以及可追究性安全服务的、具有普适性的安全基础设施。

完整的 PKI 系统必须具有权威证书颁发机构(CA)、数字证书库、密钥备份及恢复系统、证书作废系统和应用程序接口(Application Programming Interface,API)基本构成部分,构建 PKI 也将围绕着这五大系统来着手构建。

1. 证书颁发机构

CA 是 PKI 中的证书颁发机构,即数字证书的申请及签发机关。CA 必须具备权威性的特征。CA 负责数字证书的生成、发放和管理,通过证书将用户的公钥和其他标识信息绑定,据此确认证书持有人的身份。它是一个权威、可信任的、公正的第三方机构,类似于现实生活中的证书颁发部门,如房产证办理机构。

2. 数字证书库

数字证书库用于存储已签发的数字证书及公钥,用户可由此可获得所需的其他用户的证书及公钥。数字证书库是网络中的一种公开信息库,可供公众进行开放式查询。一般来说,公众进行查询的目的有两个,一个是信息想要得到与之通信实体的公钥;另一个是要确认通信对方的证书是否已经进入"黑名单"。为了提高数字证书的使用效率,通常将证书和证书撤销信息发布到一个数据库中进行访问。

3. 密钥备份及恢复系统

如果用户丢失了用于解密数据的密钥,则数据将无法被解密,这将造成合法数据丢失。为避免这种情况,PK 提供备份与恢复密钥的机制。但须注意,密钥的备份与恢复必须由可信的机构来完成;并且密钥备份与恢复只能针对解密密钥,签名私钥为确保其唯一性而不能够作备份。

4. 证书作废系统

证书作废系统是 PKI 的一个必备的组件。与日常生活中的各种身份证件一样,证书有效期以内也可能需要作废,原因可能是密钥介质丢失或用户身份变更等。为实现这一点,PKI 必须提供作废证书的一系列机制。

5. 应用程序接口

PKI 的价值在于使用户能够方便地使用加密、数字签名等安全服务,因此一个完整的 PKI 必须提供良好的应用接口系统,使得各种各样的应用能够以安全、一致、可信的方式与 PKI 交互,确保安全网络环境的完整性和易用性。

通常来说,CA 是证书的签发机构,它是 PKI 的核心。众所周知,构建密码服务系统的核心内容是如何实现密钥管理。公钥体制涉及一对密钥(即私钥和公钥),私钥只由用户独立掌握,无须在网上传输,而公钥则是公开的,需要在网上传送,故公钥体制的密钥管理主要是针对公钥的管理问题,目前较好的解决方案是数字证书机制。

10.1.2 PKI 技术的优势与应用

PKI 是一种基础设施,其目标是充分利用公钥密码学的理论基础,建立起一种普遍适用的基础设施,为各种网络应用提供全面的安全服务。

1. PKI 技术的优势

(1)采用公开密钥密码技术,能够支持可公开验证并无法仿冒的数字签名,从而在支持可追究

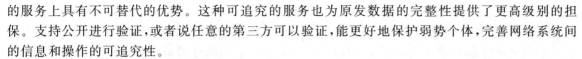

的服务上具有不可替代的优势。这种可追究的服务也为原发数据的完整性提供了更高级别的担保。支持公开进行验证，或者说任意的第三方可以验证，能更好地保护弱势个体，完善网络系统间的信息和操作的可追究性。

（2）由于密码技术的采用，保护机密性是PKI得天独厚的优点。PKI不仅能够为相互认识的实体之间提供机密性服务，同时也可以为陌生的用户之间的通信提供保密支持。

（3）由于数字证书可以由用户独立验证，不需要在线查询，原理上能够保证服务范围的无限制扩张，这使得PKI能够成为一种服务巨大用户群的基础设施。PKI采用数字证书方式进行服务，即通过第三方颁发的数字证书证明末端实体的密钥，而不是在线查询或在线分发。这种密钥管理方式突破了过去安全验证服务必须在线的限制。

（4）PKI提供了证书的撤销机制，从而使得其应用领域不受具体应用的限制。撤销机制提供了在意外情况下的补救措施，在各种安全环境下都可以让用户更加放心。另外，因为有撤销技术，不论是永远不变的身份、还是经常变换的角色，都可以得到PKI的服务而不用担心被窃后身份或角色被永远作废或被他人恶意盗用。

（5）PKI具有极强的互联能力。不论是上下级的领导关系，还是平等的第三方信任关系，PKI都能够按照人类世界的信任方式进行多种形式的互联互通，从而使PKI能够很好地服务于符合人类习惯的大型网络信息系统。PKI中各种互联技术的结合使建设一个复杂的网络信任体系成为可能。PKI的互联技术为消除网络世界的信任孤岛提供了充足的技术保障。

2. PKI技术的应用

PKI技术的应用领域非常广泛，包括电子商务、电子政务、网上银行、网上证券等。典型的基于PKI技术的常用技术包括虚拟专用网络（Virtual Private Network，VPN）、安全电子邮件、安全电子交易、Web安全等。

（1）虚拟专用网络（VPN）。通常，企业在架构VPN时都会利用防火墙和访问控制技术来提高VPN的安全性，这只解决了很少一部分问题，而一个现代VPN所需要的安全保障，如认证、机密、完整、不可否认以及易用性等都需要采用更完善的安全技术。就技术而言，除了基于防火墙的VPN之外，还可以有其他的结构方式，如基于黑盒的VPN、基于路由器的VPN、基于远程访问的VPN或者基于软件的VPN。现实中构造的VPN并不局限于一种单一的结构，而是趋向于采用混合结构方式，以达到最适合具体环境、最理想的效果。在实现上，VPN的基本思想是采用秘密通信通道，用加密的方法来实现。具体协议一般有3种：PPTP、L2TP和IPSec。

（2）安全电子邮件。作为Internet上最有效的应用，电子邮件凭借其易用、低成本和高效已经成为现代商业中的一种标准信息交换工具。随着Internet的持续增长，商业机构或政府机构都开始用电子邮件交换一些秘密的或是有商业价值的信息，这就引出了一些安全方面的问题，包括：消息和附件可以在不为通信双方所知的情况下被读取、篡改或截掉；没有办法可以确定一封电子邮件是否真的来自某人，也就是说，发信者的身份可能被人伪造。前一个问题是安全，后一个问题是信任。正是由于安全和信任的缺乏使得公司、机构一般都不用电子邮件交换关键的商务信息，即便电子邮件本身有着如此之多的优点。其实，电子邮件的安全需求也是机密、完整、认证和不可否认，而这些都可以利用PKI技术来获得。具体来说，利用数字证书和私钥，用户可以对他所发的邮件进行数字签名，这样就可以获得认证、完整性和不可否认性。如果证书是由其所属公司或某一可信第三方颁发的，收到邮件的人就可以信任该邮件的来源，无论他是否认识发邮件的人；另外，在政策和法律允许的情况下，用加密的方法就可以保障信息的保密性。目前，发展很快的安全电子邮件协议（Secure Multipurpose Internet Mail Extension，SMIME），这是一个允许发送加密和有签名邮件的协议,该协议的实现依赖于 PKI 技术。

（3）Web 安全。浏览 Web 页面是人们最常用的访问 Internet 的方式。一般的浏览并不会让人产生不妥的感觉,可是当您填写表单数据时,您有没有意识到您的私人敏感信息可能被一些居心叵测的人截获? 如果您或您的公司要通过 Web 进行一些商业交易,您又如何保证交易的安全呢? 一般来讲,Web 上的交易可能带来如下安全问题。

① 诈骗。建立网站是一件很容易也花钱不多的事,有人甚至直接复制别人的页面。因此伪装一个商业机构非常简单,然后它就可以让访问者填一份详细的注册资料,还假装保证个人隐私,而实际上就是为了获得访问者的隐私。调查显示,邮件地址和信用卡号的泄露大多是如此这般。

② 泄露。当交易的信息在网上传播时,窃听者可以很容易地截取并提取其中的敏感信息。没有办法可以确定一封电子邮件是否真的来自某人,也就是说,发信者的身份可能会被人伪造。

③ 篡改。截取了信息的人还可以做一些更"高明"的工作。他可以替换其中某些域的值,如姓名、信用卡号甚至金额,以达到自己的目的。

④ 攻击。主要是对 Web 服务器的攻击,例如著名的分布式拒绝服务攻击 DDoS。攻击的发起者可能是心怀恶意的个人,也可能是同行的竞争者。

为了透明地解决 Web 的安全问题,最合适的入手点是浏览器。现在,无论是 Internet Explorer 还是 Netscape Navigator,都支持安全套接层（Secure Sockets Layer,SSL）协议。这是一个在传输层和应用层之间的安全通信层,在两个实体进行通信之前,先要建立 SSL 连接,以此实现对应用层透明的安全通信。利用 PKI 技术,SSL 协议允许在浏览器和服务器之间进行加密通信。此外,还可以利用数字证书保证通信安全,服务器端和浏览器端分别由可信的第三方颁发数字证书,这样在交易时,双方可以通过数字证书确认对方的身份。需要注意的是,SSL 协议本身并不能提供对不可否认性的支持,这部分的工作必须由数字证书完成。结合 SSL 协议和数字证书,PKI 技术可以保证 Web 交易多方面的安全需求,使 Web 上的交易和面对面的交易一样安全。

（4）电子商务的应用。PKI 技术是解决电子商务安全问题的关键,综合 PKI 的各种应用,我们可以建立一个可信任和足够安全的网络。在这里,我们有可信的认证中心,典型的如银行、政府或其他第三方。在通信中,利用数字证书可消除匿名带来的风险,利用加密技术可消除开放网络带来的风险,这样,商业交易就可以安全可靠地在网上进行。

网上商业行为只是 PKI 技术目前比较热门的一种应用。必须看到,PKI 还是一门处于发展中的技术。例如,除了对身份认证的需求外,现在又提出了对交易时间戳的认证需求。PKI 的应用前景也不仅限于网上的商业行为。事实上,网络生活中的方方面面都有 PKI 的应用天地,不只在有线网络,甚至在无线通信中,PKI 技术都已经得到了广泛的应用。

10.1.3 数字证书的基本内容及其应用

随着互联网的不断发展,电子商务系统、电子银行以及其他的电子服务变得越来越普遍。与此同时,由于计算机网络的开放性和共享性,安全问题也随之不断地出现。为了保证各种信息的安全性,数字证书提供了一种网上身份认证的网络安全技术来解决网络的安全问题。

数字证书是由 CA 颁发的,能够在网络中证明用户身份的权威的电子文件。它是用户身份及其公钥的有机结合,同时会附上认证的签名信息,使其不能被伪造和篡改。以数字证书为核心的加密技术可以对互联网中传输的信息进行加解密、数字签名和验证签名,确保了信息的机密性和完整性,因此数字证书被广泛应用于安全电子邮件、安全终端保护、可信网站服务、身份授权管理等安全领域。

1. 数字证书的基本内容

最简单的数字证书包括所有者的公钥、名称及认证机构的数字签名。通常情况下,数字证书还包括证书的序列号、密钥的有效时间、认证机构名称等信息。目前最常用的数字证书是 X.509格式的证书,它包括以下基本内容。

(1)证书的版本信息。

(2)证书的序列号。这个序列号在同一个证书机构中是唯一的。

(3)证书的认证机构名称。

(4)证书所采用的签名算法名称。

(5)证书的有效时间。

(6)证书所有者的名称。

(7)证书所有者的公钥信息。

(8)证书认证机构对证书的签名。

从数字证书的应用角度进行分类,数字证书可以分为电子邮件证书、服务器证书和客户端个人证书。电子邮件证书用来证明电子邮件发件人的真实性,收到具有有效数字签名的电子邮件时,除了能确信邮件确实由指定邮箱发出外,还可以确信该邮件从被发出后没有被篡改过。服务器证书被安装于服务器设备上,用来证明服务器的身份和进行通信加密。而客户端个人证书主要被用来进行客户端的身份认证和数字签名。

在 IE 浏览器的"Internet 选项"对话框中选择"内容"选项卡,单击"证书"按钮,弹出"证书"对话框,可以从中查看到本机已经安装的数字证书,如图 10.1 所示。

图 10.1 本机已经安装的数字证书

选择某一个证书，单击"查看"按钮，弹出"证书"对话框，可以查看证书的常规、详细信息、证书路径等相关信息，如图 10.2 和图 10.3 所示。

图 10.2　证书的常规信息

图 10.3　证书的详细信息

V10-3

2. 数字证书的应用

数字证书主要应用于各种需要身份认证的场合，目前除了广泛应用于网上银行、网上交易等商务应用外，还可以应用于发送安全电子邮件、加密文件等方面。以下是几个数字证书最常用的应用实例，读者从中可以更好地了解数字证书技术及其应用。

（1）保证网上银行的安全。

只要用户申请并使用了银行提供的数字证书，就可以保证网上银行业务的安全。即使黑客窃取了用户的账户和密码，但因为黑客没有用户的数字证书，所以也无法进入用户的网上银行账户。

（2）通过证书防范网站被假冒。

许多著名的电子商务网站，都使用数字证书来维护和证实信息安全。为了防范黑客假冒网站，可以申请一个服务器证书，然后在网站上安装服务器证书。安装成功后，在网站醒目位置将显示"VeriSign 安全站点"签章、并提示用户点击验证此签章。只要用户一点击此签章，就会连接VeriSign 全球数据库验证网站信息，然后显示真实站点的域名信息以及该站点服务器证书的状态，这样用户即可知道该网站使用了服务器证书，是个真实的安全网站，可以放心地在该网站上进行交易或提交重要信息。

（3）发送安全邮件。

数字证书最常见的应用就是发送安全邮件，即利用安全邮件数字证书对电子邮件签名和加

密。这样即可以保证发送的签名邮件不会被篡改,外人又无法阅读加密邮件的内容。

（4）保护 Office 文档安全。

Office 可以通过数字证书来确认来源的可靠,用户可以利用数字证书对 Office 文件或宏进行数字签名,从而确保它们都是用户编写的、没有被他人或病毒篡改过。

（5）防止网上投假票。

网上投票,一般采用限制投票 IP 地址的方法来对付作假,但是断线后重新上网,就会拥有一个新 IP 地址,因此只要不断上网和下网,即可重复投票。为了杜绝此类造假,建议网上投票使用数字证书技术,要求每个投票者都安装使用数字证书,在网上投票前要进行数字签名,没有签名的投票一律视为无效。由于每个人的数字签名是唯一的,即使他不断上网、下网,每次投票的数字签名都相同,因此无法再投假票。

（6）屏蔽插件安装窗口。

众所周知,在使用 IE 上网浏览访问时,经常会要求用户安装各种插件,如 IE 搜索伴侣、百度等。假如用户不想安装它们,弹出的这些插件安装窗口,就会让人感到非常烦恼。使用 Windows 的证书机制,把插件的证书安装到"非信任区域",即可屏蔽这些插件的安装窗口。

10.2　数字签名

在计算机网络中进行通信时,不像书信或文件传输那样可以通过亲笔签名或印章来确认身份。经常会发生这样的情况：发送方不承认自己发送过某一个文件；接收方伪造一份文件,声称是发送方发送的；接收方对接收到的文件进行篡改等。那么,如何对网络中传输的文件进行身份认证呢？这就是数字签名所要解决的问题。

10.2.1　数字签名概述

数字签名(又称公钥数字签名)是只有信息的发送者才能产生的别人无法伪造的一段数字串,这段数字串同时也是对信息的发送者发送信息真实性的一个有效证明。它是一种类似写在纸上的普通的物理签名,是使用公钥加密领域的技术实现的,用于鉴别数字信息的方法。一套数字签名通常定义两种互补的运算,一个用于签名,另一个用于验证。数字签名是非对称密钥加密技术与数字摘要技术的应用。

数字签名类似于纸张上的手写签名,但手写签名可以模仿,数字签名则不能伪造。数字签名是附加在报文中的一些数据,这些数据只能由报文的发送方生成,其他人无法伪造。通过数字签名,接收者可以验证发送者的身份,并验证签名后的报文是否被修改过。因此,数字签名是一种实现信息不可否认性和身份认证的重要技术。

1. 数字签名的特点

每个人都有一对"钥匙"(数字身份),其中一个只有本人知道(密钥),另一个是公开的(公钥)。签名时用密钥,验证签名时用公钥。又因为任何人都可以落款声称她/他就是用户,因此公钥必须向接受者信任的人(身份认证机构)来注册。注册后身份认证机构给用户发送一个数字证书。对文件签名后,把此数字证书连同文件及签名一起发给接受者,接受者向身份认证机构求证是否真的密钥签发的文件。

在通信中使用数字签名一般具有以下特点。

（1）鉴权。

V10-4

公钥加密系统允许任何人在发送信息时使用公钥进行加密，接收信息时使用私钥解密。当然，接收者不可能百分之百确信发送者的真实身份，只能在密码系统未被破译的情况下才有理由确信。

鉴权的重要性在财务数据上表现得尤为突出。例如，一家银行将指令由它的分行传输到它的中央管理系统，指令的格式是(a,b)，其中 a 是账户的账号，而 b 是账户的现有金额。这时一位远程客户可以先存入 100 元，观察传输的结果，然后接二连三的发送格式为(a,b)的指令，这种方法被称作重放攻击。

（2）完整性。

传输数据的双方都总希望确认消息在传输的过程中未被修改。加密使得第三方想要读取数据十分困难，然而第三方仍然能采取可行的方法在传输的过程中修改数据，而数字签名就可以验证数据的完整性。

（3）不可抵赖。

在密文背景下，抵赖这个词指的是不承认与消息有关的举动（即声称消息来自第三方）。消息的接收方可以通过数字签名防止所有后续的抵赖行为，因为接收方可以出示签名给别人看来证明信息的来源。

2. 数字签名的主要功能

V10-5

网络的安全主要是网络信息安全，这需要相应的安全技术措施，提供适合的安全服务。数字签名机制作为保障网络信息安全的手段之一，可以解决伪造、抵赖、冒充和篡改问题。数字签名的目的之一就是在网络环境中代替传统的手工签字与印章。这对网络信息安全有着重要作用。

（1）防冒充（伪造）。

私有密钥只有签名者自己知道，所以其他人不可能构造出正确的。

（2）可鉴别身份。

传统的手工签名一般是双方直接见面的，身份一清二楚。在网络环境中，接收方必须能够鉴别发送方所宣称的身份。

（3）防篡改（防破坏信息的完整性）。

对于传统的手工签字，假如要签署一份 200 页的合同，是仅仅在合同末尾签名呢？还是在每一页都签名？如果仅在合同末尾签名，对方会不会偷换其中的几页？而对于数字签名，签名与原有文件已经形成了一个混合的整体数据，不可能被篡改，从而保证了数据的完整性。

（4）防重放。

如在日常生活中，A 向 B 借了钱，同时写了一张借条给 B，当 A 还钱的时候，肯定要向 B 索回他写的借条撕毁，不然，恐怕 B 会再次用借条要求他还钱。在数字签名中，采用对签名报文添加流水号、时间戳等技术，可以防止重放攻击。

（5）防抵赖。

数字签名可以鉴别身份，不可能冒充伪造。只要保存好签名的报文，就好似保存好了手工签署的合同文本，也就是保留了证据，签名者就无法抵赖。如果接收者确已收到对方的签名报文，却

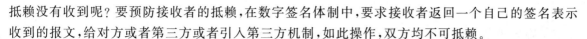

抵赖没有收到呢？要预防接收者的抵赖，在数字签名体制中，要求接收者返回一个自己的签名表示收到的报文，给对方或者第三方或者引入第三方机制，如此操作，双方均不可抵赖。

（6）机密性（保密性）。

有了机密性保证，截收攻击也就失效了。手工签字的文件（如同文本）是不具备保密性的，文件一旦丢失，其中的信息就极可能泄露。数字签名可以加密要签名的消息。如果签名的报文不要求机密性，也可以不用加密。

数字签名的机密性可保证信息传输的完整性、发送者的身份认证、防止交易中的抵赖发生。数字签名技术是将摘要信息用发送者的私钥加密，与原文一起传送给接收者。接收者用自己的公钥解密被加密的摘要信息，然后用 HASH 函数对收到的原文产生一个摘要信息，与解密的摘要信息对比。如果相同，则说明收到的信息是完整的，在传输过程中没有被修改，否则说明信息被修改过，因此数字签名能够验证信息的完整性。数字签名是个加密的过程，数字签名验证是个解密的过程。

10.2.2　数字签名的实现方法

一个完善的数字签名应该确保以下 3 个问题。

（1）接收方能够核实发送方的报文的签名。如果当事双方对签名真伪发生争议，则能够在第三方监督下通过验证签名来确认其真伪。

（2）发送方事后不能否认自己对报文的签名。

（3）除了发送方的其他任何人不能伪造签名，也不能对接收或发送的信息进行篡改、伪造。

在公钥密码体系中，数字签名是通过私钥加密报文信息来实现的，其安全性取决于密码体系的安全性。现在，经常采用公开密钥加密算法实现数据签名，特别是 RSA 算法。

下面简单介绍一下数字签名的实现思想。

假设发送者 A 要发送一个报文信息 S 给接收者 B，那么 A 采用私钥 SKA 对报文 S 进行解密运算（可以把这里的解密看作一种数学运算，而不是一定要经过加密运算的报文才能进行解密。这里 A 并非为了加密报文，而是为了实现数字签名），实现对报文的签名，并将结果 $D_{SKA}(S)$ 发送给接收者 B。B 在接收到 $D_{SKA}(S)$ 后，采用已知 A 的公钥 PKA 对报文进行加密运算，就可以得到 $S=E_{PKA}(D_{SKA}(S))$，核实签名。其实现过程如图 10.4 所示。

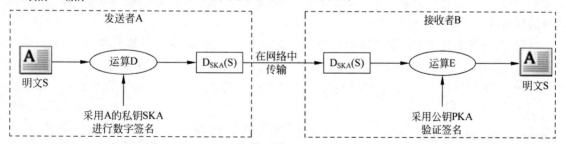

图 10.4　数字签名的实现过程

对上述实现过程的分析如下。

（1）由于除了 A 没有其他人知道 A 的私钥 SKA，所以除了 A 没有人能生成 $D_{SKA}(S)$。因此，B 相信报文 $D_{SKA}(S)$ 是 A 签名后发送的。

（2）如果 A 否认报文 S 是其发送的，那么 B 可以将 $D_{SKA}(S)$ 和报文 S 在第三方面前出示，第三方很容易利用已知的 A 的公钥 PKA 证实报文 S 确实是 A 发送的。

（3）如果 B 对报文 S 进行篡改而伪造为 M，那么 B 无法在第三方面前出示 $D_{SKA}(M)$，这就证明 B 伪造了报文 S。

上述过程实现了对报文 S 的数字签名，但报文 S 并没有进行加密，在通信过程中如果其他人截获了报文 $D_{SKA}(S)$，并知道了发送者的身份，就可以通过查阅文档得到发送者的公钥 PKA，从而获取报文的内容。

为了在传输的过程中达到加密的目的，可以采用如下方法。

在将报文 $D_{SKA}(S)$ 发送出去之前，先用 B 的公钥 PKB 对报文进行加密；B 在接收到报文后，先用私钥 SKB 对报文进行解密，再验证签名，这样可以达到加密和签名的双重效果，实现具有保密性的数字签名。其实现过程如图 10.5 所示。

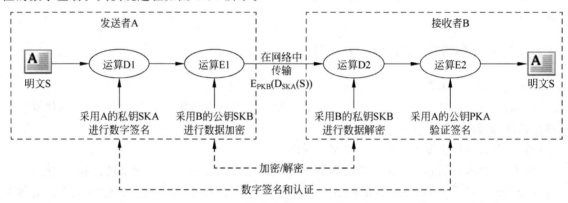

图 10.5　具有保密性的数字签名的实现过程

数字签名有两种功效：一是能确定消息确实是由发送方签名并发出来的，因为别人假冒不了发送方的签名；二是数字签名能确定消息的完整性。数字签名的特点是它代表了文件的特征。文件如果发生改变，数字摘要的值也将发生变化。不同的文件将得到不同的数字摘要。一次数字签名涉及一个哈希函数、接收者的公钥、发送方的私钥。

在实际应用中，通常使用数字签名和消息摘要结合的方法，先采用散列函数对明文 S 进行一次变换，得到对应的消息摘要；再利用私钥对该消息摘要进行签名。这种做法，在保障信息不可否认性的同时进行了信息完整性的验证。

目前，数字签名技术在商业活动中得到了广泛的应用，所有需要手写签名的地方都可以使用数字签名。例如，银行的网上银行系统大量地使用了数字签名来认证用户的身份。随着计算机网络和 Internet 在人们生活中所占地位的逐步提高，数字签名必将成为人们生活中非常重要的一部分。

10.3　技能实践

若使用 Windows Server 2019 的 Active Directory 证书服务（AD DS）来提供 CA 服务，则可以选择将此 CA 设置为以下角色之一。

（1）企业根 CA（Enterprise Root CA）。它需要 Active Directory 域，可以将企业根 CA 安装到

域控制器或成员服务器上。它发放证书的对象仅限于域用户,当域用户申请证书时,企业根 CA 会从 Active Directory 中得知该用户的账户信息并据此决定该用户是否有权利申请所需证书。企业根 CA 主要用于发放证书给从属 CA,虽然企业根 CA 还可以发放保护电子邮件安全、网站安全套接层(SSL)连接等证书,不过应该将发放这些证书的工作交给从属 CA 来负责。

(2) 企业从属 CA(Enterprise Subordinate CA)。企业从属 CA 也需要 Active Directory 域,企业从属 CA 适合用来发放保护电子邮件安全、网站 SSL 安全连接等证书。企业从属 CA 必须从其父 CA 取得证书之后,才会正常工作。企业从属 CA 也可以发放证书给下一层的从属 CA。

(3) 独立根 CA(Standalone Root CA)。独立根 CA 类似于企业根 CA,但不需要 Active Directory 域。扮演独立根 CA 角色的计算机可以是独立服务器、成员服务器或域控制器。无论是否为域用户,都可以向独立根 CA 申请证书。

(4) 独立从属 CA(Standalone Subordinate CA)。独立从属 CA 类似于企业从属 CA,但不需要 Active Directory 域。扮演独立从属 CA 角色的计算机可以是独立服务器、成员服务器或域制器。无论是否为域用户,都可以向独立从属 CA 申请证书。

10.3.1　规划部署 CA 服务器

在部署 CA 服务器之前,读者需要了解 CA 服务器配置实例部署的需要和实训环境。

1. 项目规划

实现网站 SSL 连接访问,部署 CA 服务器网络拓扑结构图,如图 10.6 所示。

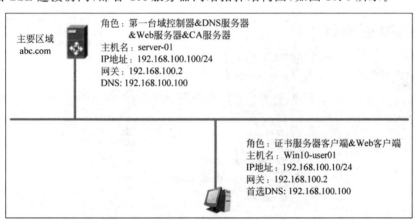

图 10.6　部署 CA 服务器网络拓扑结构图

在部署 CA 服务器之前,需完成如下配置。

(1) 在服务器 server-01 上部署域环境,域名为 abc.com。

(2) 设置 VPN 服务器的 TCP/IP 属性,设置 IP 地址、子网掩码、默认网关和 DNS 服务器地址等相关信息。

(3) 设置 Windows 10 客户端主机的 TCP/IP 属性,设置 IP 地址、子网掩码、默认网关和 DNS 服务器地址等相关信息。

(4) VPN 服务器必须有两个网络连接,一个连接内部网络使用(VMnet1 为仅主机模式),另一个连接外部网络使用(VMnet8 为 NAT 模式)。

2. 环境部署

CA 服务器主机名为 server-01，既是域控制器、DNS 服务器、Web 服务器，也是 CA 服务器，连接外部网卡的 IP 地址为 192.168.100.100/24，默认网关为 192.168.100.2。

证书服务器客户端主机（Web 客户端主机）Win10-user01 的 IP 地址为 192.168.100.10/24，网关为 192.168.100.2。

10.3.2　安装证书服务并部署独立根 CA

在域控制器服务器 server-01 上，安装证书服务器并部署独立根 CA，其具体操作步骤如下。

1. 安装证书服务器

（1）以管理员账户身份登录域控制器 server-01，打开"服务器管理器"窗口，选择"管理"→"添加角色和功能"选项，弹出"添加角色和功能向导"窗口，持续单击"下一步"按钮，直到出现"选择服务器角色"窗口，如图 10.7 所示；勾选"Active Directory 证书服务"复选框，在随后弹出的窗口中单击"添加功能"按钮；如果没有 Web 服务器（IIS），在此选择一并安装。

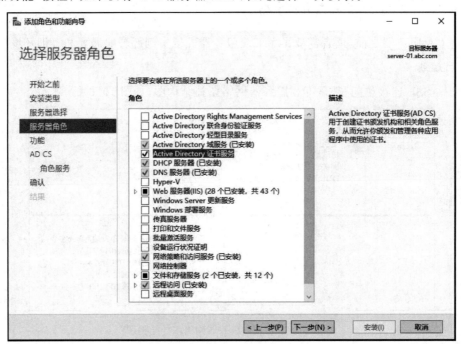

图 10.7　"选择服务器角色"窗口

（2）持续单击"下一步"按钮，直到出现"选择角色服务"窗口，在"角色服务"区域，勾选"证书颁发机构""证书颁发机构 Web 注册""证书注册 Web 服务""证书注册策略 Web 服务"复选框，如图 10.8 所示；在随后弹出的窗口中单击"添加功能"按钮，持续单击"下一步"按钮，直到出现确认安装所选内容界面时，单击"安装"按钮；安装完成后，单击"关闭"按钮，重新启动计算机。

2. 部署独立根 CA

部署独立根 CA，其具体操作步骤如下。

（1）打开"服务器管理器"窗口，在"仪表板"右侧区域，选择黄色正三角图标，弹出"部署后配

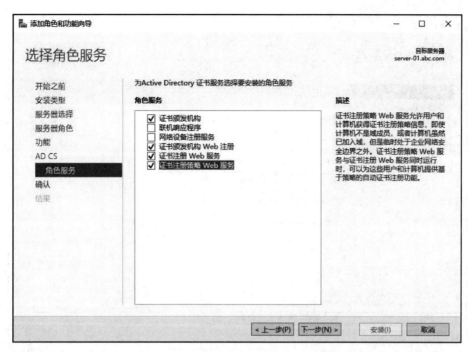

图 10.8 "选择角色服务"窗口

置"窗口,如图 10.9 所示;选择"配置目标服务器上的 Active Directory 证书服务"选项,弹出"凭据"窗口,如图 10.10 所示。

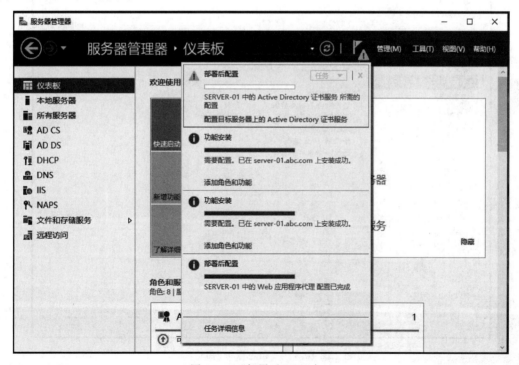

图 10.9 "部署后配置"窗口

(2) 在"凭据"窗口中,单击"下一步"按钮,弹出"角色服务"窗口,如图 10.11 所示;勾选"证书

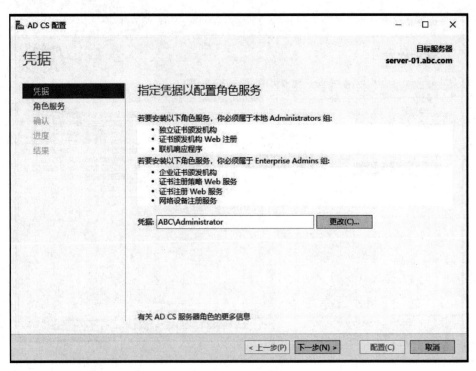

图 10.10 "凭据"窗口

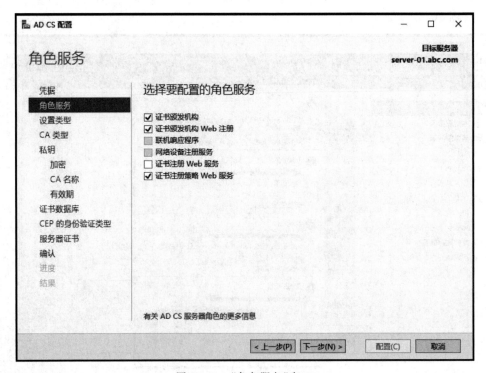

图 10.11 "角色服务"窗口

颁发机构""证书颁发机构 Web 注册""证书注册策略 Web 服务"复选框，单击"下一步"按钮，弹出
"设置类型"窗口，如图 10.12 所示。

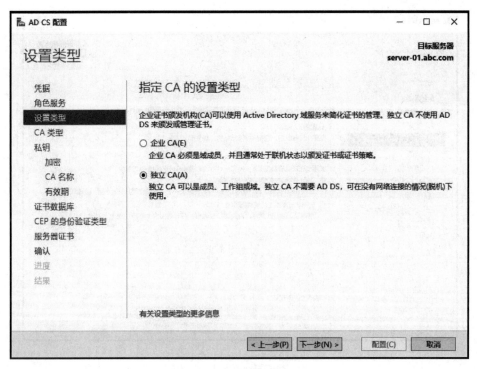

图 10.12　"设置类型"窗口

（3）在"设置类型"窗口中，在"指定 CA 的设置类型"区域，选中"独立 CA"单选按钮，单击"下一步"按钮，弹出"CA 类型"窗口，如图 10.13 所示；在"指定 CA 类型"区域，选中"根 CA"单选按钮，单击"下一步"按钮，弹出"私钥"窗口，如图 10.14 所示。

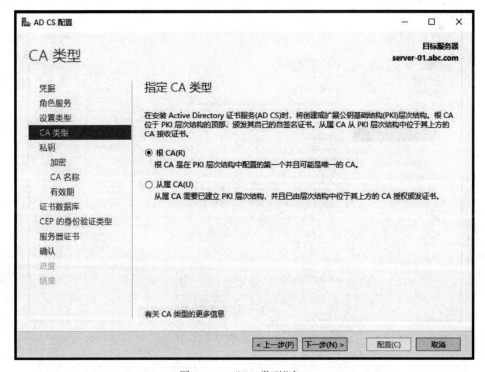

图 10.13　"CA 类型"窗口

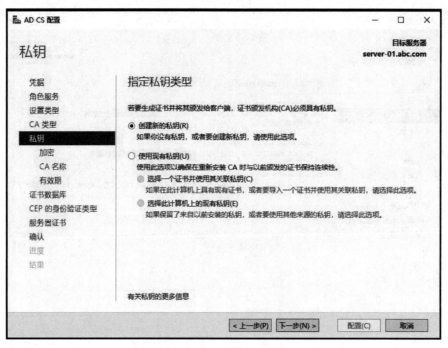

图 10.14　"私钥"窗口

　　（4）在"私钥"窗口中，在"指定私钥类型"区域，选中"创建新的私钥"单选按钮，单击"下一步"按钮，弹出"CA 的加密"窗口，如图 10.15 所示；单击"下一步"按钮，弹出"CA 名称"窗口，如图 10.16所示。

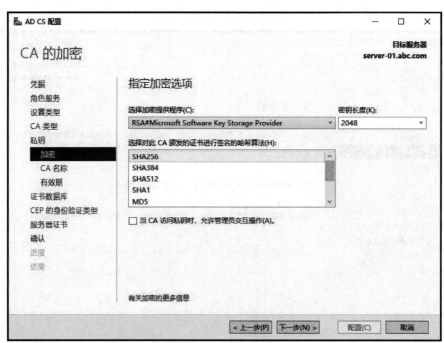

图 10.15　"CA 的加密"窗口

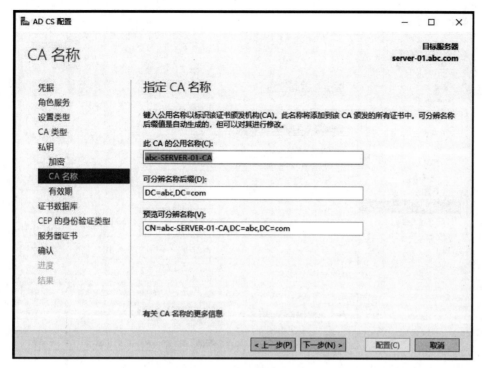

图 10.16 "CA 名称"窗口

（5）在"CA 名称"窗口中，指定 CA 名称，单击"下一步"按钮，弹出"有效期"窗口，如图 10.17 所示；指定有效期，CA 的有效期默认为 5 年，单击"下一步"按钮，弹出"CA 数据库"窗口，如图 10.18 所示。

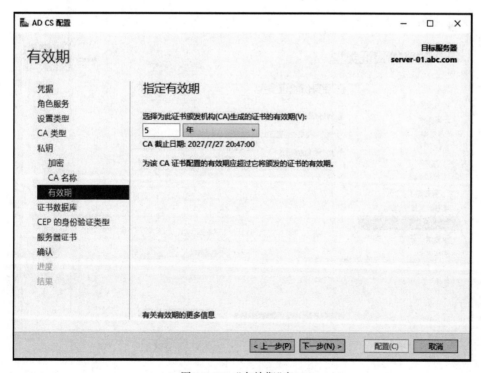

图 10.17 "有效期"窗口

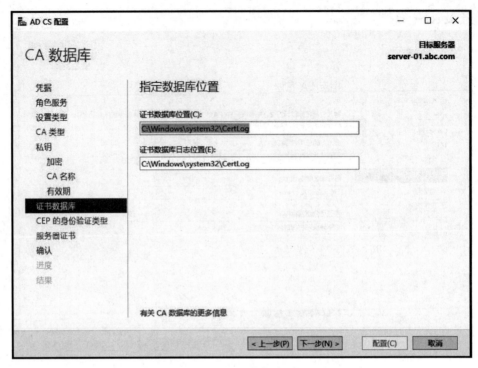

图 10.18　"CA 数据库"窗口

（6）在"CA 数据库"窗口中，指定数据库位置，单击"下一步"按钮，弹出"CEP 的身份验证类型"窗口，如图 10.19 所示；在"选择身份验证类型"区域选择"Windows 集成身份验证"单选按钮，单击"下一步"按钮，弹出"服务器证书"窗口，如图 10.20 所示。

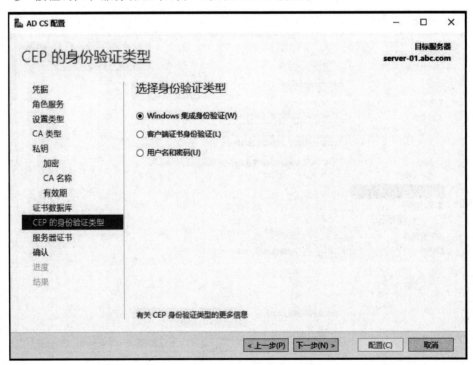

图 10.19　"CEP 的身份验证类型"窗口

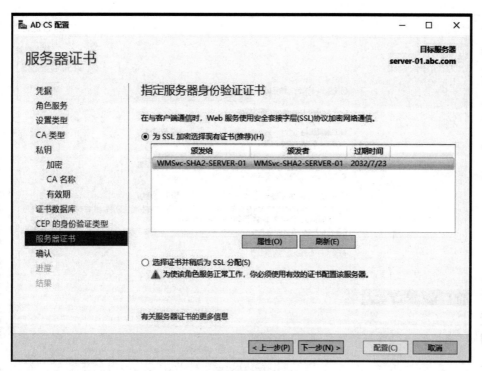

图 10.20 "服务器证书"窗口

(7) 在"服务器证书"窗口中,"指定服务器身份验证证书"区域,选中"为 SSL 加密选择现在有证书(推荐)"单选按钮,单击"下一步"按钮,弹出"确认"窗口,如图 10.21 所示;单击"配置"按钮,显示安装过程进度,最后弹出"结果"窗口,如图 10.22 所示;单击"关闭"按钮,完成部署独立根 CA 配置。

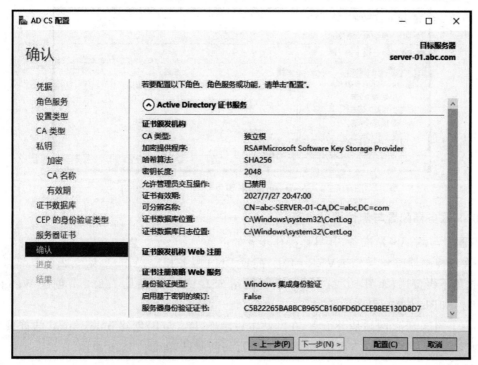

图 10.21 "确认"窗口

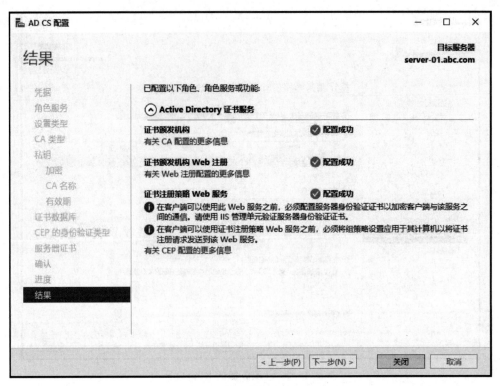

图 10.22 "结果"窗口

（8）安装完成后，打开"服务器管理器"窗口，选择"工具"→"证书颁发机构"选项，弹出"certsrv-[证书颁发机构（本地）]"窗口，如图 10.23 所示。

图 10.23 "certsrv-[证书颁发机构（本地）]"窗口

3. DNS 服务器配置与测试网站准备

DNS 配置与测试网站准备，其具体操作步骤如下。

（1）在域控制器服务器 SERVER-01 上，配置 DNS 服务相应操作，参见 5.2.2 节部署主 DNS 服务器，这里不再赘述，如图 10.24 所示；新建网站 SSL-test-01，参见 7.2.2 节创建 Web 网站，这里不再赘述，如图 10.25 所示。

（2）为了测试 SSL 网站是否正常，在网站主目录下（D:\web）创建 index.html 的首页文件，文件内容为"welcome to here!"，在 Web 客户端进行访问测试，如图 10.26 所示。

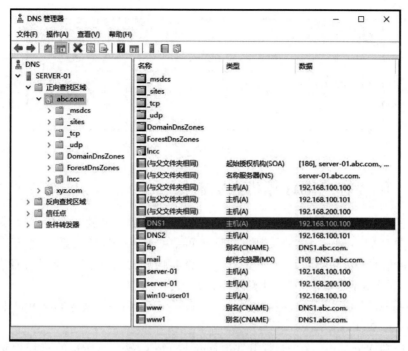

图 10.24 DNS 服务器配置

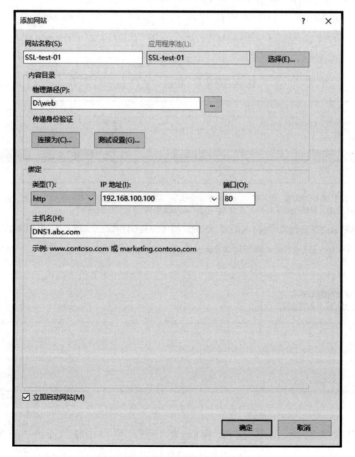

图 10.25 新建网站 SSL-test-01

图 10.26　测试 SSL-test-01 网站

10.3.3　配置客户端计算机浏览器信任 CA

如果需要客户端能够鉴别所访问的网站是否合法，Web 服务器就需要向可信 CA 申请服务器证书并安装绑定到 Web 网站。客户端计算机同该可信 CA 建立信任关系后，由于 Web 站点的服务器证书是由可信 CA 数字签名并验证，因此客户端与服务器之间建立了超信任证书链关系，即客户端认为该 Web 网站是可信的，其具体操作步骤如下。

（1）以管理员账户身份登录域控制器 server-01，正确配置 DNS 服务器与 Web 网站，开启默认 Web 站点（Default Web Site）。

（2）在客户端 Win10-user01 上打开 Internet Explore，输入 URL 的路径地址 http://192.168.100.100/certsrv，按 Enter 键弹出"选择一个任务"窗口，如图 10.27 所示；其中，192.168.100.100 为独立根 CA 的 IP 地址，此处也可改为 CA 的 DNS 主机名（http://DNS1.abc.com/certsrv）。"选择第一个任务"窗口，选择"下载 CA 证书、证书链或 CRL"选项，弹出"下载 CA 证书、证书链或 CRL"窗口，如图 10.28 所示；选择"下载 CA 证书"选项，单击"保存"按钮右侧的下三角按钮，选择"另存为"选项，将证书下载到本地 C:\cert 文件夹中，默认的文件名为 certnew.cer。

图 10.27　"选择一个任务"窗口

（3）使用 Win+R 组合键，调出"运行"窗口，在"运行"窗口中输入 mmc 命令，然后单击"确定"

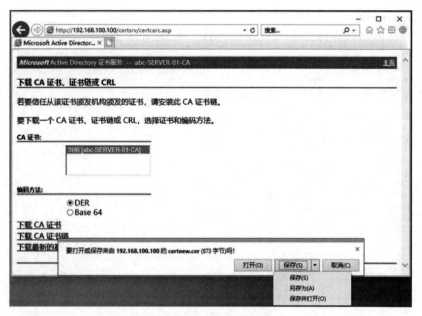

图 10.28 "下载 CA 证书、证书链或 CRL"窗口

按钮,弹出"控制台 1-[控制台根节点]"窗口,如图 10.29 所示;选择"文件"→"添加/删除管理单元"选项,弹出"添加或删除管理单元"对话框,如图 10.30 所示。

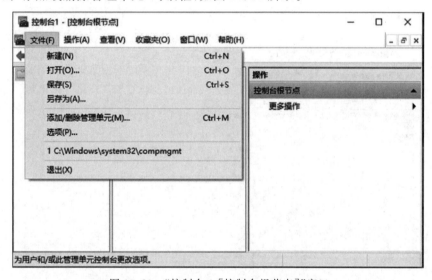

图 10.29 "控制台 1-[控制台根节点]"窗口

(4) 在"添加或删除管理单元"对话框中,在左侧"可用的管理单元"区域框中,选择"证书"选项,单击"添加"按钮,弹出"证书管理单元"对话框,如图 10.31 所示;选择"计算机账户"单选按钮,单击"下一步"按钮,弹出"选择计算机"对话框,选中"本地计算机(运行此控制台的计算机)"选项,如图 10.32 所示;单击"完成"按钮,返回"控制台 1"窗口。

(5) 在"控制台 1"窗口中,依次展开"控制台根节点"→"证书(本地计算机)"→"受信任的根证书颁发机构"→"证书"选项,右击,在弹出的快捷菜单中选择"所有任务"→"导入"选项,如图 10.33 所示;弹出"证书导入向导"对话框,如图 10.34 所示。

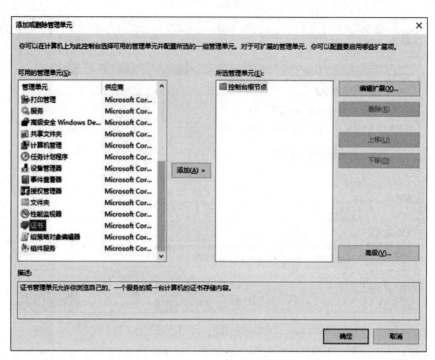

图 10.30　"添加或删除管理单元"对话框

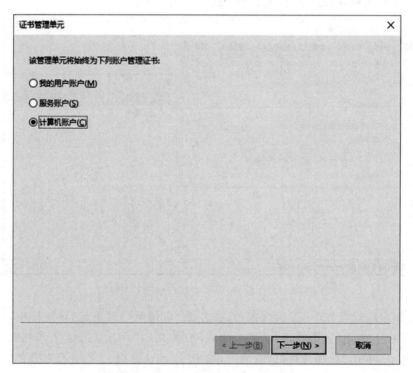

图 10.31　"证书管理单元"对话框

（6）在"证书导入向导"对话框中，单击"下一步"按钮，弹出"要导入的文件"对话框，如图 10.35 所示；选择要导入文件的路径，单击"下一步"按钮，弹出"证书存储"对话框，如图 10.36 所示。

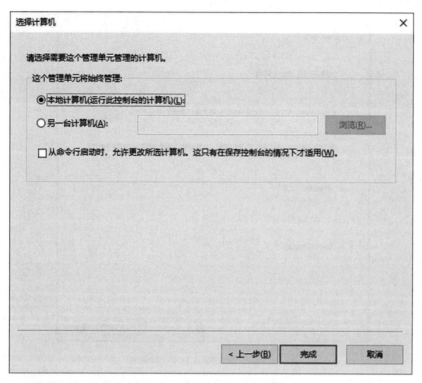

图 10.32　"选择计算机"对话框

图 10.33　"导入"选项

（7）在"证书存储"对话框中，选中"将所有的证书都放入下列存储"单选按钮，单击"下一步"按钮，弹出"正在完成证书导入向导"对话框，如图 10.37 所示；单击"完成"按钮，弹出"导入成功"对

图 10.34　"证书导入向导"对话框

图 10.35　"要导入的文件"对话框

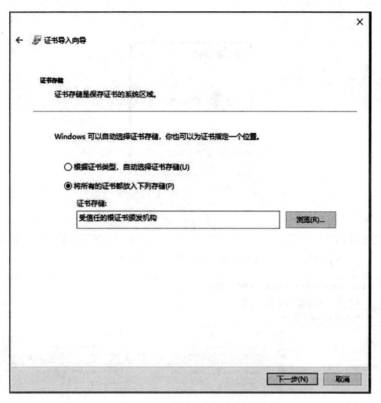

图 10.36 "证书存储"对话框

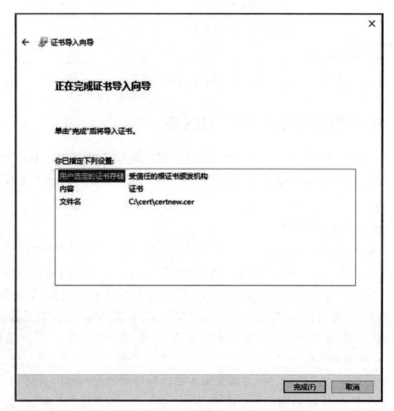

图 10.37 "正在完成证书导入向导"对话框

话框,如图 10.38 所示。

图 10.38　"导入成功"对话框

(8) 在"导入成功"对话框中,单击"确定"按钮,返回"控制台 1"窗口;依次展开"控制台根节点"→"证书(本地计算机)"→"受信任的根证书颁发机构"→"证书"选项,在右侧窗口中,可以查看刚刚导入的证书"abc-SERVER-01-CA"选项,如图 10.39 所示。

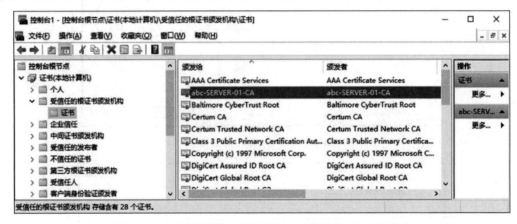

图 10.39　查看刚刚导入的证书"abc-SERVER-01-CA"选项

10.3.4　Web 服务器上配置证书服务

Web 网站与运行浏览器的客户端(Win10-user01)都应该信任发放 SSL 证书的 CA,否则浏览器在利用 https(SSL)连接时网站时会显示警告信息。在 Web 服务器上配置证书服务,其具体操作步骤如下。

1. 在网站上创建证书申请文件

(1) 以管理员账户身份登录域控制器 SERVER-01,打开"服务器管理器"窗口,选择"工具"→"Internet Information Services(IIS)管理器"选项,弹出"Internet Information Services(IIS)管理器"窗口,选择 SERVER-01(ABC\Administrator)选项,在右侧窗口中选择"服务器证书"选项,如图 10.40 所示;双击"服务器证书"选项,弹出"服务器证书"窗口,如图 10.41 所示。

(2) 在"服务器证书"窗口中,选择"创建证书申请"选项,弹出"申请证书"对话框,指定证书的必需信息(注：此处的通用名称一定要与需要保护的 Web 网站名称一致,即 DNS1. abc. com),如图 10.42 所示;单击"下一步"按钮,弹出"加密服务提供程序属性"对话框,如图 10.43 所示。

(3) 在"加密服务提供程序属性"对话框中,单击"下一步"按钮,弹出"文件名"窗口,如

图 10.40 "SERVER-01 主页"窗口

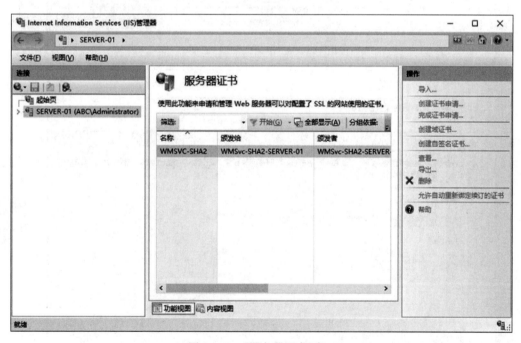

图 10.41 "服务器证书"窗口

图 10.44 所示;在"文件名"对话框中,为证书申请指定一个文件名,单击"完成"按钮,完成申请证书。

2. 申请证书与下载证书

(1) 以管理员账户身份登录域控制器 SERVER-01,打开"服务器管理器"窗口,选中"本地服务器"选项,在右侧属性区域,设置"IE 增强的安全配置"选项,单击右方的"启动"选项,弹出"Internet

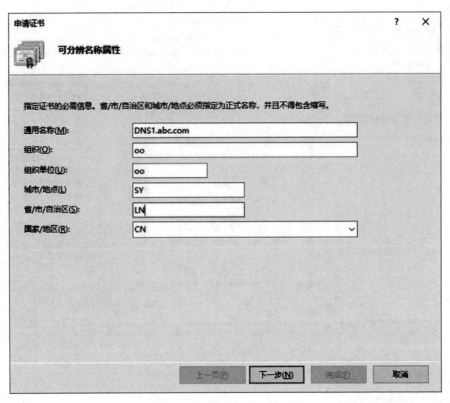

图 10.42 "申请证书"对话框

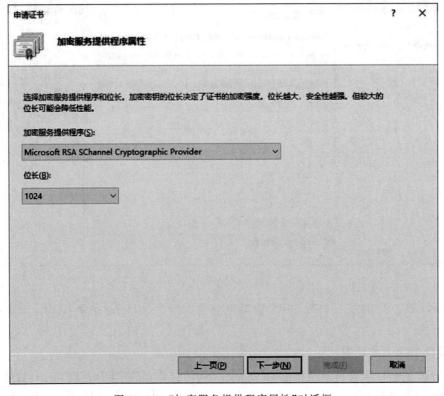

图 10.43 "加密服务提供程序属性"对话框

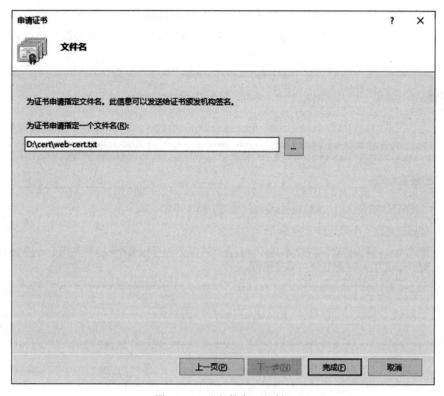

图 10.44 "文件名"对话框

Explorer 增强的安全配置"对话框,在"管理员"区域,选中"关闭"单选按钮,如图 10.45 所示。

图 10.45 "Internet Explorer 增强的安全配置"对话框

（2）打开 Internet Explore，并输入 URL 的路径地址 http://192.168.100.100/certsrv，并按 Enter 键，弹出"选择一个任务"窗口；选择"申请证书"→"高级证书申请"选项，弹出"高级证书申请"窗口，如图 10.46 所示。

图 10.46 "高级证书申请"窗口

（3）在开始下一个步骤之前，请先用记事本打开前面的证书申请文件 D:\cert\web-cert.txt，然后复制整个文件内容，如图 10.47 所示。

图 10.47 复制证书申请文件 D:\cert\web-cert.txt

（4）在"高级证书申请"窗口中，选择第二项"使用 base-64 编码的 CMC"，弹出"提交一个证书申请或续订申请"窗口，将上一步复制的文件内容粘贴到"保存的申请"区域，如图 10.48 所示；完成后单击"提交"按钮，弹出"证书正在挂起"窗口，如图 10.49 所示。

图 10.48 "提交一个证书申请或续订申请"窗口

图 10.49 "证书正在挂起"窗口

（5）独立根 CA 默认不会自动颁发证书,故需要等 CA 系统管理员发放此证书后,再连接 CA 并下载证书。该证书 ID 为 2。

（6）打开"服务器管理器"窗口,选择"工具"→"证书颁发机构"选项,依次展开"证书颁发机构（本地）"→abc-SERVER-01-CA→"挂起的申请"选项;选择右侧窗口中的证书请求,并右击,在弹出的快捷菜单中选择"所有任务"→"颁发"选项,如图 10.50 所示;颁发完成后,该证书由挂起的申请移到颁发的证书,选择"颁发的证书"选项,如图 10.51 所示。

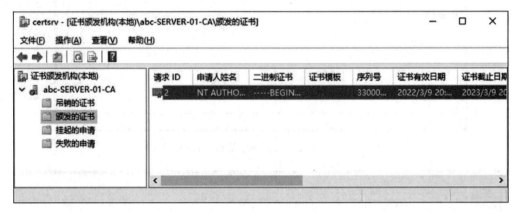

图 10.50　"挂起的申请"窗口

图 10.51　"颁发的证书"窗口

（7）回到域控制器服务器（server-01）上,打开 IE,输入 URL 的路径地址 http://192.168.100.100/certsrv,按 Enter 键,弹出"选择一个任务"窗口,选择"查看挂起的证书申请的状态"选项,如图 10.52 所示;单击"保存的申请证书"选项,弹出"证书已颁发"窗口,选中"Base 64 编码"单选按钮,单击"下载证书"选项,如图 10.53 所示,然后单击"保存"按钮,将证书保存到本地,默认的文件名为 certnew.cer。

3. 安装证书

将从 CA 下载的证书安装到 IIS 服务器（SERVER-01）计算机上,其具体操作步骤如下。

（1）打开"服务器管理器"窗口,选择"工具"→"Internet Information Services（IIS）管理器"选项,弹出"Internet Information Services（IIS）管理器"窗口,选择 SERVER-01（ABC\Administrator）选项,在右侧窗口中选择"服务器证书"选项,双击"服务器证书"选项,弹出"服务器证书"窗口,如图 10.54 所示;在"操作"区域,选择"完成证书申请"选项,弹出"完成证书申请"对话框,如图 10.55 所示。

（2）在"完成证书申请"对话框中,选择"包含证书颁发机构响应的文件名"选项,在"好记名称"文本框中输入名称,单击"确定"按钮,返回"服务器证书"窗口,如图 10.56 所示;选择"网站"选项,再选择 SSL-test01 网站,在右侧窗口编辑网络区域,选择"绑定"选项,弹出"网站绑定"对话框;选择"添加"按钮,弹出"添加网站绑定"对话框;在"类型"区域,选择 https 选项,输入 IP 地址、端口和

图 10.52　"查看挂起的证书申请的状态"窗口

图 10.53　"下载证书"窗口

主机名,在"SSL 证书"区域,选择 DNS1.abc.com 选项,如图 10.57 所示。

　　(3) 在"添加网站绑定"对话框中,单击"确定"按钮,返回"网站绑定"对话框,如图 10.58 所示;单击"关闭"按钮,返回"Internet Information Services(IIS)管理器"窗口,如图 10.59 所示。

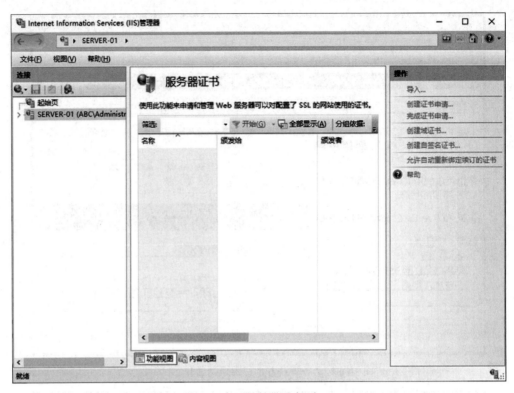

图 10.54 "服务器证书"窗口

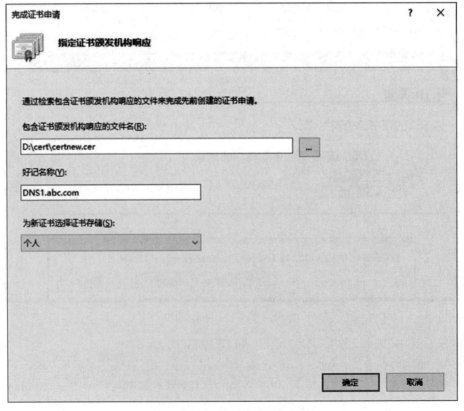

图 10.55 "完成证书申请"对话框

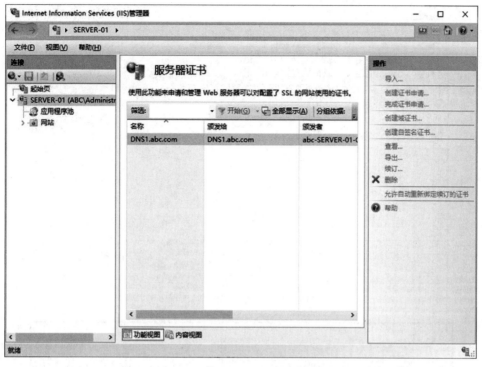

图 10.56　完成添加服务器证书窗口

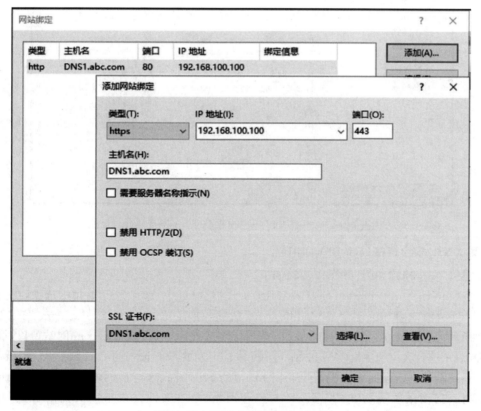

图 10.57　"添加网站绑定"对话框

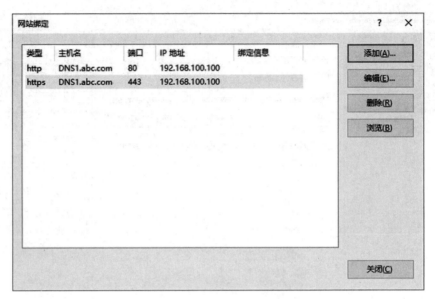

图 10.58　"网站绑定"对话框

图 10.59　"Internet Information Services(IIS)管理器"窗口

4. 测试 SSL 安全连接（Win10-user01）

测试 SSL 安全连接，其具体操作步骤如下。

（1）在"Internet Information Services(IIS)管理器"窗口中，选择 SSL-test01 选项，在窗口右侧"浏览网站"区域，选择 http://DSN1.abc.com 选项，弹出 http://dsn1.abc.com 网站窗口，如图 10.60 所示；选择 https://DSN1.abc.com 选项，弹出 https://DSN1.abc.com 网站窗口，可以看到警告界面，表示这台客户端主机（Win10-user01）并未信任发放 SSL 证书的 CA，如图 10.61 所示。

（2）系统默认并未强制客户端需要利用 https 的 SSL 方式来连接网站，因此也可以通过 http方式来连接。若要采取强制方式，可以针对整个网站、单一文件夹或单一文件来设置。以 SSL-test01 网站为例，选择 SSL-test01 网站，在右侧窗口中双击选择"SSL 设置"选项，弹出"SSL 设置"

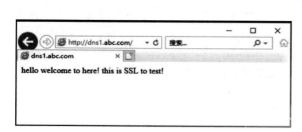

图 10.60　http://dsn1.abc.com 网站窗口

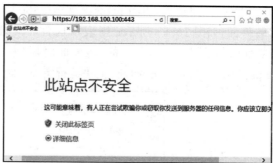

图 10.61　警告界面

窗口，如图 10.62 所示；勾选"要求 SSL"复选框，单击右侧窗口"操作"区域中的"应用"选项，此时再访问 http://dsn1.abc.com 网站，可以看到已经无法访问，因为需要 SSL 链接，所以出现错误提示，如图 10.63 所示。

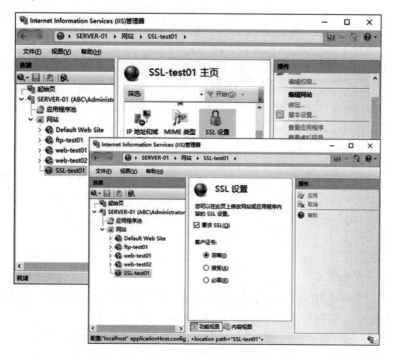

图 10.62　"SSL 设置"窗口

图 10.63　无法访问 http://dsn1.abc.com 网站

(3) 打开浏览器,访问 https://dsn1.abc.com 网站,如果此时看到网站提示"不匹配的地址"警告界面,如图 10.64 所示;则表示这台客户端主机(Win10-user01)并未信任发放 SSL 证书的 CA,此时仍然可以单击下方的"转到此网页(不推荐)"按钮来打开网页。在浏览器地址栏中输入 https://dsn1.abc.com 网址,正常运行情况,如图 10.65 所示。

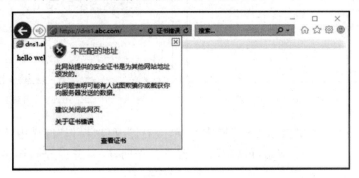

图 10.64 "不匹配的地址"警告界面

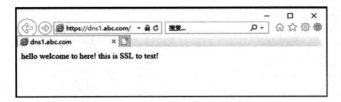

图 10.65 正常访问 https://dsn1.abc.com 网站

课后习题

1. 选择题

(1) PKI 的中文名称是(　　　)。

(2) (　　　)负责数字证书的生成、发放和管理,通过证书将用户的公钥和其他标识信息绑定起来,可以确认证书持有人的身份。

(3) 完整的 PKI 必须提供良好的(　　　),使得各种各样的应用能够以安全、一致、可信的方式与 PKI 交互,确保安全网络环境的完整性和易用性。

2. 简答题

(1) 简述 PKI 的定义及组成。

(2) 简述 PKI 技术的优势以及应用。

(3) 简述数字证书的应用。

(4) 简述数字签名的特点。

(5) 简述数字签名的主要功能。

(6) 简述数字签名的实现方法。